"十四五"职业教育国家规划教材

智能制造高端工程技术应用人才培养
新形态一体化教材

工业机器人离线编程与仿真技术（RobotStudio）

GONGYE JIQIREN LIXIAN BIANCHENG YU FANGZHEN JISHU
(RobotStudio)

主　编　胡毕富　陈南江　林燕文
副主编　彭赛金　孙松丽

中国教育出版传媒集团
高等教育出版社·北京

内容简介

本书是“十四五”职业教育国家规划教材。本书介绍工业机器人离线编程与仿真的相关知识。全文共分七个项目：项目一初识离线编程与仿真软件；项目二创建机器人仿真工作站；项目三创建工作站要素；项目四创建仿真工作站动态效果（Smart组件）；项目五仿真工作站逻辑的连接与程序的编辑；项目六机器人工作站简单离线轨迹编程；项目七基于机器人-变位机系统的焊接作业编程。

本书配备了数字课程，包含丰富的微课、课件、图片、工作页、项目测评、题库等资源，形式新颖，图、文、链接相结合，方便教师教学和学生学习，课程获取方式请见“智慧职教”服务指南。数字化学习资源在书中相应位置处都有标注，并在书中的关键知识点位置配套二维码，学生可通过手机扫描二维码的方式，观看微课等学习资源。选用本书授课的教师可发送电子邮件至gzdz@pub.hep.cn索取教学资源。

图书在版编目（CIP）数据

工业机器人离线编程与仿真技术：RobotStudio/胡毕富，陈南江，林燕文主编. -- 北京：高等教育出版社，2019.6（2024.12重印）

ISBN 978-7-04-050871-0

Ⅰ. ①工… Ⅱ. ①胡… ②陈… ③林… Ⅲ. ①工业机器人-程序设计-高等职业教育-教材②工业机器人-计算机仿真-高等职业教育-教材 Ⅳ. ① TP242.2

中国版本图书馆CIP数据核字（2018）第243284号

策划编辑 曹雪伟　　责任编辑 曹雪伟　　封面设计 张雨微　　版式设计 徐艳妮
插图绘制 于 博　　责任校对 马鑫蕊　　责任印制 张益豪

出版发行	高等教育出版社	网　　址	http://www.hep.edu.cn
社　　址	北京市西城区德外大街4号		http://www.hep.com.cn
邮政编码	100120	网上订购	http://www.hepmall.com.cn
印　　刷	北京利丰雅高长城印刷有限公司		http://www.hepmall.com
开　　本	787mm×1092mm　1/16		http://www.hepmall.cn
印　　张	14.5		
字　　数	370千字	版　　次	2019年6月第1版
购书热线	010-58581118	印　　次	2024年12月第13次印刷
咨询电话	400-810-0598	定　　价	38.80元

物 料 号　50871-B0

智能制造高端工程技术应用人才培养新形态一体化教材
编审委员会

前言

一、起因

随着“工业 4.0”概念的提出，以“智能工厂、智慧制造”为主导的第四次工业革命已经悄然来临。党的二十大报告中提出：“建设现代化产业体系，坚持把发展经济的着力点放在实体经济上，推进新型工业化，加快建设制造强国、质量强国、航天强国、交通强国、网络强国、数字中国。”工业机器人在新型工业化及制造强国的实现中扮演重要的角色。

当前，随着机器人产业的迅猛发展，企业对机器人编程与操作领域的技能型人才的需求越来越紧迫。按照工业和信息化部关于工业机器人的发展规划，到 2020 年，国内机器人装机量将达到 100 万台，需要至少 20 万工业机器人应用相关从业人员，并且这个数量将以每年 20%~30% 的速度持续递增。在工业机器人离线编程与仿真相关教材方面，还严重依赖机器人企业的培训和产品手册，缺乏系统的学习指导。

本书以典型机器人仿真工作站的搭建和仿真为突破口，系统介绍工业机器人离线编程与仿真的相关知识。全书共分 7 个项目，着眼于教学实际，介绍工业机器人离线编程软件、机器人工作站搭建、机器人工作站离线编程和仿真运行等内容，将知识点和技能点融入典型工作站的项目实施中，以满足工学结合、项目引导、教学一体化的教学需求。另外，课程研发团队着眼于理论加实践的教学方式，结合经典的项目应用，以真实的机器人工作站作为蓝本，精心打造项目实训和开展实验的综合一体化虚拟仿真平台，用于提高实战能力。

二、本书的编排结构

本书按照“一体化设计、结构化课程、颗粒化资源”的逻辑建设理念，系统地规划了教材的结构体系，以学习行为为主线。全书共分为 7 个项目，包括初识离线编程与仿真软件、创建机器人仿真工作站、创建工作站要素、创建仿真工作站动态效果（Smart 组件）、仿真工作站逻辑的连接与程序的编辑、机器人工作站简单离线轨迹编程、基于机器人 – 变位机系统的焊接作业编程。每个项目还加入了“项目引入”“知识储备”“任务”和“项目总结（技能图谱）”等模块。

“项目引入”采用情景化的方式引入项目学习。项目开篇采用情景剧形式，并融入职业元素，让教材内容更接近行业、企业和生产实际。本书的主要人物有兰博和小 R，其中兰博是一名工业机器人应用工程师，小 R 是工业机器人离线编程软件的拟人化的形象，是兰博的得力助手（师傅）。

“知识储备”和“项目总结（技能图谱）”强调从知识输入，经过任务的解决和训练，再到技能输出，采用“两点”和“两图”的方式梳理知识和技能，在项目中清晰描绘出该项目所覆盖和需要的知识点，在项目最后总结出通过任务训练所能获得的技能图谱。

“任务”以解决任务为驱动，做中学，学中做。分为“任务描述”“知识学习”“任务实施”以及“任务回顾”，在教材中加强实践，使学生在完成工作任务的过程中学习相关知识。

三、内容特点

1. 遵循“任务驱动、项目导向”，突出“学习工具”作用

以学习 ABB 机器人离线编程与仿真的流程为主线，设置一系列学习任务，并嵌入搬运工作站设计案例，完成数模导入、仿真工作站搭建、离线编程以及最后的模拟运行等一整套流程。采用项目教学法引导学生学习，引领技术知识实践实训，嵌入核心知识和技能点，改变理论与实践相剥离的传统教材组织方式，让学生一边学习理论知识，一边操作实训，加强感性认识，使学生在完成工作任务的过程中学习相关知识，达到事半功倍的效果。

2. 以工业机器人离线编程与仿真的能力培养为核心

以培养对机器人进行离线编程和对整个工作站进行仿真的能力为核心，将真实的工作站在软件中进行重现，在虚实结合和互换中提高学生学习的兴趣，增强学习的主动性。从离线的仿真模拟到现场实际运行，在设计和验证中提高核心能力。

3. 任务的完整性

各任务均设有“任务描述”和“任务回顾”，对学生的学习形成一个闭环，明确学习目的，回顾本任务所学知识点，并通过“思考与练习”复习、巩固所学知识。

4. 以工程师视角组织内容，突出“应用”特色

在内容组织上打破传统教材的知识结构，以情景剧的形式，充分借鉴企业工程师的思路，将每个项目划分成“项目引入”“知识储备”“任务”和“项目总结”4 个部分。同时在项目过程中强化工程师的实际工作关注点，并对经验进行抽取和总结。

四、配套的数字化教学资源

本书得益于现代信息技术的飞速发展，在使用双色印刷的同时，配备了大量的教学微课等一体化学习资源，并全书配套提供学习指导的课件、工作页等资源，以及用于对学生进行测验的项目测评、题库以及习题详解等详尽资料。

读者可在学习过程中登录本书配套数字化课程网站（智慧职教）获取数字化学习资源，对于微课等视频资源，可以通过手机扫描书中丰富的二维码链接来使用。

五、教学建议

本书适合作为应用型本科院校机器人工程专业和高等职业教育装备制造类、

自动化类相关专业的教材，也可以作为工程技术人员的参考资料和培训用书。

教师通过对每个项目基本知识的讲解和实践，让学生掌握相应的基本观念和知识，学生在学习每个项目的任务中，进一步巩固和加强这些基本观念和知识。一般情况下，可以按下表的学时分配进行教学，共60个学时。

序号	内容	建议学时	
		理论	实践
1	初识离线编程与仿真软件	2	2
2	创建机器人仿真工作站	4	4
3	创建工作站要素	4	4
4	创建仿真工作站动态效果（Smart组件）	4	4
5	仿真工作站逻辑的连接与程序的编辑	4	4
6	机器人工作站简单离线轨迹编程	4	8
7	基于机器人－变位机系统的焊接作业编程	4	8
合计		26	34

六、致谢

本书由胡毕富、陈南江、林燕文任主编，彭赛金、孙松丽任副主编。在本书的编写过程中，宋美娴、边天放等高级工程师和企业讲师给予编写工作大力支持及指导，在此郑重致谢。

由于技术发展日新月异，加之编者水平有限，对于书中不妥之处，恳请广大师生批评指正。

编　者

2022年11月

目录

项目一 初识离线编程与仿真软件

工作页
初识离线编程与仿真软件

项目引入

“大家好，我叫兰博，是一名工业机器人应用工程师。RobotStudio（见图 1–1）是我的工作伙伴。”

图 1–1 RobotStudio 图标

“大家好！我来自瑞士 ABB 公司，名叫 RobotStudio，大家可以叫我小 R。我是专门为 ABB 工业机器人而生的离线编程与仿真软件，只需把我安装在您的计算机上，我就能带您探索 ABB 工业机器人的世界。”

“我有很强大的功能，在我的机器人库中包含了所有 ABB 工业机器人的模型，可以为您个人制作独一无二的工作站。我可以根据您的个人方案，建立虚拟工作站并进行仿真，让您在实际构建机器人系统之前进行设计和试运行，这就是我的离线编程与仿真功能。”

“另外，我也支持汉化版，方便您的使用。”

本项目的知识图谱如图 1–2 所示。

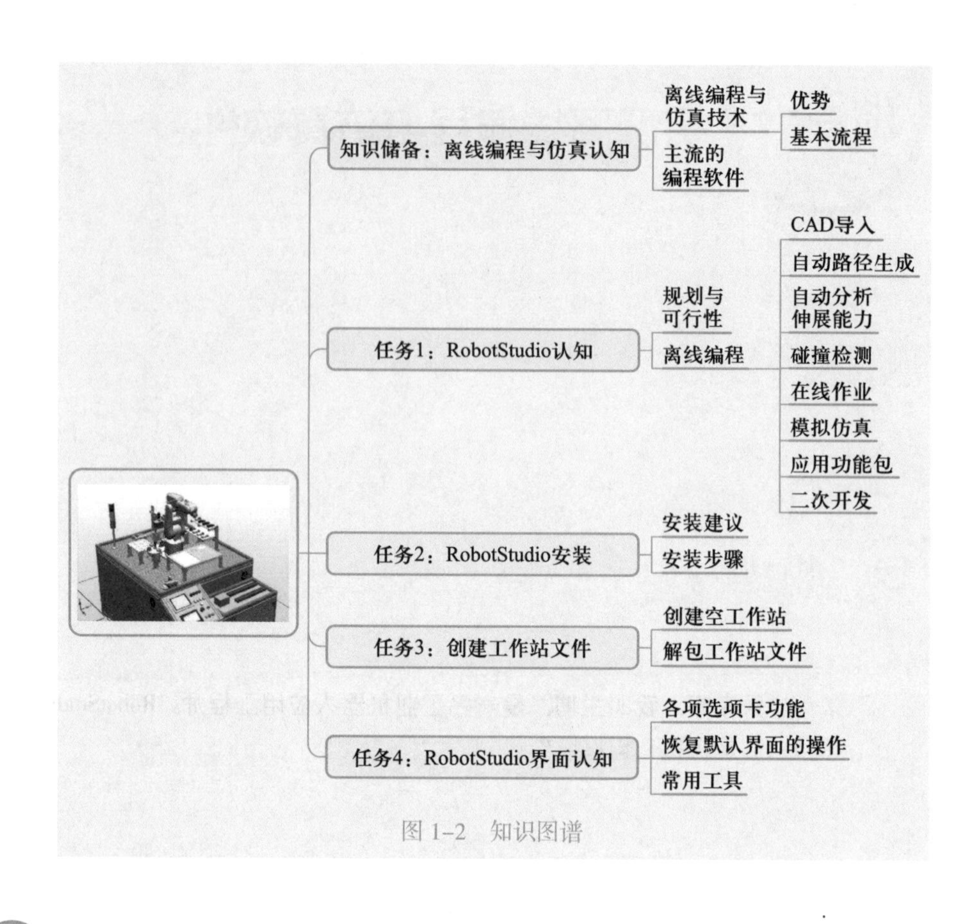

图 1–2　知识图谱

课件

工业机器人离线编程技术

知识储备

随着社会科技的巨大进步，人类文明正迈向智能时代。智能制造作为其中的重要一环，越来越受到国家的重视与扶持。“中国制造 2025”的全面启动实施，带动了传统制造业转型升级的步伐加快，工业机器人作为智能制造的重要实施基础，其行业应用的需求呈现爆发式增长。

工业机器人的弧焊、切割、涂胶等作业是属于连续轨迹的控制。运动控制程序是正确完成机器人作业的保证。

工业机器人的控制程序主要有两种编程方法：一种是在线编程，另一种是离线编程。前者编程快捷，但编程精度低，并且是在作业现场，必须要占用工业机器人的工作时间；而后者不对实际作业的机器人直接进行示教，而是在虚拟的作业环境下，通过使用计算机内的 CAD 模型，生成示教数据，间接地对机器人进行示教。示教的结果可以进行运动仿真，从而确定机器人是否按人们期望的方式运动。

针对轨迹精度要求高的作业，显然离线编程是最为理想的方法。机器人离线编程的方法，在提高机器人工作效率、复杂运动轨迹规划、碰撞和干涉检查、观察编程结果、优化编程等方面的优势，已引起了人们极大的兴趣，并成为当今机器人学中一个十分活跃的研究方向。

目前在线示教编程的方式虽然仍占据着主流地位，但是由于其本身操作的局限性，在实际的生产应用中主要存在以下问题。

① 在线示教编程过程繁琐，编程人员在记录关键点位置时需要反复点动机器人，工作量较大，编程周期长、效率低。

② 精度完全靠示教者的目测决定，尤其是对于复杂的路径进行示教，在线编程难以取得令人满意的效果。

例如，工业机器人的弧焊、切割、涂胶等作业属于连续轨迹的运动控制。工业机器人在运行的过程中，展现出的行云流水般的轨迹运动和复杂多变的姿态控制是示教编程难以实现的。或者，工业机器人要完成特殊图形轨迹的刻画，需要记录成百上千个关键点，这对于在线示教来说无疑是一个巨大的工作量。所以传统的在线示教编程越来越难以满足现代加工工艺的复杂要求，其应用范围逐步被压缩至机器人轨迹相对简单的应用，如搬运、码垛和点焊作业等。

1. 离线编程与仿真技术认知

工业机器人离线编程的出现有效地弥补了在线示教编程所产生的不足，并且随着计算机技术的发展，离线编程技术也越发成熟，成了未来机器人主流的编程方式。工业机器人的离线编程软件通过结合三维仿真技术，利用计算机图形学的成果，对工作单元进行三维建模，在仿真环境中建立与现实工作环境对应的场景，采用规划算法对图形进行控制和操作，在不使用真实工业机器人的情况下进行轨迹规划，进而产生机器人程序。在离线程序生成的整个周期中，利用离线编程软件的模拟仿真技术，可在软件提供的仿真环境中运行程序，并将程序的运行结果可视化。离线编程与仿真技术为工业机器人的应用建立了以下的优势。

① 减少机器人的停机时间，当对下一个任务进行编程时，机器人仍可在生产线上进行工作。

② 通过仿真功能，可预知发生的问题，从而将问题消灭在萌芽阶段，保证了人员和财产的安全。

③ 适用范围广，可对各种机器人进行编程，并能方便地实现优化编程。

④ 可使用高级计算机编程语言对复杂任务进行编程。

⑤ 便于及时修改和优化机器人程序。

目前市场中工业机器人和离线编程仿真软件的品牌很多，但是其编程与仿真的大致流程基本相同，如图 1-3 所示。首先应在离线编程软件的三维界面中，用模型搭建一个与真实环境相对应的仿真场景；然后通过对于模型信息的计算来进行轨迹的规划设计，并转化成仿真程序，让机器人进行实时的模拟仿真；最后通过程序的后续处理和优化，向外输出机器人的运动控制程序。

2. 主流的离线编程软件

（1）RobotMaster

RobotMaster 是加拿大一家公司的产品，几乎支持市场上绝大多数机器人品牌（KUKA、ABB、FANUC、安川、史陶比尔、柯马、三菱、DENSO、松下等），是目前离线编程软件国外品牌中顶尖的软件。图 1-4 所示为 RobotMaster 软件界面。

功能：RobotMaster 在 MasterCAM 中无缝集成了机器人编程、仿真和代码生成功能，提高了机器人编程速度。

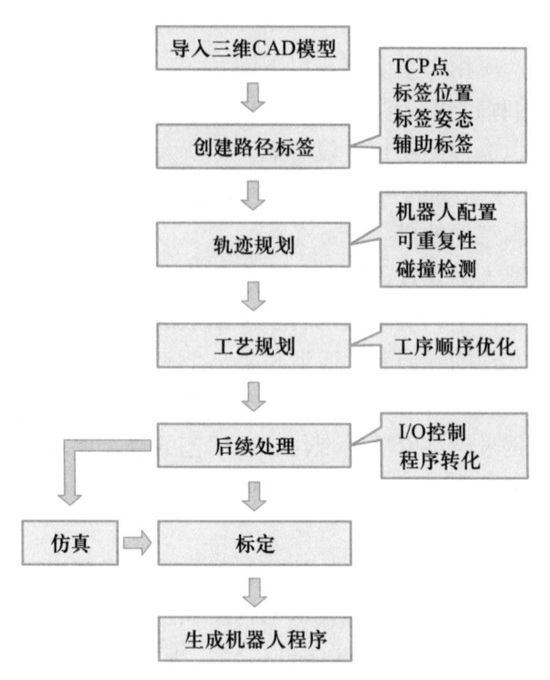

图 1-3　工业机器人离线编程与仿真的基本流程

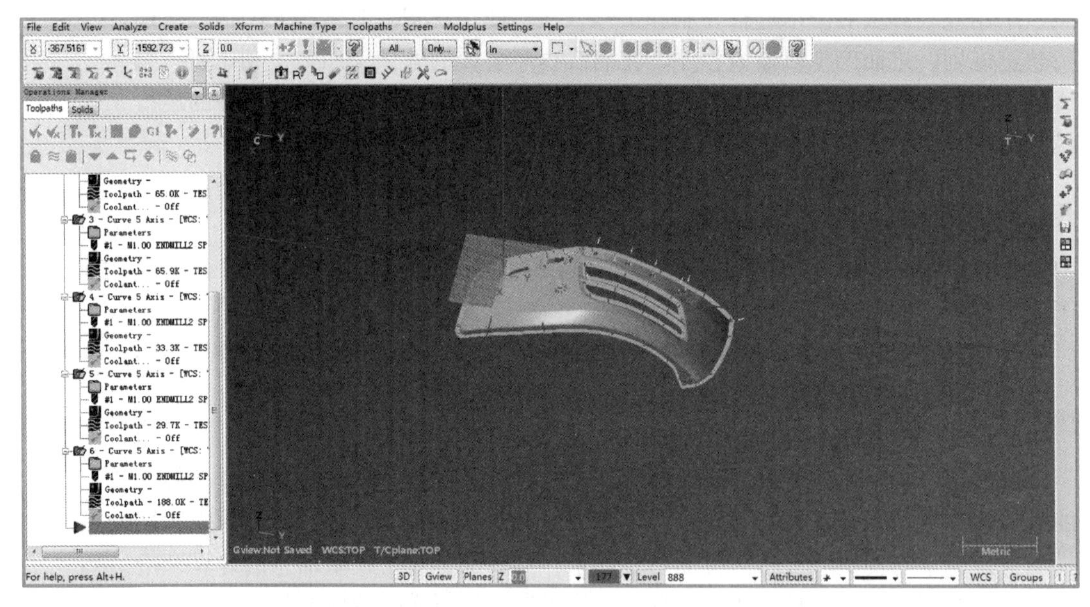

图 1-4　RobotMaster 软件界面

优点：可以按照产品数模生成程序，适用于切割、铣削、焊接、喷涂作业等；独家的优化功能，使得运动学规划和碰撞检测非常精确；支持外部轴（直线导轨系统、旋转变位系统），并且支持复合外部轴组合系统。

缺点：暂时不支持多台机器人同时模拟仿真。

（2）RobotWorks

RobotWorks 是来自于以色列的机器人离线编程与仿真软件，与 RobotMaster 类似。图 1-5 所示为 RobotWorks 软件界面。

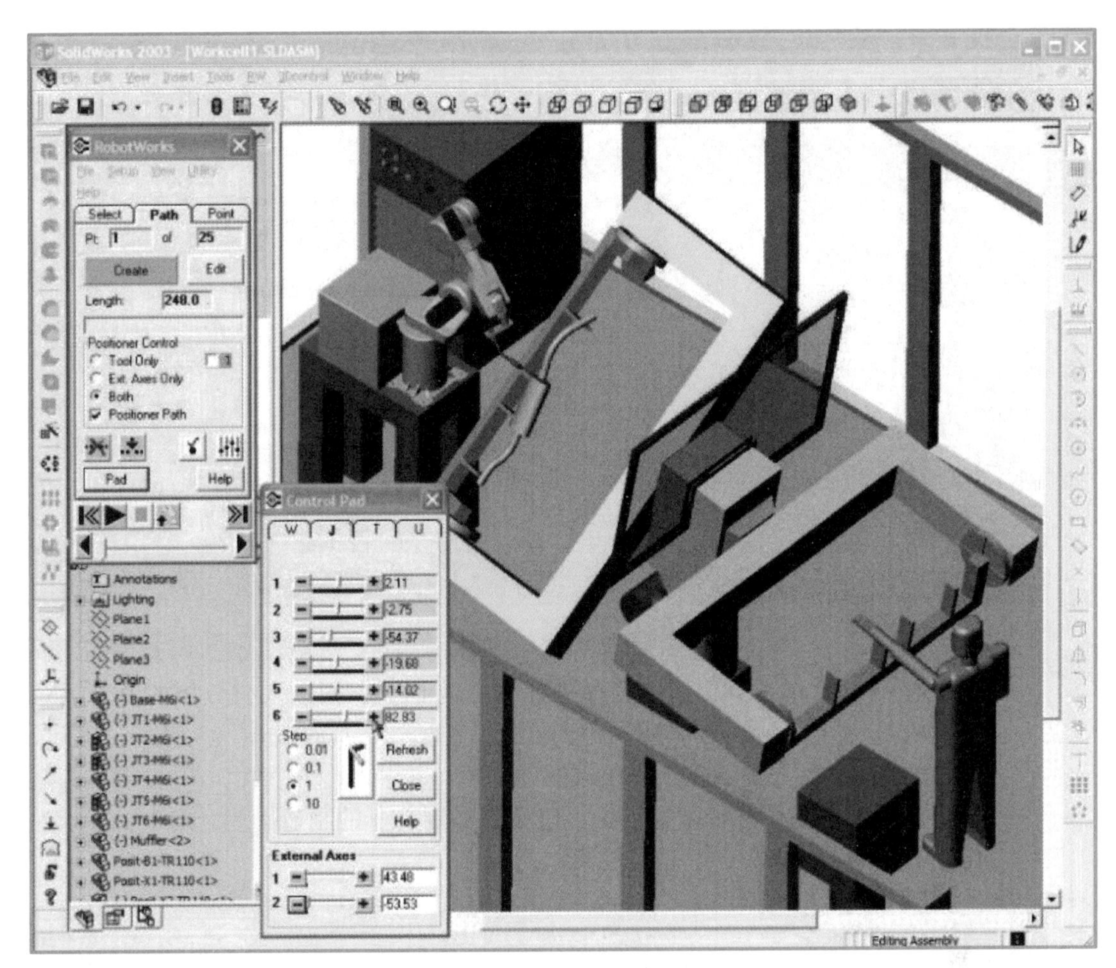

图 1-5　RobotWorks 软件界面

功能：拥有全面的数据接口、强大的编程能力、完备的工业机器人数据库、较强的仿真模拟能力和开放的自定义工艺库。

优点：拥有多种生成轨迹的方式，支持多种机器人和外部轴应用。

缺点：Robotworks 是基于 Solidworks 的二次开发，由于 Solidworks 本身不带 CAM 功能，所以其编程过程比较烦琐，机器人运动学规划策略智能化程度低。

（3）ROBCAD

ROBCAD 是西门子公司的软件，其价格是同类软件中较高的。该软件的重点在生产线仿真，并支持离线点焊、多台机器人仿真、非机器人运动机构仿真及精确的节拍仿真，主要应用于产品生命周期中的概念设计和结构设计两个前期阶段。图 1-6 所示为 ROBCAD 软件界面。

ROBCAD 主要特点是：可与主流的 CAD 软件（如 NX、CATIA、IDEAS）进行无缝集成，实现工具、工装、机器人和操作者的三维可视化，从而实现制造单元、测试以及编程的仿真。

（4）DELMIA

DELMIA 是达索旗下的 CAM 软件，包含面向制造过程设计的 DPE、面向物

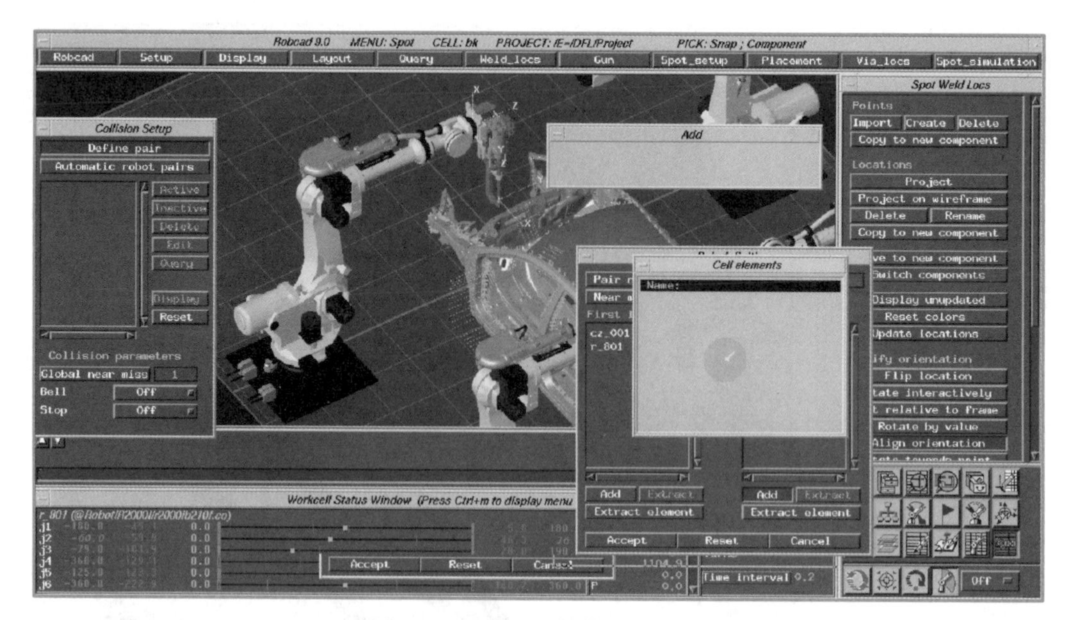

图 1-6　ROBCAD 软件界面

流过程分析的 QUEST、面向装配过程分析的 DPM、面向人机分析的 HUMAN、面向机器人仿真的 ROBOTICS、面向虚拟数控加工仿真的 VNC 六大模块。其中，ROBOTICS 解决方案涵盖汽车领域的发动机、总装和白车身（Body-in-White），航空领域的机身装配、维修维护，以及一般制造业的制造工艺。图 1-7 所示为 DELMIA 软件界面。

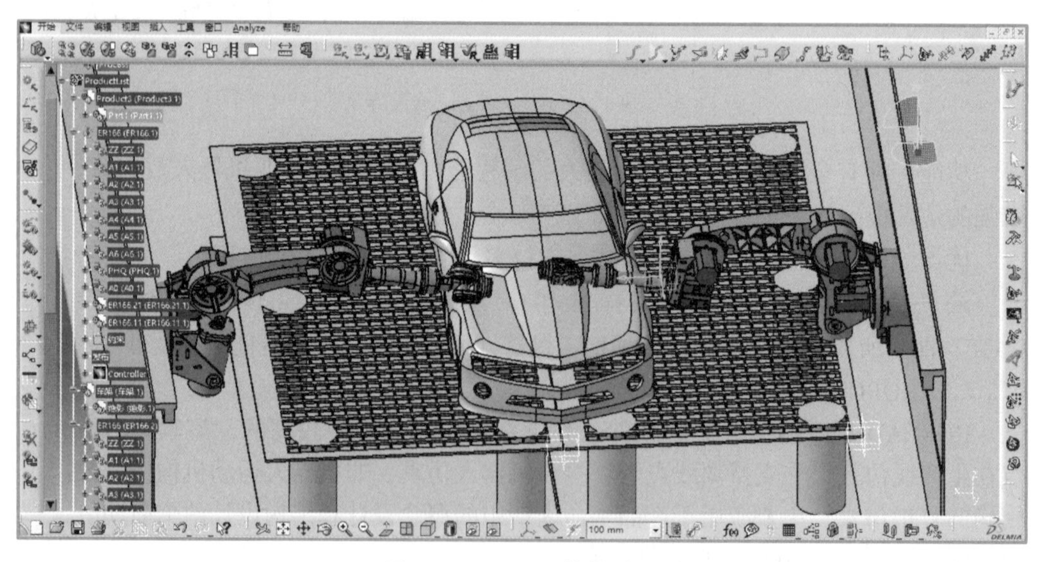

图 1-7　DELMIA 软件界面

DELMIA 中的机器人模块 ROBOTICS，利用其强大的 PPR 集成中枢可以快速地进行机器人工作单元建立、仿真与验证，提供了一个完整的、可伸缩的、柔性的解决方案。

优点：用户能够轻松地从含有超过 400 种以上的机器人的资源目录中，下载机器人和其他的工具资源；利用工厂的布置，规划工程师所要完成的工作；加入工作单元中工艺所需的资源进一步细化布局。

缺点：DELMIA 属于专家型软件，操作难度太高，适合于机器人专业研究生以上学生使用，不适宜初学者学习。

任务 1 RobotStudio 认知

课件
RobotStudio 认知

微课
RobotStudio 认知

任务描述

兰博：小 R，在吗？

小 R：在呢！怎么了？

兰博：你都有哪些功能啊？我听说你是工业机器人制造商配套软件中做得最好的一款。各项功能都是非常厉害的，具体都是什么？

小 R：那当然了，我的本领可多着呢。

兰博：那就来吧！你尽管在我面前炫技。

知识学习

ABB RobotStudio 是优秀的工业机器人离线编程仿真软件。为提高生产率，降低购买与实施机器人解决方案的总成本，ABB 开发了一个适用于机器人寿命周期各个阶段的系列软件。

图 1-8 所示为 ABB 机器人仿真工作站。

1. RobotStudio 的特点

（1）规划与定义阶段

RobotStudio 可在实际构建机器人系统之前先进行设计和试运行。还可以利用该软件确认机器人是否能到达所有编程位置，并计算解决方案的工作周期。

（2）编程设计阶段

ProgramMaker 将在 PC 上创建、编辑和修改机器人程序及各种数据文件。ScreenMaker 可以设计生产用的 ABB 示教悬臂程序画面。

2. RobotStudio 的主要功能

（1）CAD 导入

RobotStudio 可以轻易地以各种主要的 CAD 格式导入数据，包括 IGES、STEP、VRML、VDAFS、ACIS 和 CATIA。通过使用此类非常精确的 3D 模型数据，机器人程序设计员可以生成更为精确的机器人程序，从而提高产品质量。

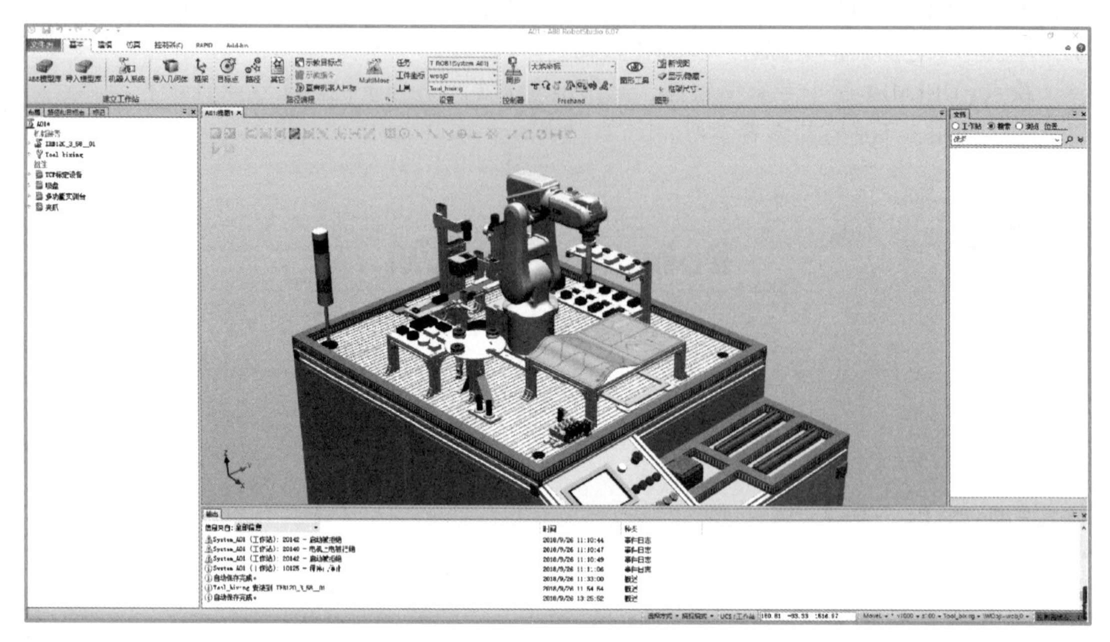

图 1-8　ABB 机器人仿真工作站

（2）自动路径生成

这是 RobotStudio 中最节省时间的功能之一。通过使用待加工部件的 CAD 模型，可在短短几分钟内自动生成跟踪曲线所需的机器人位置，如果人工执行此项任务，则可能需要数小时或数天。

（3）自动分析伸展能力

此功能可灵活移动机器人或工件，直至所有位置均可达到，可在短短几分钟内验证和优化工作单元布局。

（4）碰撞检测

在 RobotStudio 中，可以对机器人在运动过程中是否可能与周边设备发生碰撞进行一个验证与确认，以确保机器人离线编程得出程序的可用性。

（5）在线作业

使用 RobotStudio 与真实的机器人进行通信，对机器人进行便捷的监控、程序修改、参数设定、文件传送及备份恢复的操作，使得调试与维护工作更轻松。

（6）模拟仿真

根据设计在 RobotStudio 中进行工业机器人工作站的动作以及周期节拍模拟仿真，为工程的实施提供百分百的验证。

（7）应用功能包

针对不同的应用推出功能强大的工艺功能包，将机器人更好地与工艺应用进行有效的融合。

（8）二次开发

提供功能强大的二次开发的平台，使得机器人应用有更多的可能，满足机器人的科研需要。

任务 2 RobotStudio 安装

任务描述

课件
RobotStudio 安装

微课
RobotStudio 的下载与安装

兰博：小 R，我要把你安装到我的计算机上，你的安装过程复杂吗？是否需要配置很多东西呢？

小 R：安装过程很简单的，只要按照提示一步一步来，一定没有问题。不过在安装之前需要做一点准备工作。

兰博：什么准备工作？安装软件也需要热身吗？

小 R：听我给你细细道来……

知识学习

本书所使用的 RobotStudio 软件的版本号为 6.06.7688.1025，计算机操作系统为 Windows10 中文版。操作系统中的防火墙和杀毒软件因识别错误，可能会造成 RobotStudio 安装程序不能正常运行，甚至会引起某些插件无法正常安装而导致整个软件的安装失败。建议在安装 RobotStudio 之前关闭系统防火墙及杀毒软件，避免计算机防护系统擅自清除 RobotStudio 相关组件。RobotStudio 作为一款体积较大的三维软件，对计算机的配置有一定的要求，如果要达到比较流畅的运行体验，计算机的配置不能太低。建议的计算机配置见表 1-1。

表 1-1 建议的计算机配置

CPU	Intel 酷睿 i5 系列或同级别 AMD 处理器及以上
显卡	NVIDIA GEFORCE GT650 或同级别 AMD 独立显卡及以上，显存容量 1 GB 或以上
内存	容量 4 GB 及以上
硬盘	空间剩余 20 GB 及以上
显示器	分辨率 1 920 × 1 080 及以上

任务实施

RobotStudio 软件的安装过程如下。

① 登录网址：www.robotstudio.com，进入 RobotStudio 软件下载页面，单击“Download RobotStudio”即可下载，如图 1-9 所示。

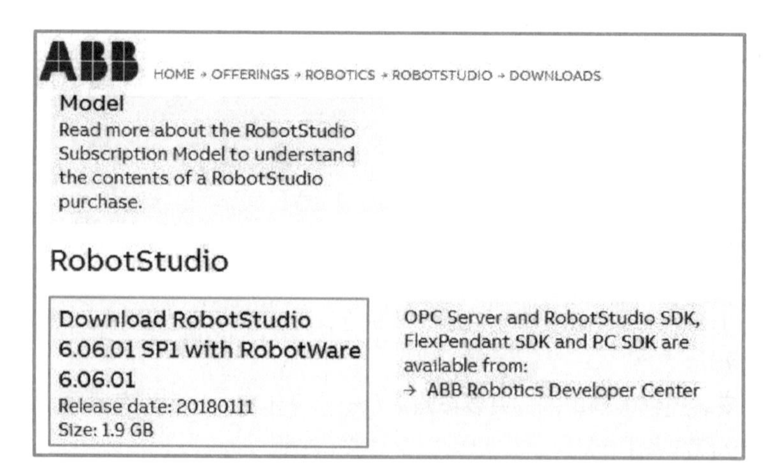

图 1-9　软件下载页面

② 下载完成后，对压缩包进行解压。在解压完成后的文件中，双击“setup.exe”安装文件，如图 1-10 所示。

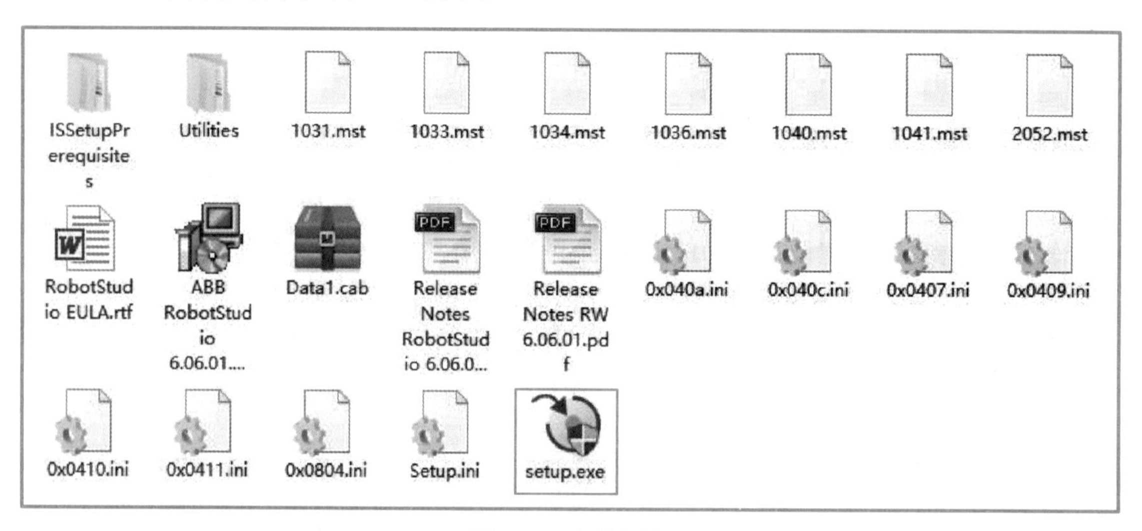

图 1-10　安装文件

③ 在出现的安装语言选择框中选择“中文（简体）”，然后单击“确定”按钮，进行后续的安装，如图 1-11 所示。

图 1-11　语言选择

④ 进入欢迎界面，单击“下一步”按钮，如图 1–12 所示。

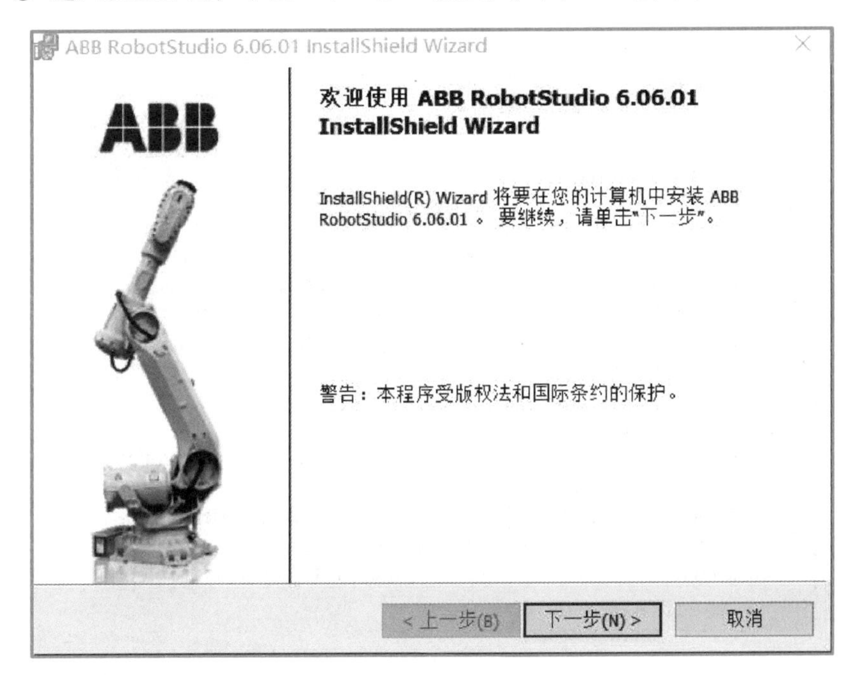

图 1–12　欢迎界面

⑤ 进入许可证协议界面，选择“我接受该许可证协议中的条款”，单击“下一步”按钮，如图 1–13 所示。

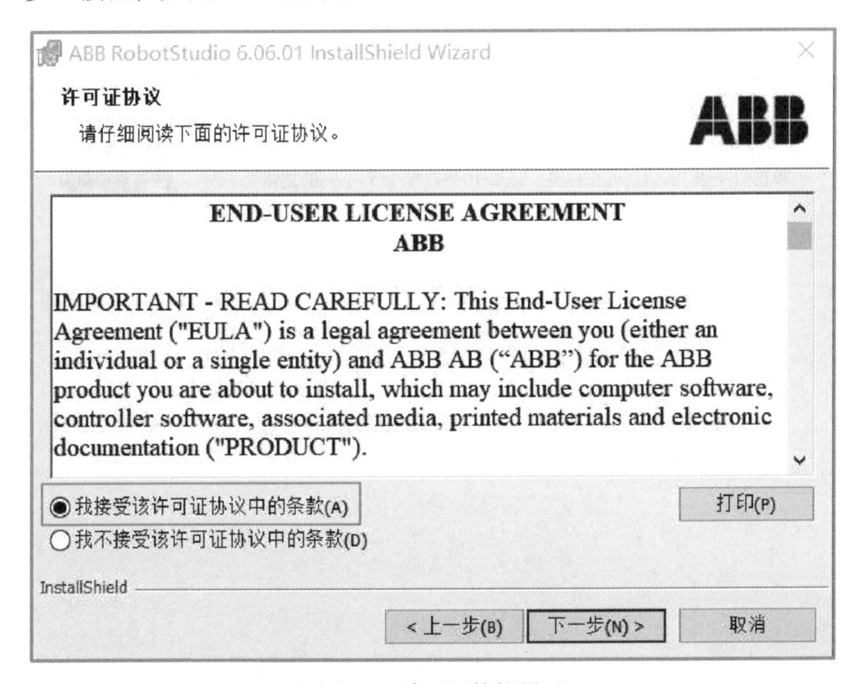

图 1–13　许可证协议界面

⑥ 进入隐私声明界面，单击“接受”按钮，进行下一步的安装，如图 1–14 所示。

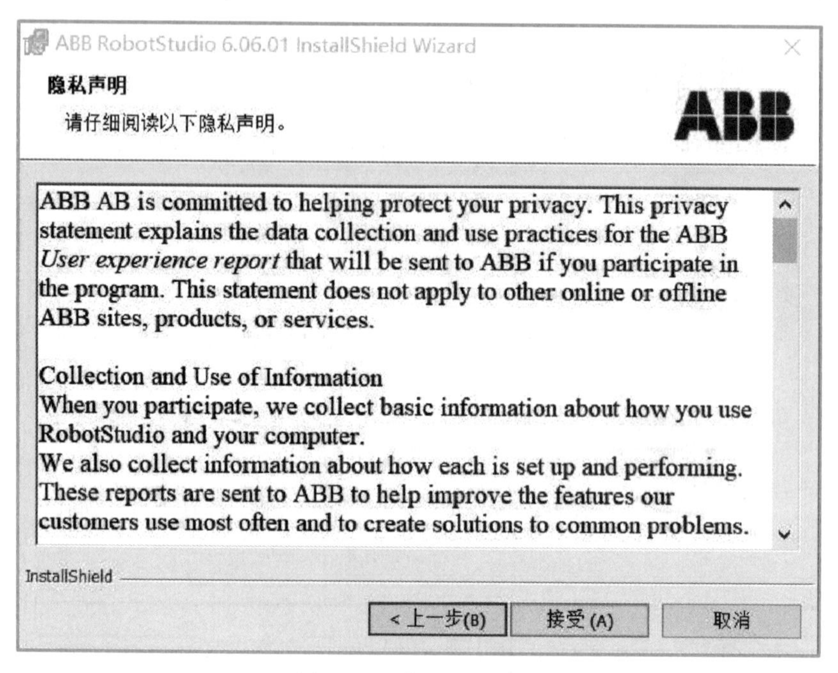

图 1–14　隐私声明界面

⑦ 选择安装地址，单击“更改”按钮后选择文件夹即可，这里不做修改，单击“下一步”按钮，如图 1–15 所示。

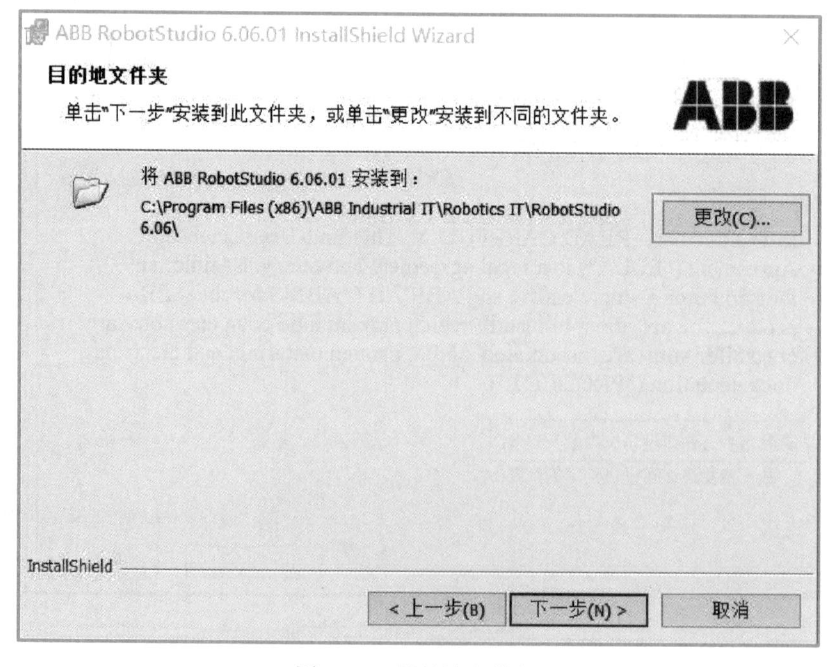

图 1–15　目的地文件夹

⑧ 选择安装类型，默认“完整安装”即可。单击“下一步”按钮，如图 1-16 所示。

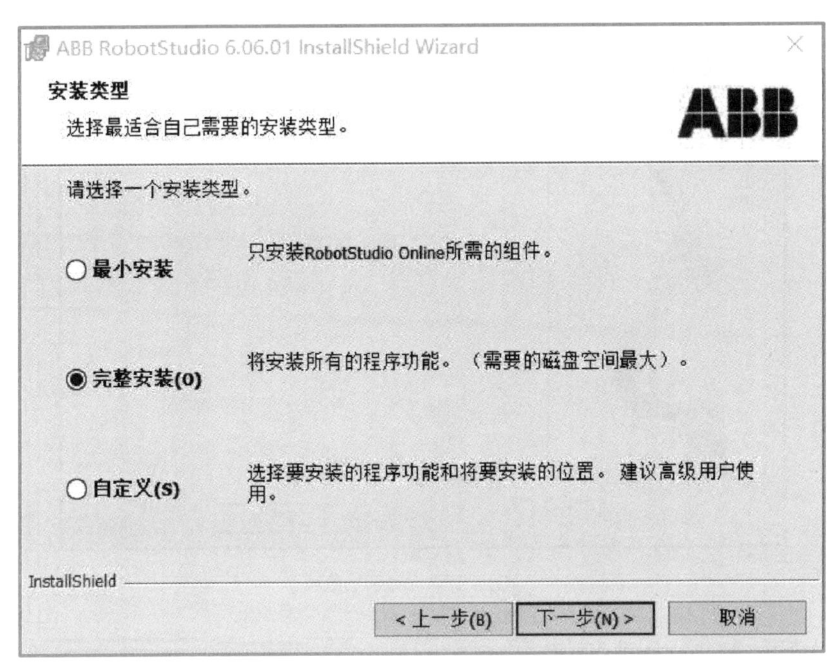

图 1-16　安装类型

⑨ 准备安装程序，如有问题单击“上一步”按钮返回修改，如没有问题，单击“安装”按钮开始安装软件，如图 1-17 所示。

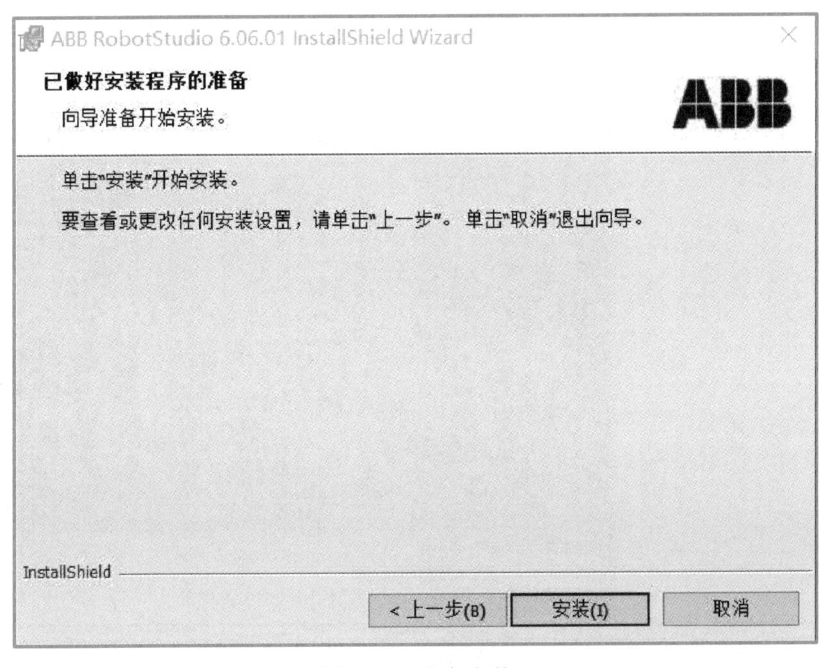

图 1-17　准备安装

⑩ 安装完成后单击“完成”按钮退出安装向导，如图 1-18 所示。

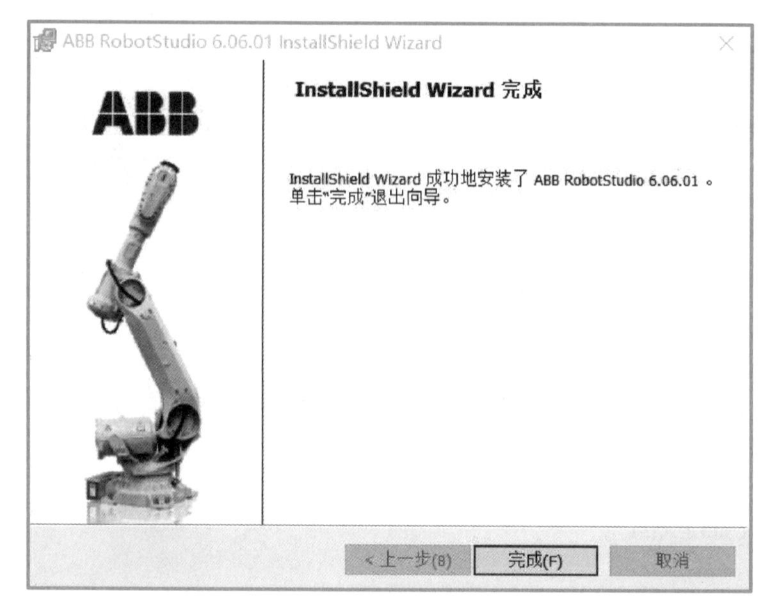

图 1-18 安装完成

1. 关于 RobotStudio 的授权

单击 RobotStudio 的“基本”菜单，可在软件界面下方的“输出”信息中查看授权的有效日期，如图 1-19 所示。

微课

RobotStudio 的授权与激活操作

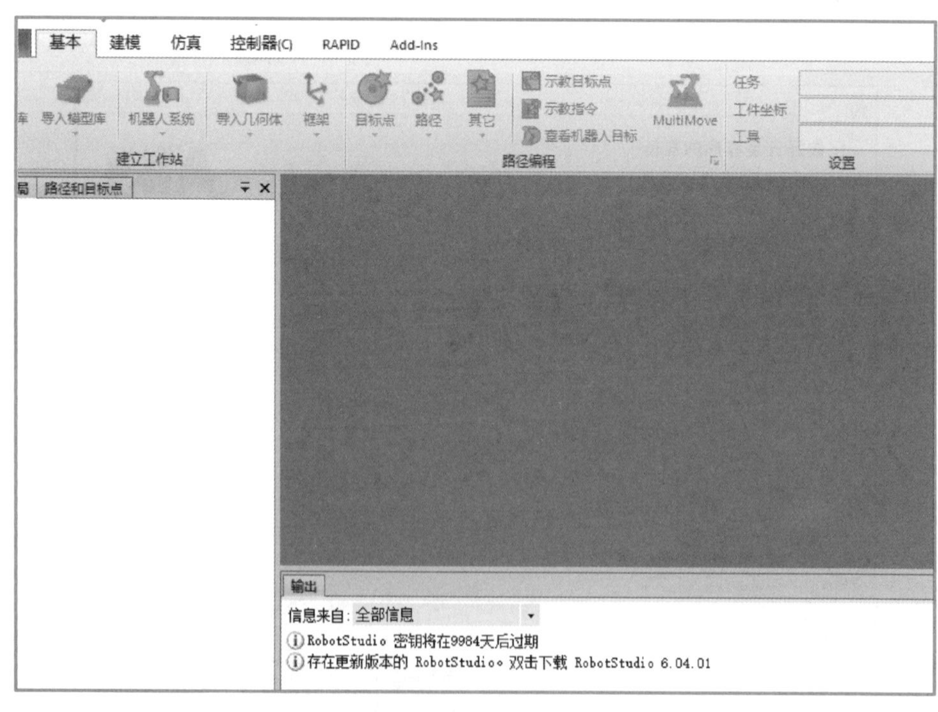

图 1-19 查看授权

在第一次正确安装 RobotStudio 以后，软件提供 30 天的全功能高级版免费试用，30 天以后，如果还未进行授权操作的话，则只能试用基本版的功能。

软件基本版：提供所选的 RobotStudio 功能，如配置、编程和运行虚拟控制器，还可以通过以太网对实际控制器进行编程、配置和监控等在线操作。

软件高级版：提供 RobotStudio 所有的离线编程和多机器人仿真功能。高级版中包含基本版中的所有功能，若要使用高级版需进行激活。

RobotStudio 的授权可以与 ABB 公司进行联系购买。针对学校使用 RobotStudio 软件用于教学用途的情况，有特殊优惠政策。

2. 激活授权的操作

从 ABB 公司获得的授权许可证有两种：一种是单机许可证，一种是网络许可证。单机许可证只能激活一台计算机的 RobotStudio 软件，而网络许可证可在一个局域网内建立一台网络许可证服务器，给局域网内的 RobotStudio 客户端进行授权许可，客户端的数量由网络许可证所决定。在授权激活后，如果计算机系统出现问题并重新安装 RobotStudio 的话，将会造成授权失效。

激活授权的操作如下。

① 在激活之前，请将计算机连接互联网，因为 RobotStudio 可以通过互联网进行激活，这样操作会便捷很多。

② 选择软件中的“文件”菜单，并选择下拉菜单“选项”，如图 1-20 所示。

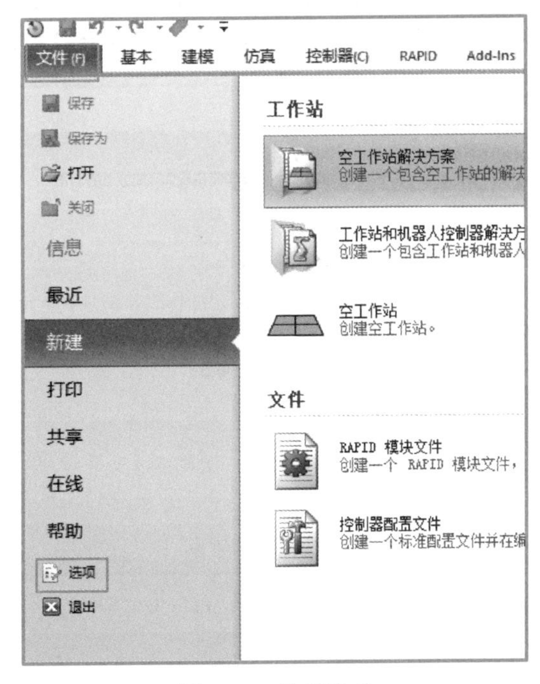

图 1-20　选择选项

③ 在出现的“选项”对话框中选择“授权”选项，并单击“激活向导”，如图 1-21 所示。

图 1–21 “选项”对话框

④ 根据授权许可证选择“单机许可证”或“网络许可证”，选择完成后，单击“下一个”按钮，按照提示即可完成激活操作，如图 1–22 所示。

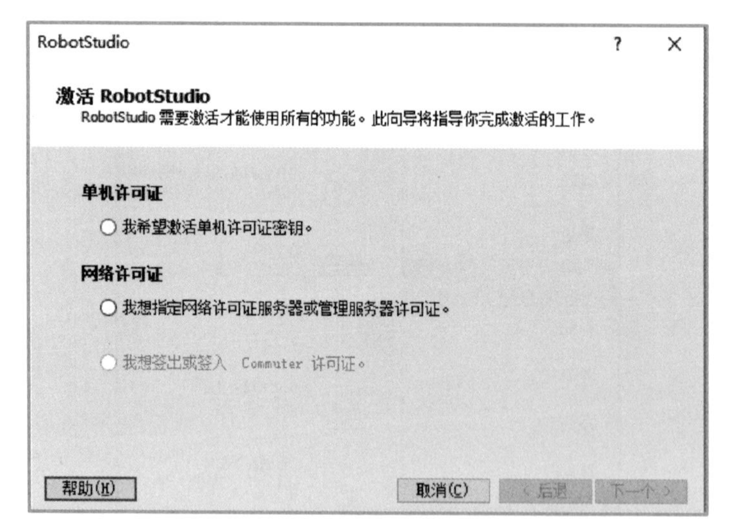

图 1–22 选择授权许可证

任务 3 创建工作站文件

任务描述

课件
创建工作站文件

兰博：小 R，你已经成功安装到我的计算机了，那么接下来该如何进行呢？

小 R：我需要一个空工作站文件来施展我的功能。

兰博：你所说的工作站文件是什么，有什么作用？

小 R：先来创建工作站文件，这个工作站文件只需简单的几个步骤就可以创建成功。在创建工作站的过程中你就会逐渐明白的。

知识学习

微课
RobotStudio 软件的基本操作

工作站文件是创建机器人仿真工作站的前提，为仿真工作站的搭建提供了平台。工作站文件在 RobotStudio 中具体表现为一个三维的虚拟世界，编程人员可在这个虚拟的环境中运用 CAD 模型任意搭建场景来构建仿真工作站。

RobotStudio 中菜单栏和工具栏的应用是基于工作站文件而言的，在没有创建或者打开工作站文件的情况下，菜单栏和工具栏中的大部分功能呈暗灰色，处于不可用的状态，如图 1–23 所示。RobotStudio 创建的工作站文件在计算机中是以文件的形式存储的，也可以称之为一个工作站包，工作站文件的扩展名为“.rsstn”，

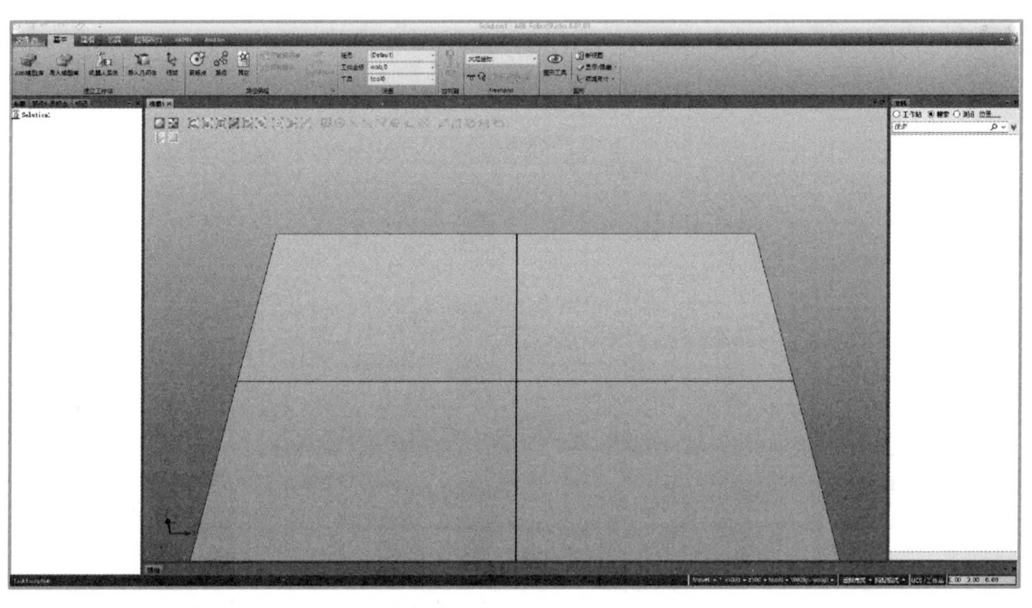

图 1–23 软件的初始界面

图 1–24　工作站文件

图 1–25　工作站打包文件

其图标如图 1–24 所示；另外，RobotStudio 也可以将工作站文件生成软件专用的工作站打包文件，扩展名是“.rspag”，其图标如图 1–25 所示。

工作站文件不受计算机存储路径的影响，可通过简单的剪切复制等操作改变其存放位置，直接双击“.rsstn”文件即可调用 RobotStudio 软件打开工作站文件。

“.rspag”打包文件作为 RobotStudio 专用的压缩文件，有利于工程文件在不同设备之间的交互。双击打开工作站打包文件时会自动解压，选择解压的目标文件夹后就会打开工作站文件，用户在软件界面内的任何编辑都是基于目标文件夹下的文件，而并不会影响到原有“.rspag”打包文件。

任务实施

① 打开 RobotStudio 后，单击工具栏上的“文件”选项卡，双击“新建”菜单中的“空工作站”按钮，如图 1–26 所示。

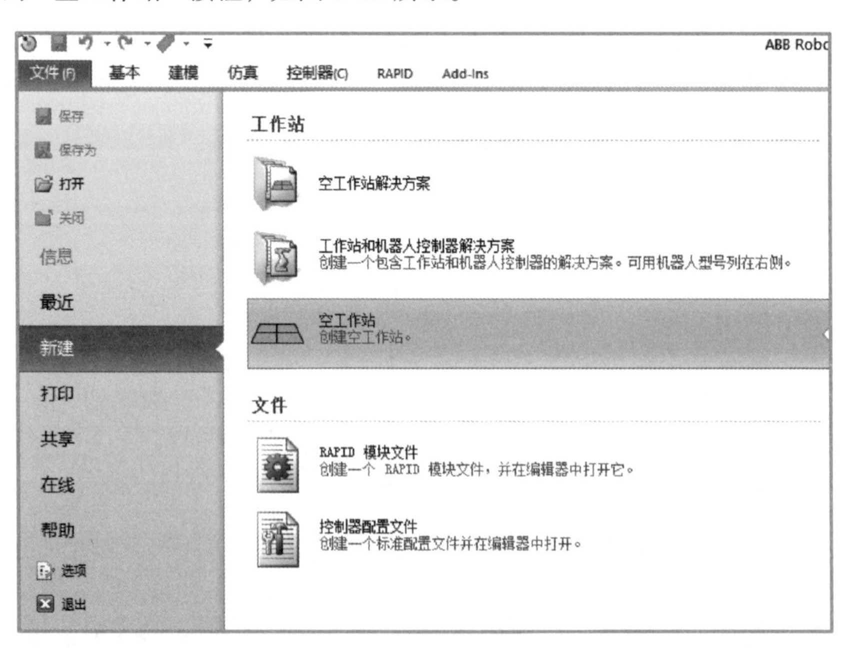

图 1–26　创建空工作站

② 创建空工作站后，选项卡被激活呈现高亮状态，如图 1–27 所示。

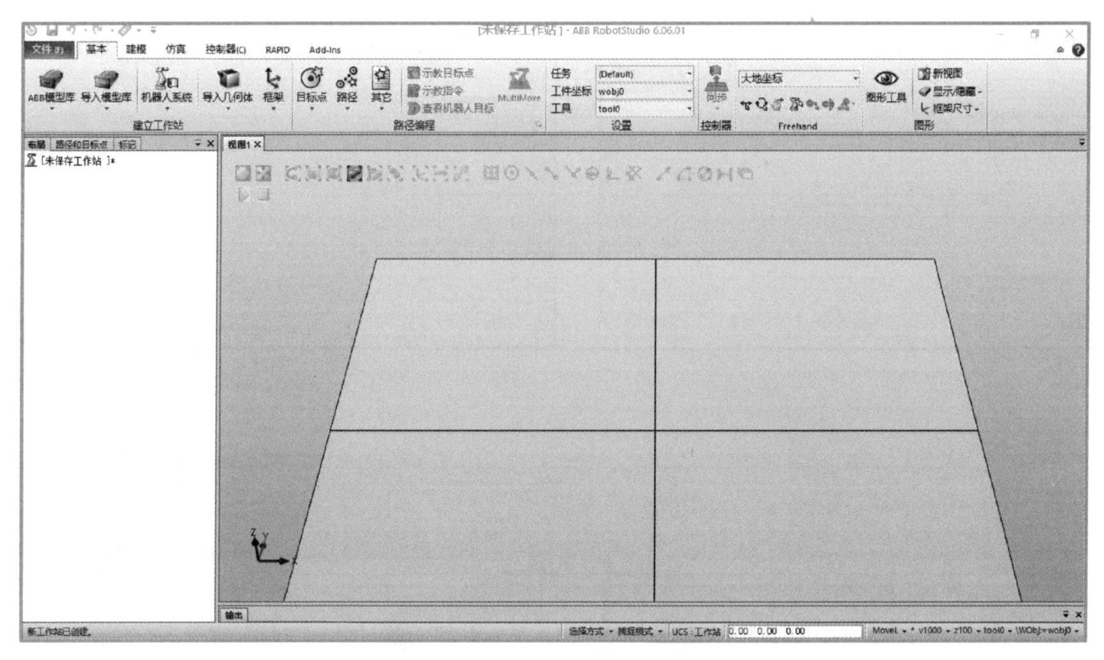

图 1–27　空工作站

③ 双击打包文件，自动使用 RobotStudio 打开后进入解包向导，如图 1–28 所示。

④ 单击“下一个”按钮，进入选择打包文件界面，如图 1–29 所示。

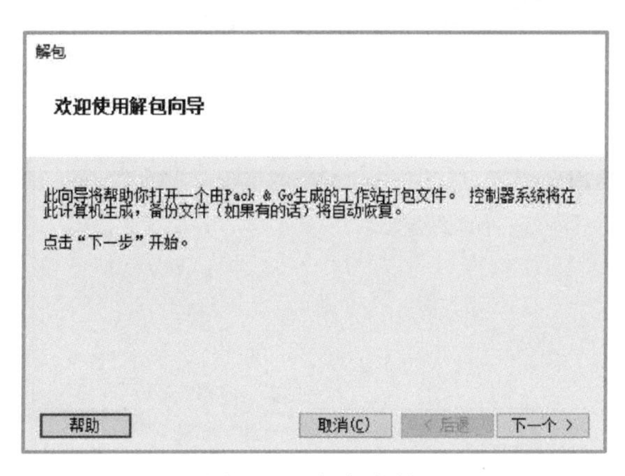

图 1–28　解包向导

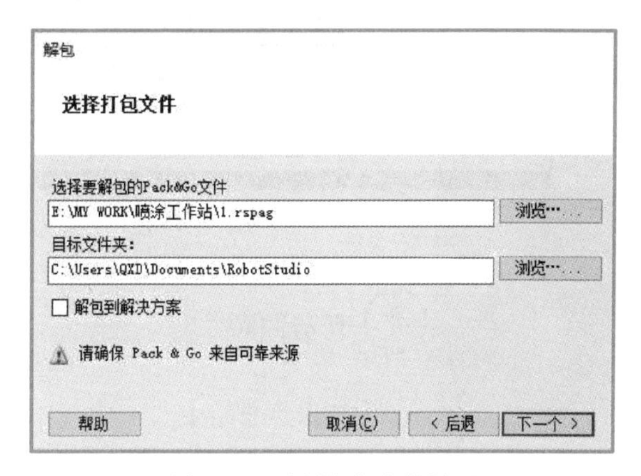

图 1–29　选择打包文件界面

⑤ 选择完成后，单击“下一个”按钮，确认后单击“完成”按钮开始解包，如图 1–30 所示。

⑥ 解包完成后弹出解包完成界面，单击“关闭”按钮退出解包向导，如图 1–31 所示。

⑦ 工作站打包文件解包后的最终效果如图 1–32 所示。

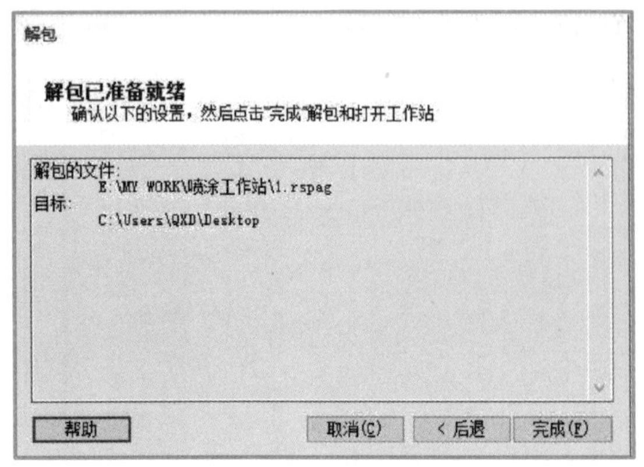

图 1-30　解包就绪

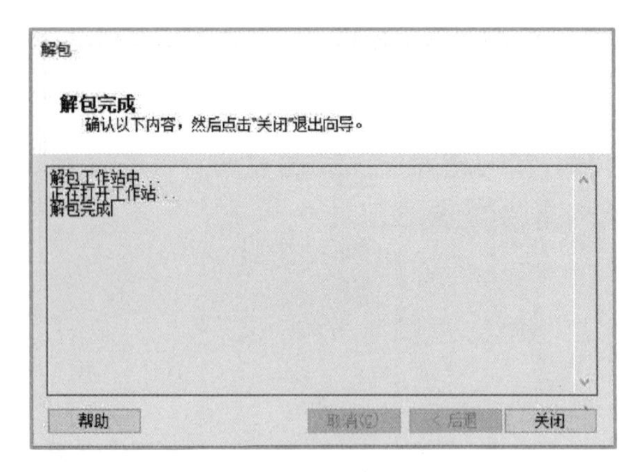

图 1-31　解包完成界面

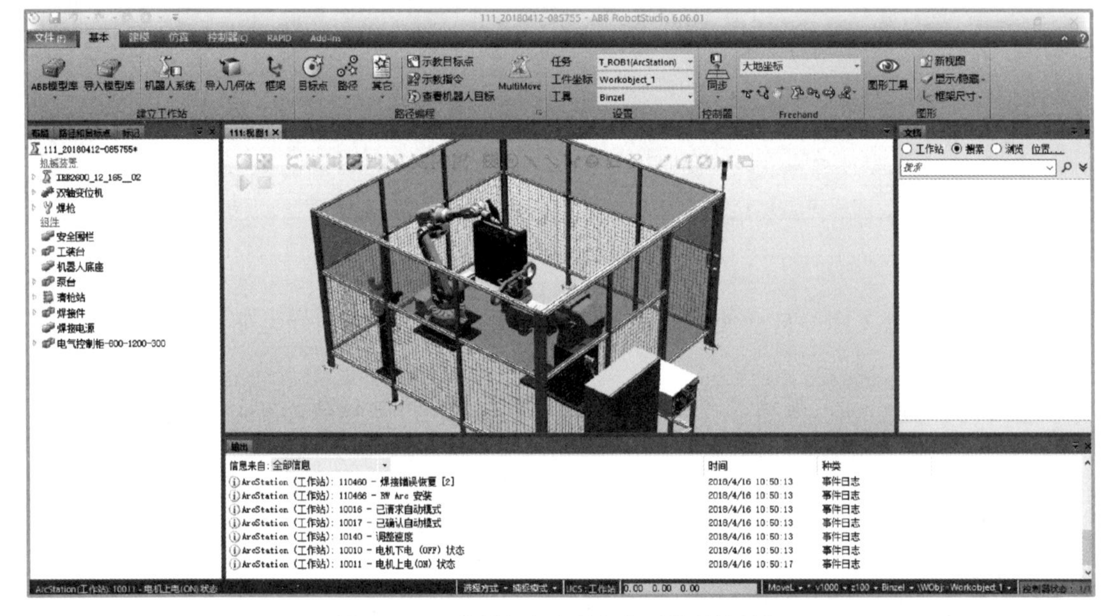

图 1-32　工作站打包文件解包后的最终效果

任务回顾

【知识点总结】

1. 工作站文件；
2. 工作站文件的创建方法及步骤。

【思考与练习】

1. 怎么打开打包文件，解包的步骤是什么？
2. 如何进行仿真软件的授权操作？

任务 4 RobotStudio 界面认知

任务描述

课件
RobotStudio 界面认知

小 R：工作站文件已经创建完毕，欢迎大家来参观我的界面。其实我的界面一点都不复杂，功能和布局跟其他常见的大型软件都很相似。

兰博：我看到你上面的选项内容密密麻麻，感觉很复杂，都有哪些功能呢？

小 R：别看这么多选项，经常用到的也就那么几个，包括基本、建模、仿真等选项卡，待我一一为你讲解。

知识学习

双击 RobotStudio 软件图标打开软件后，软件界面如图 1–33 所示，单击“基本”选项卡进入到 RobotStudio 软件主界面，如图 1–34 所示。

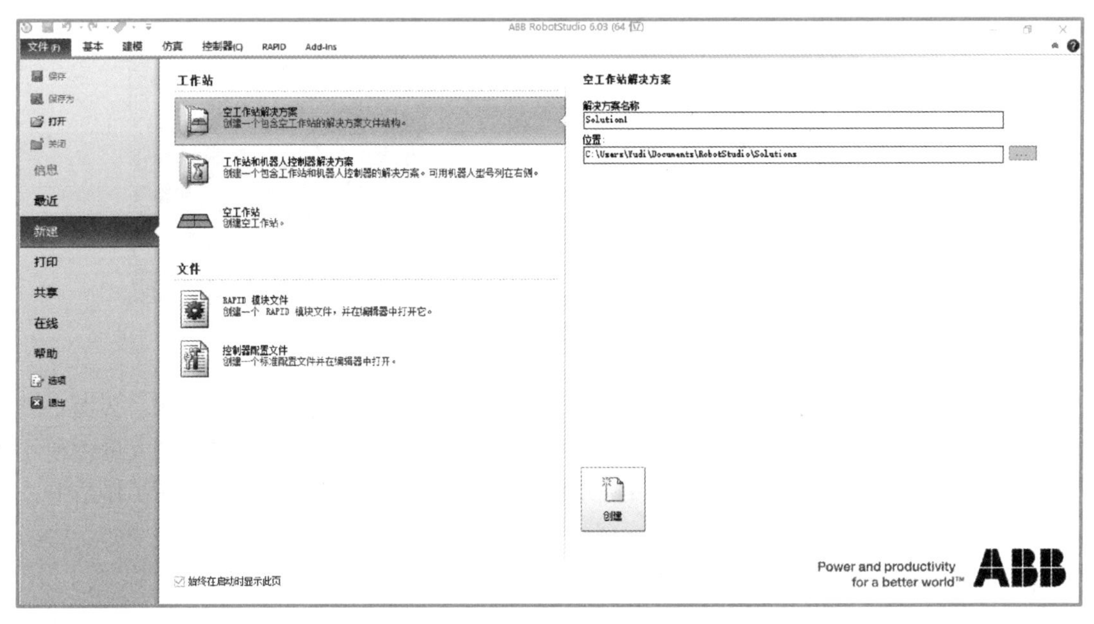

图 1–33　打开软件时界面

在界面的上方是功能区，主要有文件、基本、建模、仿真、控制器、RAPID 和 Add-Ins 七项功能选项卡，左上角是自定义快速工具栏，点开可以自行定义快速访问项目和进入窗口布局，如图 1–35 所示。

界面的左侧是布局浏览器、路径和目标点浏览器、标记浏览器，主要分层显示工作站中的项目和工作站内的所有路径、数据等。

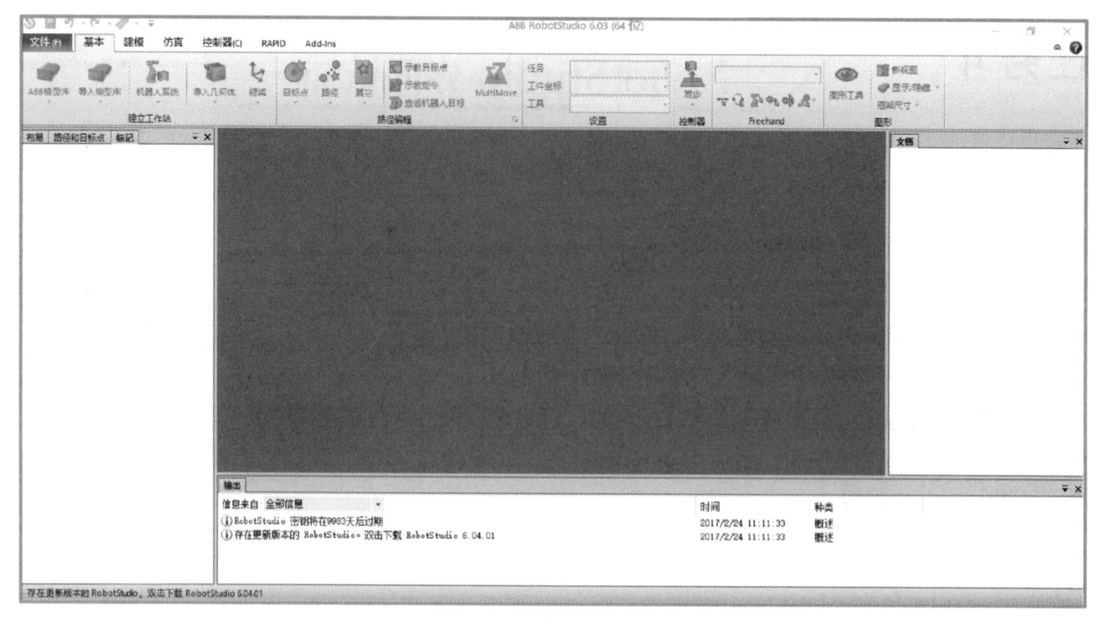

图 1-34　RobotStudio 软件主界面

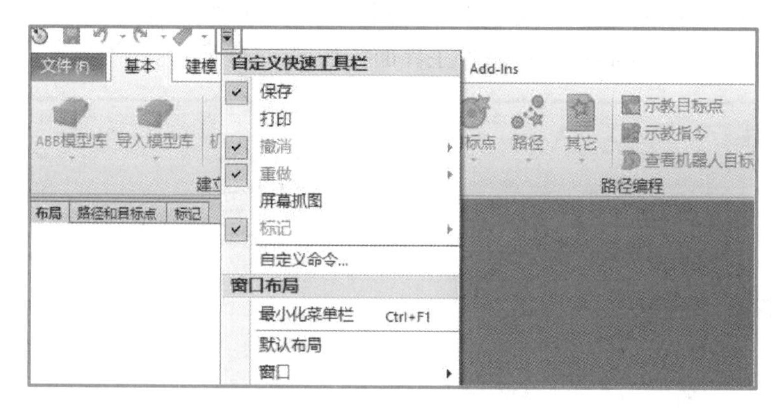

图 1-35　自定义快速工具栏

界面中间部分是视图区，整体的工作站布局都会在视图区显示出来。界面右侧是文档窗口，可以搜索和浏览 RobotStudio 文档，例如处于不同位置的大量库和几何体等。也可以添加与工作站相关的文档，作为链接或嵌入一个文件在工作站中。

界面的下方是输出窗口，显示工作站内出现的事件的相关信息，例如，启动或停止仿真的时间。输出窗口中的信息对排除工作站故障很有作用。

1. RobotStudio 软件的各项选项卡的功能

RobotStudio 软件的功能菜单有文件、基本、建模、仿真、控制器、RAPID 和 Add-Ins 七项功能选项卡。

（1）“文件”功能选项卡

打开软件后首先进入的界面就是“文件”功能选项卡，显示了当前活动的工作站的信息和数据，列出最近打开的工作站并提供一系列用户选项。“文件”选项卡下各种可用选项及其描述见表 1-2。

表 1-2 “文件”选项卡下各种可用选项及其描述

选项	描述
保存 / 保存为	保存工作站
打开	打开保存的工作站。在打开或保存工作站时，选择加载几何体选项，否则几何体会被永久删除
关闭	关闭工作站
信息	在 RobotStudio 中打开某个工作站后，单击信息后将显示该工作站的属性，以及作为该工作站一部分的机器人系统和库文件
最近	显示最近访问的工作站和项目
新建	可以创建工作站和文件
打印	打印活动窗口内容，设置打印机属性
共享	可以与其他人共享数据，创建工作站打包文件或解包打开其他工作站
在线	连接到控制器，导入和导出控制器，创建并运行机器人系统
帮助	提供有关 RobotStudio 安装和许可授权的信息和一些帮助支持文档
选项	显示有关 RobotStudio 设置选项的信息
退出	关闭 RobotStudio

关于“新建”选项，在界面中提供了很多用户选项，主要分为“工作站”和“文件”两种。“工作站”标题下有空工作站解决方案、工作站和机器人控制器解决方案、空工作站三个选项，可以根据不同的需要创建对应的项目。在 RobotStudio 中将解决方案定义为文件夹的总称，其中包含工作站、库和所有相关元素的结构。在创建文件夹结构和工作站前，必须先定义解决方案的名称和位置。“文件”标题下有 RAPID 模块文件和控制器配置文件两个选项，可以分别创建 RAPID 模块文件和标准控制器配置文件，并在编辑器中打开。

（2）“基本”功能选项卡

“基本”功能选项卡包含构建工作站、创建系统、编辑路径以及摆放工作站的模型项目所需要的控件。按照功能的不同将“基本”功能选项卡中的功能选项分为建立工作站、路径编程、设置、控制器、Freehand 和图形六个部分，如图 1-36 所示。

图 1-36 “基本”功能选项卡

在“建立工作站”中单击“ABB 模型库”按钮，可以从相应的列表中选择所需的机器人、变位机和导轨模型，将其导入到工作站中；“导入模型库”可以导入设备、几何体、变位机、机器人、工具以及其他物体到工作站内；“机器人系统”可以为机器人创建或加载系统，建立虚拟的控制器；“导入几何体”则是可以导入用户自定义的几何体和其他三维软件生成的几何体；“框架”可以用来创建一般的框架和制定方向的框架。

“基本”功能选项卡中的“路径编程”主要是进行轨迹相关的编辑功能。其中，“目标点”可以实现目标点的创建功能；“路径”可以创建空路径和自动生成路径；“其它”用来创建工件坐标系和工具数据以及编辑逻辑指令。在“路径编程”中还有示教目标点、示教指令和查看机器人目标的功能，单击“路径编程”右下角的小箭头还可以打开指令模板管理器，用来更改 RobotSudio 自带的默认设置之外的其他指令的参数设置。

“设置”中“任务”是在下拉菜单中选择任务，所选择的任务表示当前任务，新的工作对象、工具数据、目标、空路径或来自曲线的路径将被添加到此任务中，这里的任务是在创建系统时一同创建的；“工件坐标”是选择当前所要使用的工件坐标系，新的目标点的位置将以工件坐标系为准；“工具”是从工具下拉列表中选择工具坐标系，所选择的表示当前工具坐标系。

“控制器”中的“同步”功能可以实现工作站和虚拟示教器之间设置和编辑的相互同步。

“Freehand”用来选择对应的参考坐标系，然后通过移动、手动控制机器人关节、旋转、手动线性、手动重定位和多个机器人的微动控制，实现机器人和物体的动作控制。

“图形”选项的功能包括视图设置和编辑设置。

（3）“建模”功能选项卡

“建模”功能选项卡可以帮助进行创建 Smart 组件、组件组、空部件、固体、表面，测量，进行与 CAD 相关的操作以及创建机械装置、工具和输送带等。图 1–37 所示是“建模”功能选项卡，包含创建、CAD 操作、测量、Freehand 和机械五个部分。

图 1–37 “建模”功能选项卡

（4）“仿真”功能选项卡

“仿真”功能选项卡包括创建碰撞监控、配置仿真、仿真控制、监控和记录仿真的相关控件。“仿真”功能选项卡包含碰撞监控、配置、仿真控制、监控、信号分析器和录制短片六个部分，如图 1–38 所示。

图 1–38 “仿真”功能选项卡

“碰撞监控”可以创建碰撞集，包含两组对象：ObjectA 和 Object B，将对象放入其中以检测两组之间的碰撞。单击右下角的小箭头可以进行碰撞检测的相关设置。

“配置”中“仿真设定”可以设置仿真时机器人程序的序列和进入点以及选

择需要仿真的对象等；“工作站逻辑”是进行工作站与系统之间的属性和信号的连接设置。单击右下角的小箭头可以打开“事件管理器”，通过“事件管理器”可以设置机械装置动作与信号之间的连接。

“仿真控制”可以控制仿真的开始、暂停、停止和复位功能。

“监控”可以查看并设置程序中 I/O 信号、启动 TCP 跟踪和添加仿真计时器。

“信号分析器”的信号分析功能可用于显示和分析来自机器人控制器的信号，进而优化机器人程序。

“录制短片”可以对仿真过程、应用程序和活动对象进行全程的录制，生成视频。

（5）“控制器”功能选项卡

“控制器”功能选项卡包含用于虚拟控制器的配置和所分配任务的控制措施，还有用于管理真实控制器的控制功能。RobotStudio 允许使用离线控制器，即在 PC 上本地运行的虚拟 IRC5 控制器，这种离线控制器也被称为虚拟控制器（VC）。还允许使用真实的物理 IRC5 控制器（简称为“真实控制器”）。“控制器”功能选项卡包含进入、控制器工具、配置、虚拟控制器和传送五个部分，如图 1–39 所示。

图 1–39 “控制器”功能选项卡

（6）“RAPID”功能选项卡

“RAPID”功能选项卡提供用于创建、编辑和管理 RAPID 程序的工具和功能，可以管理真实控制器上的在线 RAPID 程序、虚拟控制器上的离线 RAPID 程序或者不隶属于某个系统的单机程序。“RAPID”功能选项卡如图 1–40 所示。

图 1–40 “RAPID”功能选项卡

（7）“Add-Ins”功能选项卡

“Add-Ins”功能选项卡提供了 RobotWare 插件、RobotStudio 插件和一些组件等。“Add-Ins”功能选项卡如图 1–41 所示。

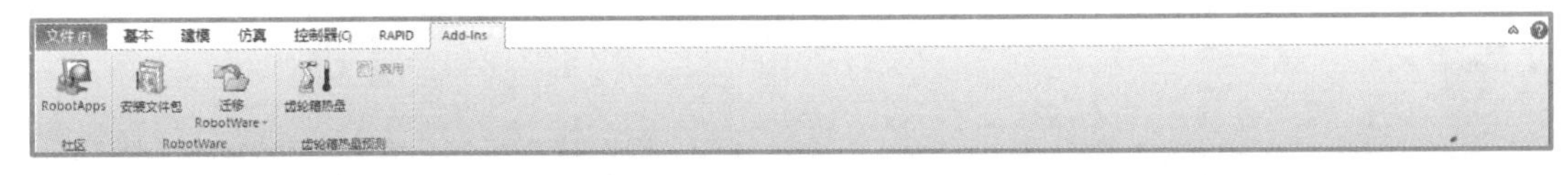

图 1–41 “Add–Ins”功能选项卡

2. 恢复 RobotStudio 默认界面的操作

刚开始操作 RobotStudio 时，有时会不小心误操作将某些操作窗口意外关闭，如图 1–42 所示，布局、路径与目标点和标记浏览窗口，还有输出信息窗口被关闭了，从而无法找到对应的操作对象和查看相关的信息。这时，可以进行恢复 RobotStudio 默认界面的操作。

① 单击自定义快速工具栏中的下拉按钮，在菜单中选择“默认布局”，如图 1–43 所示。

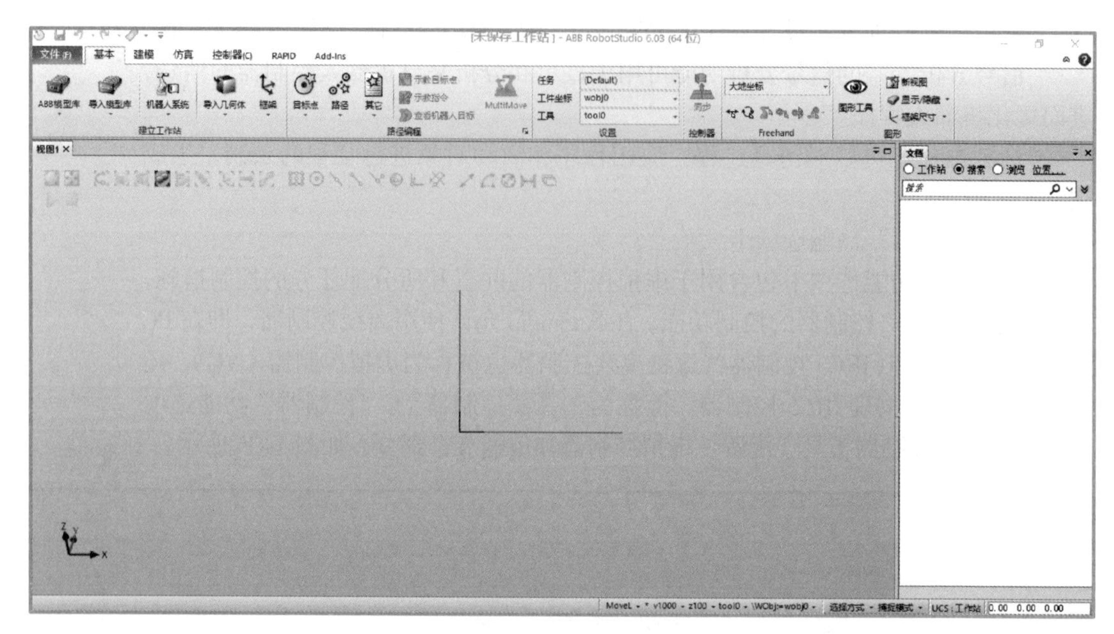

图 1–42　意外关闭窗口界面

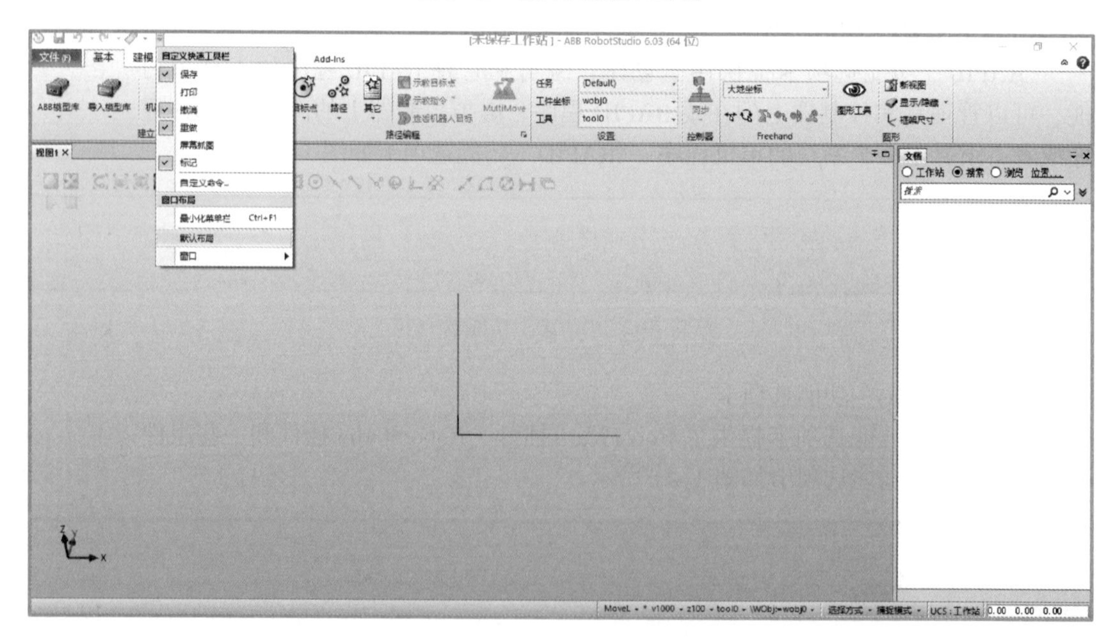

图 1–43　选择默认布局

② 选择“默认布局”后，软件界面恢复最小化的默认布局，单击右上角放大界面按钮，如图 1–44 所示，恢复了窗口的布局。也可以在下拉菜单中选择“窗口”，在所需要打开的窗口前打钩选中，打开指定的窗口，如图 1–45

所示。

3. 常用工具简介

常用的工具按钮包括视图操作工具、手动操作工具、选择方式工具、捕捉模式工具和测量工具，位于主界面“基本”功能选项卡下面的三维视图窗口中。

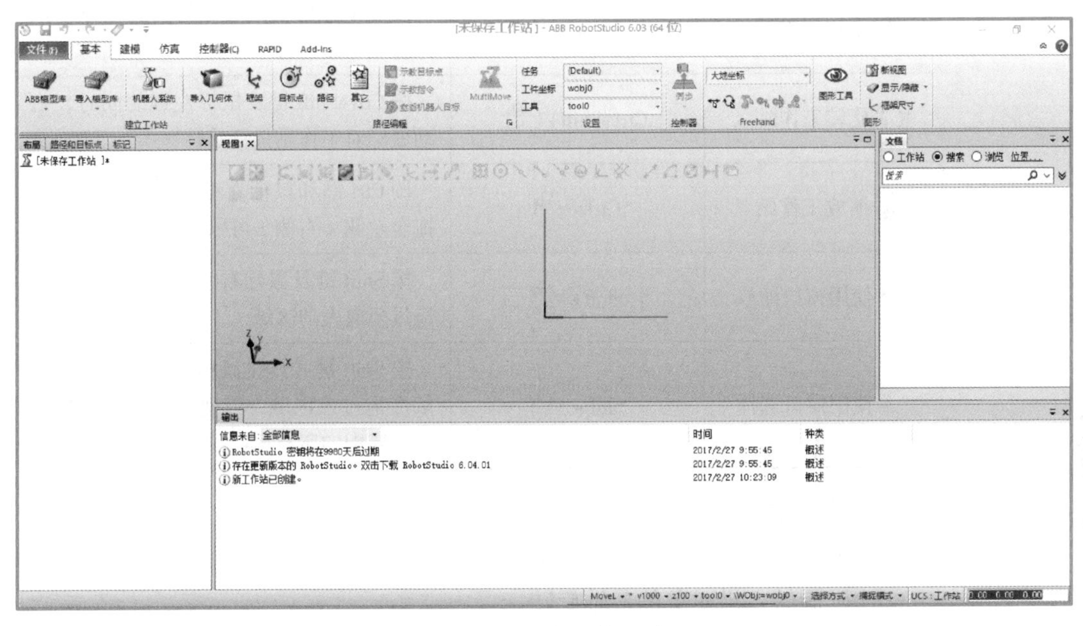

图 1–44　默认布局窗口界面

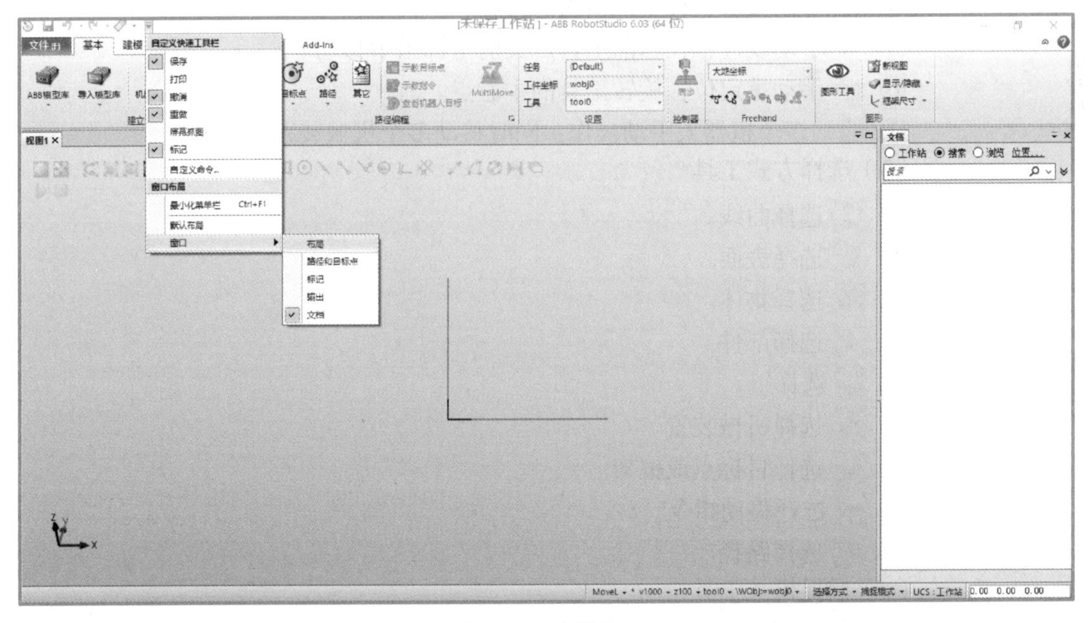

图 1–45　选择窗口

（1）视图操作工具

视图操作工具及快捷键见表 1–3。

表 1–3　视图操作工具

图标及目的	使用键盘 / 鼠标组合	说明
选择项目		只需单击要选择的项目即可
平移工作站	Ctrl+	按 Ctrl 键和鼠标左键的同时，拖动鼠标对工作站进行平移
旋转工作站	Ctrl+Shift+	按 Ctrl+Shift 键及鼠标左键的同时，拖动鼠标对工作站进行旋转
缩放工作站	Ctrl+	按 Ctrl 键和鼠标右键的同时，将鼠标拖至左侧（右侧）可以缩小（放大）
使用窗口缩放	Shift+	按 Shift 键及鼠标右键的同时，将鼠标拖过要放大的区域
使用窗口选择	Shift+	按 Shift 键并按住鼠标左键的同时，将鼠标拖过该区域，以便选择与当前选择层级匹配的所有选项

（2）手动操作工具

① 移动：在当前的参考坐标系中拖放对象。

② 旋转：沿对象的各轴旋转。

③ 拖曳：拖曳取得物理支持的对象。

④ 手动关节：移动机器人的各轴。

⑤ 手动线性：在当前工具定义的坐标系中移动。

⑥ 手动重定位：旋转工具的中心点。

⑦ 多个机器人手动操作：同时移动多个机械装置。

（3）选择方式工具

① 选择曲线。

② 选择表面。

③ 选择物体。

④ 选择部件。

⑤ 选择组。

⑥ 选择机械装置。

⑦ 选择目标点或框架。

⑧ 选择移动指令。

⑨ 选择路径。

（4）捕捉模式工具

① 捕捉对象。

② 捕捉中心点。

③ 捕捉中点。

④ 捕捉末端或角位。

⑤ 捕捉边缘点。

⑥ 捕捉重心。

⑦ 捕捉对象的本地原点。

⑧ 捕捉 UCS 的网格点。

（5）测量工具

① 点到点：测量视图中两点的距离。

② 角度：测量两直线的相交角度。

③ 直径：测量圆的直径。

④ 最短距离：测量在视图中两个对象的直线距离。

⑤ 保存测量：对之前的测量结果进行保存。

任务回顾

【知识点总结】

1. 常用的功能选项卡；

2. 常用的工具栏。

【思考与练习】

1. 旋转视图的快捷键是________________________。

2. 如何测量 UCS 网格点之间的距离？

项目评测
初识离线编程仿真软件

项目总结（见图 1–46）

图 1–46 技能图谱

【项目习题】

1. 在 RobotStudio 软件中可以实现的功能有 CAD 导入、自动路径生成、自动分析伸展能力、________、在线作业、________、应用功能包、________。

2. 与传统的在线示教编程相比，离线编程具有如下优点：（　　）

① 减少机器人的非工作时间；② 使编程者远离苛刻的工作环境；③ 便于修改机器人程序；④ 可结合各种人工智能等技术提高编程效率；⑤ 便于和CAD/CAM 系统结合。

A. ①②④⑤　　B. ①②③　　C. ①③④⑤　　D. ①②③④⑤

3. 第一次正确安装 RobotStudio 软件的使用期是（　　）。

A. 3 天　　B. 29 天　　C. 30 天　　D. 无限制

项目二 创建机器人仿真工作站

项目引入

兰博：小R，我已经了解你的大致情况，刚才我用虚拟的示教器点动了一下机器人模型，感觉还不错。但是只有一台机器人是不行的，真实的现场还有其他设备，我该怎么做才能创建它们？

小R：你提到的这个问题就涉及仿真工作站了。

兰博：什么是仿真工作站，是不是将用到的模型放进来就可以了？

小R：不！不！不！并没有那么简单，仿真工作站不仅是模型的展示，还是模拟实际设备的运行，就像图2-1这样，可以完成一项基本的作业。接下来我会引导你创建一个简单的仿真工作站，并对仿真工作站中的对象进行相应的设置。

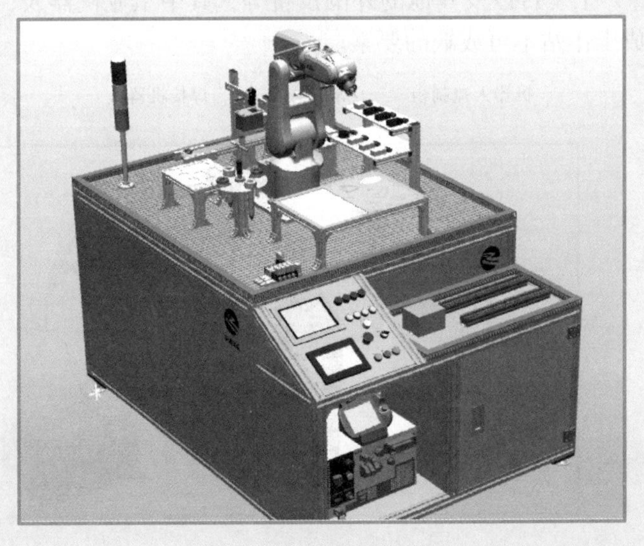

图2-1 仿真工作站

本项目的知识图谱如图2-2所示。

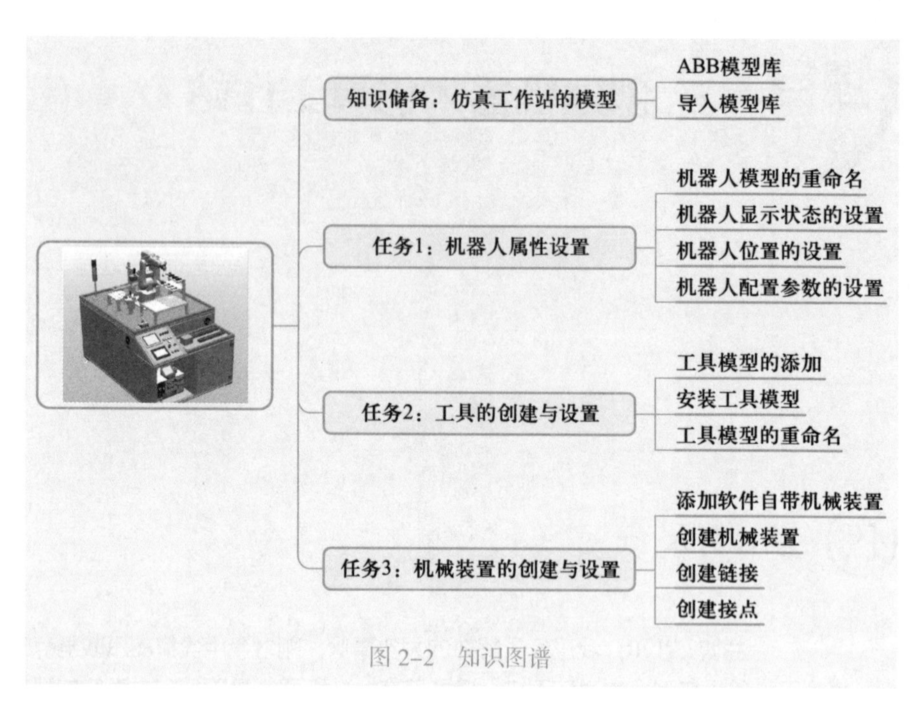

图 2-2　知识图谱

知识储备

课件 仿真工作站的模型

机器人仿真工作站是计算机图形技术与机器控制技术的结合体，包括场景模型与控制系统软件。离线编程与仿真的前提是在 Robotstudio 软件的虚拟环境中仿照真实的工作现场建立一个仿真的工作站，如图 2-3 所示。通常仿真场景应该包括工业机器人（焊接机器人、搬运机器人等）、工具（焊枪、夹爪、喷涂工具等）、工件、工装台以及其他的外围设备等，其中工业机器人、工具、工装台和工件是构成工作站不可或缺的要素。

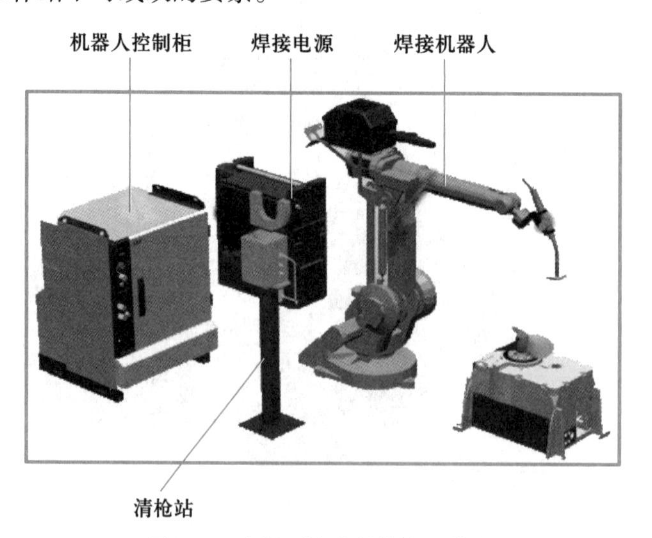

图 2-3　虚拟环境中的仿真工作站

构建虚拟的场景就必须涉及三维模型的使用，Robotstudio 软件具有一定的建模能力，并且软件资源库中带有一些模型可供用户使用。如果要达到更好的仿真效果，可以在专业的制图软件中制作需要的模型，然后导入到 Robotstudio 软件中。模型将被放置在工作站文件中，也可以保存为库文件方便以后的调用。

1. ABB 模型库

微课

RobotStudio 软件中模型的添加

ABB 模型库如图 2-4 所示。

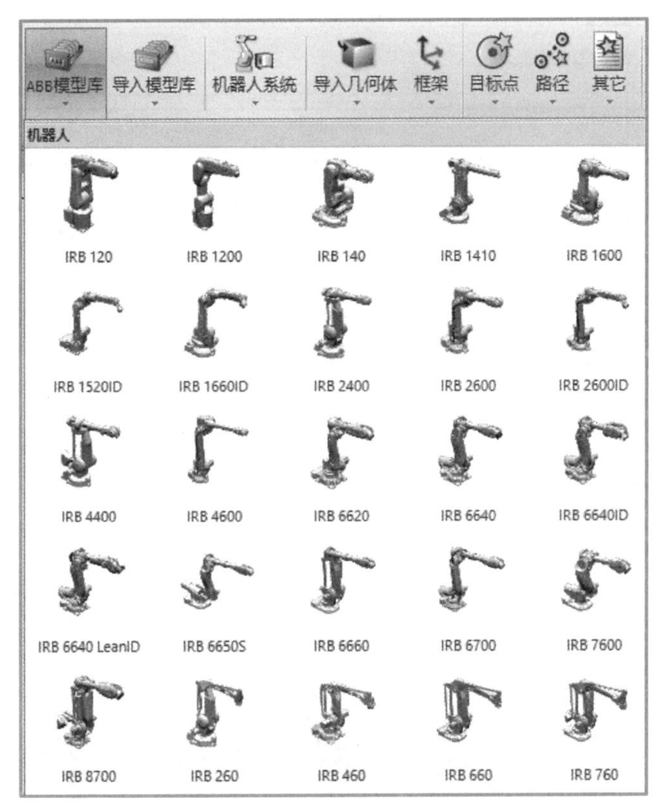

图 2-4　ABB 模型库

在“ABB 模型库”中包含了常用的 ABB 机器人模型，结合图片将机器人模型很好地展现出来，方便用户快速找到需要的机器人型号，单击某一款机器人就会添加到工作站中。还可以单击“其它”，系统会默认打开安装软件后的“ABB library”中的“Robots”文件夹，如图 2-5 所示，在这个文件夹下几乎包含了全部 ABB 机器人模型。

在“ABB 模型库”中有部分软件自带的机械装置——变位机与导轨，如图 2-6 所示。

2. 导入模型库

在“导入模型库”中可以导入已经保存为库文件的模型，也可以导入软件自带的模型，包括机器人控制柜、弧焊设备、输送链、其它设备和工具等，如图 2-7、图 2-8 所示。

名称	修改日期	类型
Components	2018/1/23 9:20	文件夹
Equipment	2018/1/23 9:18	文件夹
Geometry	2017/8/10 9:01	文件夹
Positioners	2018/1/23 9:20	文件夹
Robots	2018/1/23 9:21	文件夹
Tools	2018/1/23 9:22	文件夹
Tracks	2018/1/23 9:22	文件夹
Training Objects	2018/1/23 9:20	文件夹

IRB140_5_81_C_01 IRB140_6_81_C_01 IRB140_6_81_C_G_03 IRB140T_6_81_C_01
IRB140T_6_81_C_G_03 IRB260_30_150__02 IRB340__01 IRB360_1_800_3D_STD_03
IRB360_1_800_3D_WD_03 IRB360_1_800_4D_STD_03 IRB360_1_800_4D_WD_04 IRB360_1_1130_3D_STD_03
IRB360_1_1130_3D_WD_03 IRB360_1_1130_4D_STD_03 IRB360_1_1130_4D_WD_04 IRB360_1_1130_4D_WDS_03
IRB360_1_1600_4D_STD_02 IRB360_3_1130_3D_STD_03 IRB360_3_1130_3D_WD_03 IRB360_3_1130_4D_STD_03
IRB360_3_1130_4D_WD_04 IRB360_3_1130_4D_WDS_03 IRB360_6_1600_4D_STD_01 IRB360_8_1130_4D_STD_01
IRB460_110_240__02 IRB540_12_1000_1620__01 IRB540_12_1000_1620_G_03 IRB580_12_1000_1220__01
IRB580_12_1000_1220_G_01 IRB580_12_1000_1620__02 IRB580_12_1000_1620_G_02 IRB640_M2000
IRB660_180_315__01 IRB660_250_315__01 IRB760_450_318__01 IRB910SC_3_45__01
IRB910SC_3_55__01 IRB910SC_3_65__01 IRB940__02 IRB1200_5_90_BTM_02
IRB1200_5_90_STD_02 IRB1200_7_70_BTM_02 IRB1200_7_70_STD_02 IRB1200FGL_5_90_BTM_02
IRB1200FGL_5_90_STD_02 IRB1200FGL_7_70_BTM_02 IRB1200FGL_7_70_STD_02 IRB1200FPL_5_90_BTM_01
IRB1200FPL_5_90_STD_01 IRB1200FPL_7_70_BTM_01 IRB1200FPL_7_70_STD_01 IRB1400_5_144__01
IRB1400H_5_128__01 IRB1410_5_144__01 IRB1410_5_144_G_01 IRB1520ID_4_150__01
IRB1520ID_4_150_G_02 IRB1600_5_120__01 IRB1600_5_120_A_01 IRB1600_5_145__01
IRB1600_5_145_A_01 IRB1600_6_120__02 IRB1600_6_120_G_02 IRB1600_6_145__02
IRB1600_6_145_G_02 IRB1600_7_120__01 IRB1600_7_120_A_01 IRB1600_7_145__01
IRB1600_7_145_A_01 IRB1600_8_120__02 IRB1600_8_120_G_02 IRB1600_8_145__02
IRB1600_8_145_G_02 IRB1600_10_120__01 IRB1600_10_120_G_01 IRB1600_10_145__01
IRB1600_10_145_G_01 IRB1600ID_4_150__03 IRB1600ID_4_150_G_03 IRB1600ID_6_155__03
IRB1660ID_4_155__03 IRB1660ID_6_155__03 IRB2400_10_150__02 IRB2400_10_150_G_02
IRB2400_16_150__02 IRB2400_16_150_G_02 IRB2400L_7_180__03 IRB2600_12_165__01
IRB2600_12_165_G_02 IRB2600_12_185__01 IRB2600_12_185_G_02 IRB2600_20_165__01

图 2-5 “Robots”文件夹

图 2-6 变位机与导轨

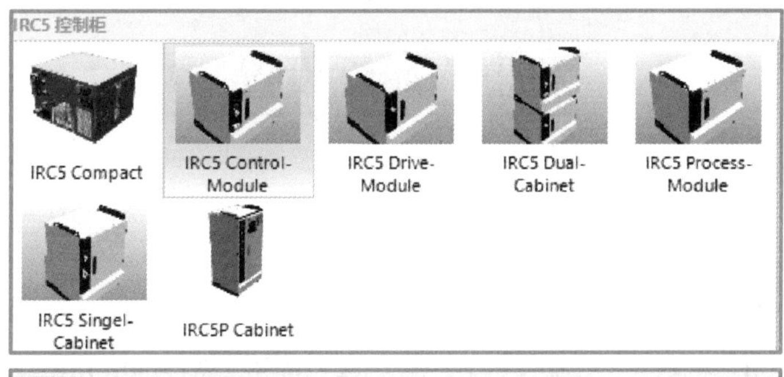

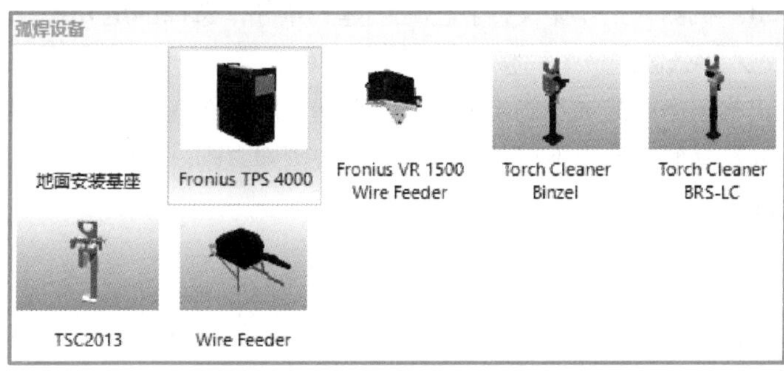

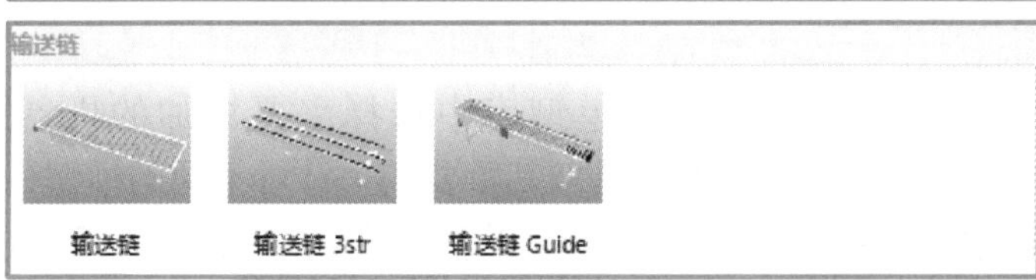

图 2-7　导入模型库 1

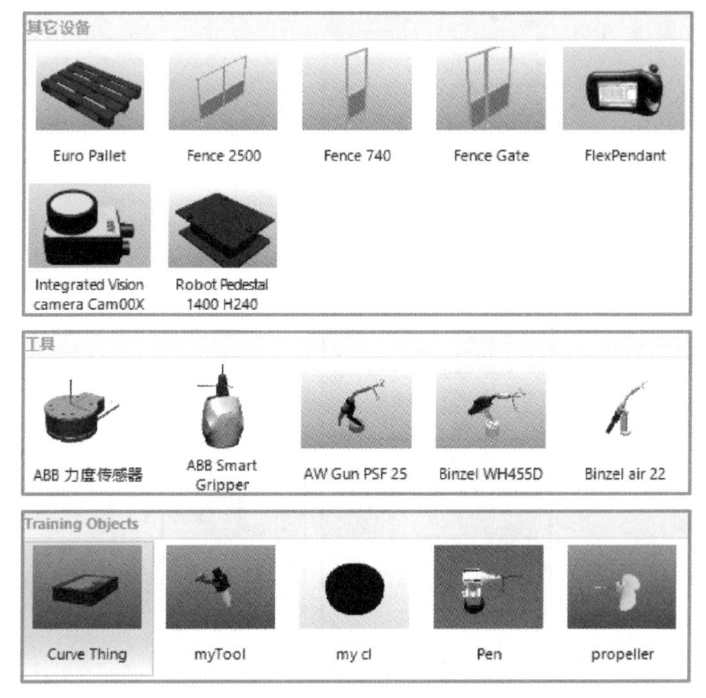

图 2-8　导入模型库 2

任务 1 机器人属性设置

课件
机器人属性设置

任务描述

兰博：小 R，机器人工作站文件我已经创建完毕了，选择的是 IRB 120 机器人，接下来我该从何处入手去创建一个完整的仿真工作站呢？

小 R：这次的任务只是涉及简单的工作站搭建，除机器人外，还应有机器人末端执行器（工具）以及其他设备。不过，在其他的模块创建之前，我们应当先对机器人模型进行一定的设置。

知识学习

创建空工作站后需要在 ABB 模型库中选择需要添加的机器人型号。在 Robotstudio 软件中，属性设置窗口是极其重要的，针对不同的模型，提供了相应的设置项目，主要包括模型的显示状态设置、位置姿态设置、重命名等，如图 2-9 所示。

图 2-9 机器人属性设置

① 可见：默认为勾选状态，取消勾选后，机器人本体在工作站中不显示。

② 位置：在位置子菜单中可以设置机器人的位置信息。

③ 机械装置手动关节：可以更改机器人各个轴的角度，如图 2–10 所示。

④ 机械装置手动线性：可以让机器人沿 TCP 做线性运动，如图 2–11 所示。

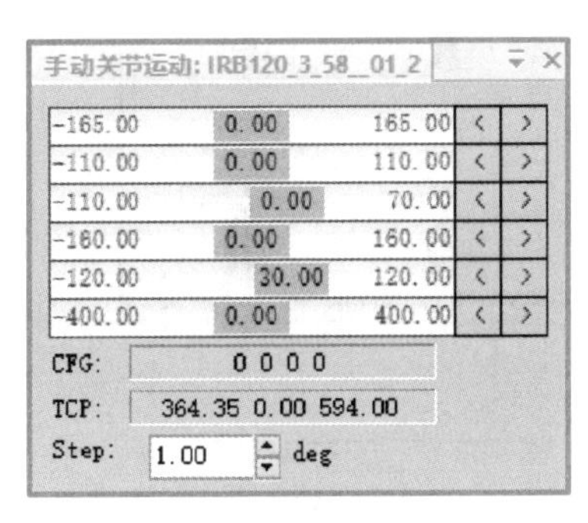

图 2–10　手动关节运动

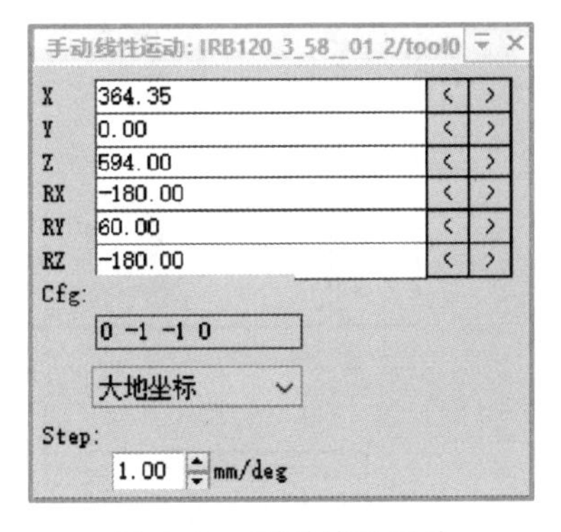

图 2–11　手动线性运动

⑤ 显示机器人工作区域：显示机器人 TCP 点的运动范围，如图 2–12 所示。

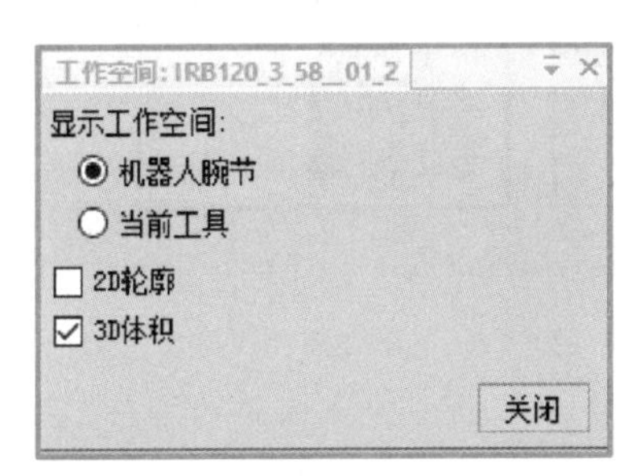

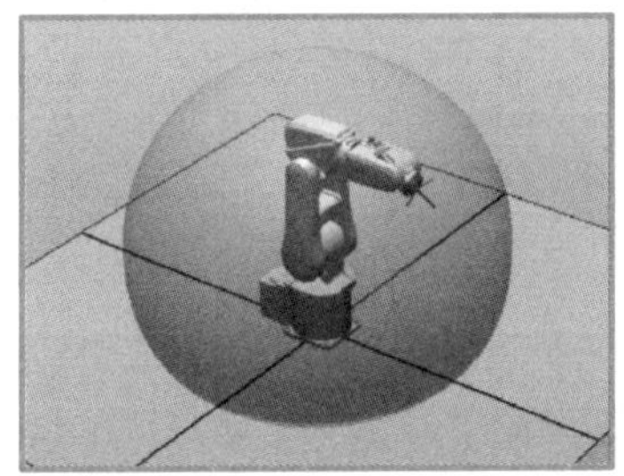

图 2–12　显示机器人工作区域

任务实施

① 参照项目一任务 3 中的步骤，创建工作站文件。

② 选择“基本”功能选项卡，单击“ABB 模型库”，如图 2–13 所示，在下拉菜单中选择型号为 IRB 120 型号的机器人，如图 2–14 所示。

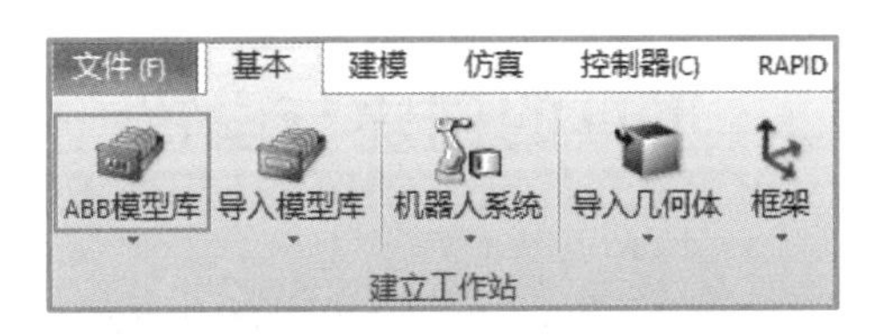

图 2–13　ABB 模型库

③ 机器人属性设置。右击机器人模型，在弹出的菜单中选择“手动关节运动”，将机器人第 5 轴改为 90 deg，如图 2–15 所示。

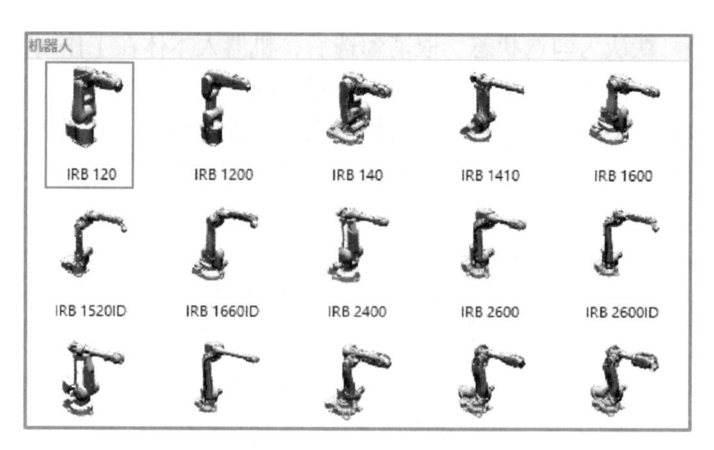

图 2-14 添加机器人模型

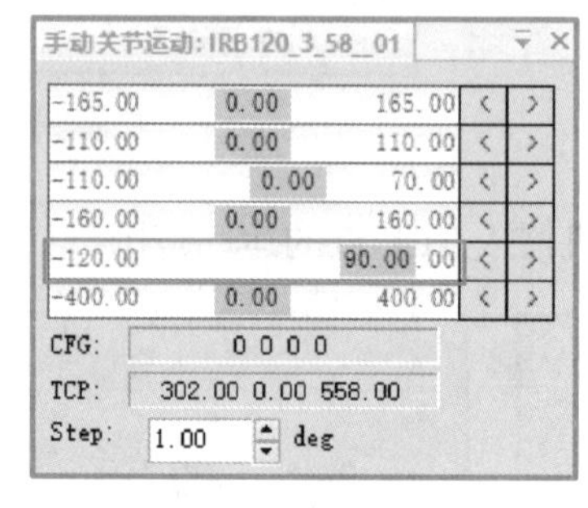

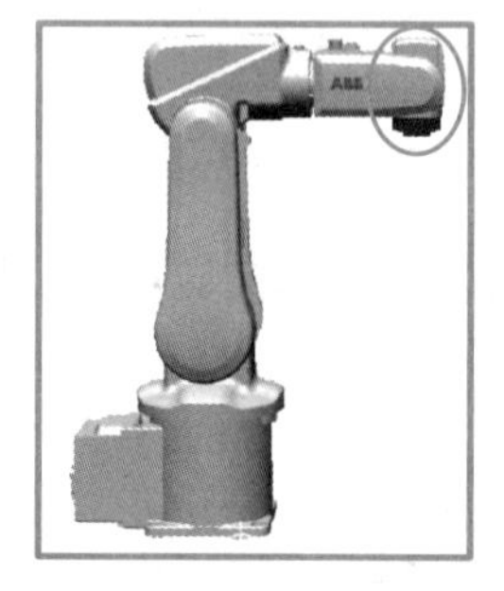

图 2-15 机器人属性设置

任务回顾

【知识点总结】

1. 机器人属性设置选项；
2. 手动功能的应用。

【思考与练习】

1. 机器人手动关节运动与手动线性运动相同吗？
2. 如何更改机器人的机械原点？

任务 2 工具的创建与设置

课件

工具的创建与设置

任务描述

小 R：机器人没有末端执行器是不能完成规定工作的，首先为机器人安装一个简单的工具——笔形工具（见图 2-16）。

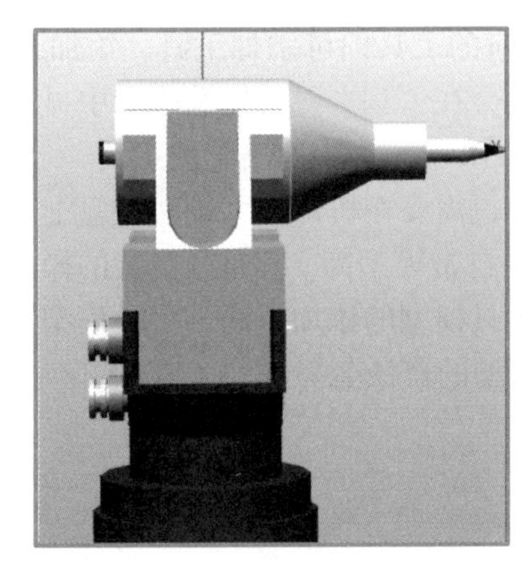

图 2-16 笔形工具

兰博：需要运用三维建模软件来创建模型吗？

小 R：不用，在我的模型库中自带了一些设备，质量还不错。这次就先用自带的模型创建吧。

知识学习

工具是机器人的末端执行器，在软件中以 图标表示，模拟真实的机器人工具。常见的末端执行器有焊枪、焊钳、夹爪、喷涂工具等，RobotStudio 软件提供一定数量的上述模型供用户使用，如图 2-17 所示。

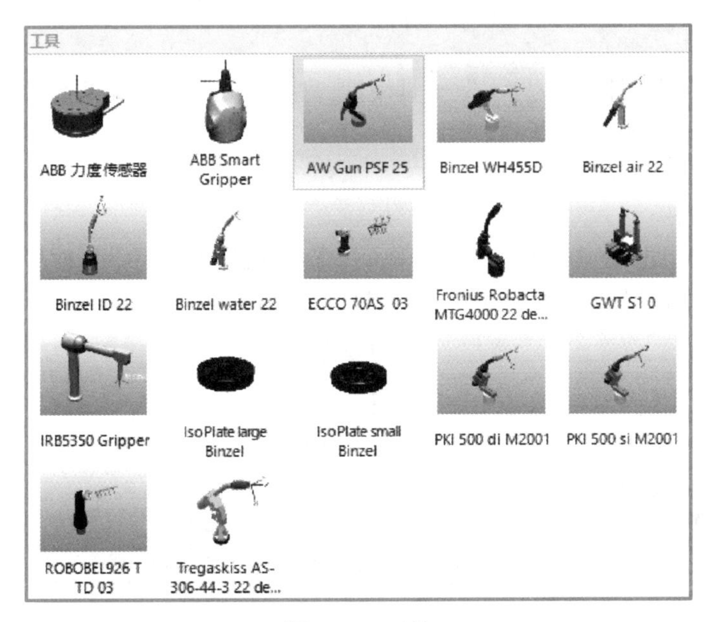

图 2-17 工具

在图 2–17 中选择相应的工具即可添加工具。添加工具后，需要安装到机器人的法兰盘上，安装好后会在“基本”功能选项卡中显示当前安装的工具。图 2–18 所示为当前安装的工具。

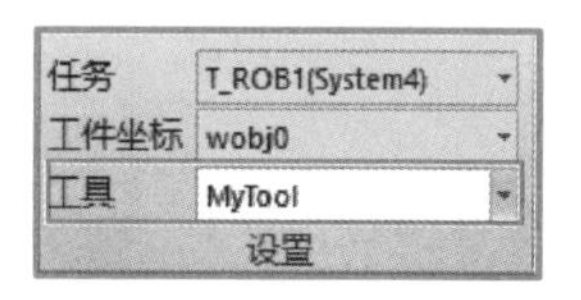

图 2–18　当前安装的工具

在本任务实施过程中，需要在机器人六轴法兰盘上安装笔形工具（来自软件自带模型库），通过安装的操作过程使得初学者掌握工具模型的添加方法、工具模型位置的调整方法及工具模型的重命名操作。

任务实施

1. 工具模型的添加

① 在“基本”功能选项卡下，选择“导入模型库”，如图 2–19 所示，在下拉菜单中选择“设备”，系统会弹出软件自带的模型库文件。

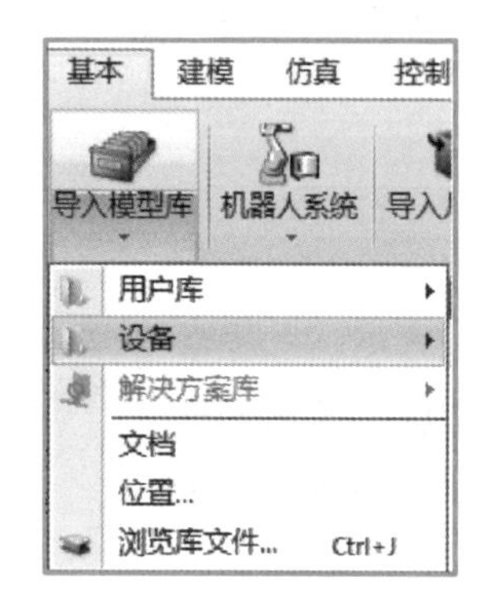

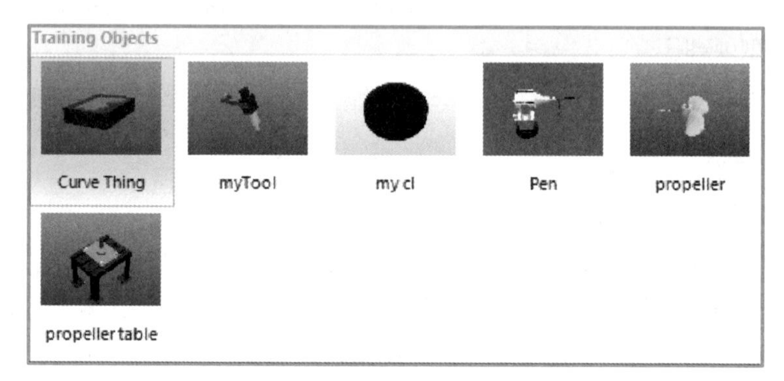

图 2–19　导入模型库

② 选择库文件中的“Pen”工具模型，这时“Pen”工具模型就添加到左侧布局菜单中，如图 2–20 所示。

2. 安装工具模型

（1）方法一

① 直接单击添加的工具模型并拖动，拖到机器人模型上释放后，系统弹出提示更新模型位置的“更新位置”对话框，如图 2–21 所示。

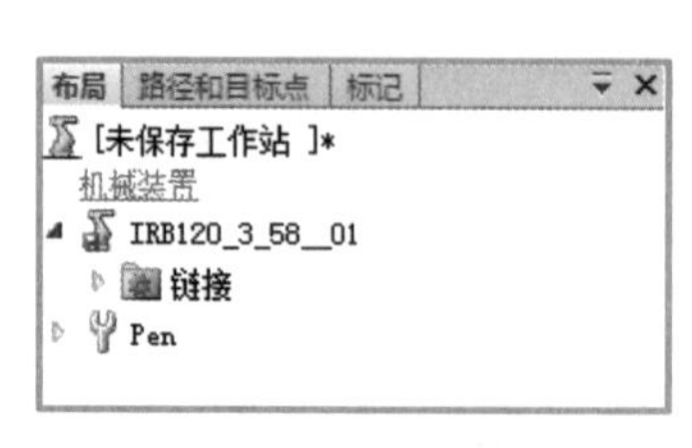

图 2–20　布局窗口显示的工具

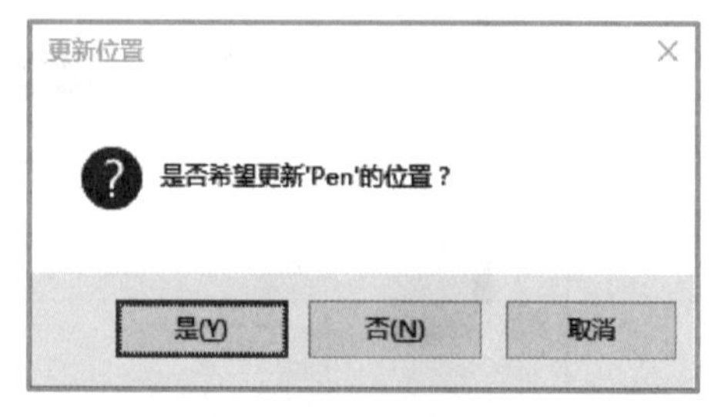

图 2–21　“更新位置”对话框

② 单击“是”按钮，完成工具的安装，安装成功如图 2–22 所示。

（2）方法二

① 右击添加的工具模型，系统弹出设置界面，单击“安装到”选项，可以选择安装的位置，这里选择机器人本体“IRB120_3_58_01 T_ROB1”，如图 2-23 所示。

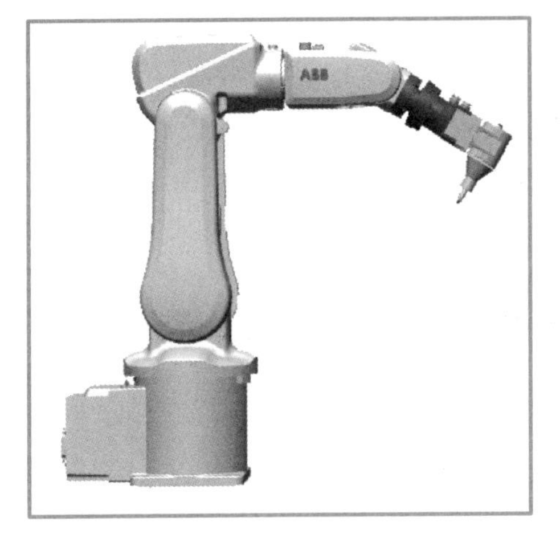

图 2-22 安装成功

图 2-23 安装位置

② 选择后，系统弹出提示更新模型位置的“更新位置”对话框，如图 2-24 所示，单击“是”按钮，完成工具的安装。

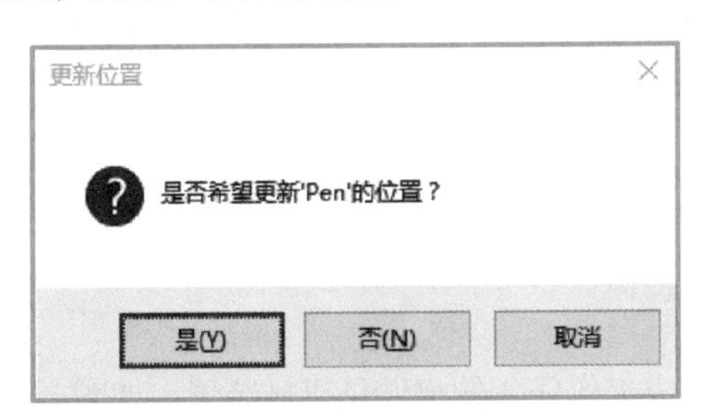

图 2-24 “更新位置”对话框

3. 工具模型的重命名

单击工具模型，输入要更改的模型名字，或者右击工具模型，在弹出的菜单中选择“重命名”后，更改即可，这里命名为“喷笔”，如图 2-25 所示。

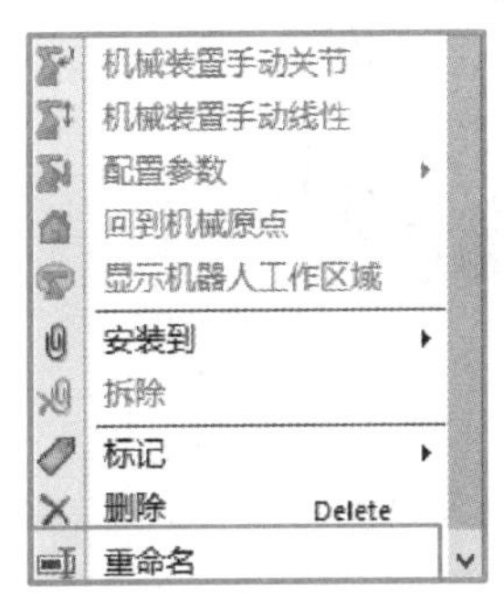

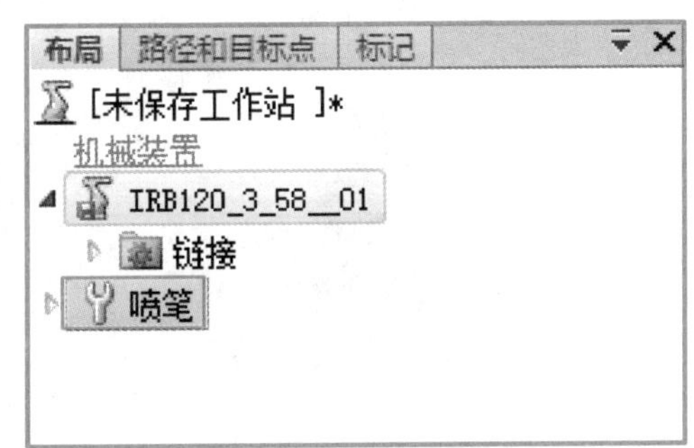

图 2-25 工具重命名

任务回顾

【知识点总结】

1. 导入与安装工具的步骤；
2. 调整工具模型位置的方法。

【思考与练习】

1. 什么情况下不需要更新工具的位置？
2. 如何为机器人安装焊枪，并选择工具坐标？

任务 3 机械装置的创建与设置

课件

机械装置的创建与设置

任务描述

兰博：上次安装的笔形工具是个整体的装置，没有关节运动，但要是创建像夹爪这类有关节运动的工具时该怎么办呢？

小 R：不用担心，我有办法，可以创建机械装置啊，通过设置姿态来确定夹爪的动作。

兰博：好的，现在教我怎么创建机械装置吧！

知识学习

需要配合机器人完成工作任务的组件是机械装置，如图 2-26 所示，在 RobotStudio 软件中机械装置用 表示。通过创建机械装置将不可动组件转化成可动

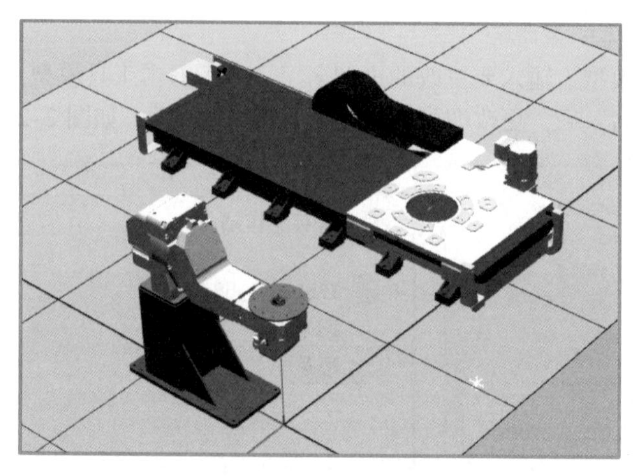

图 2-26 机械装置

组件，再经过设置机械装置的姿态与机器人的信号连接后，使机械装置可以配合机器人完成工作任务。

添加软件自带模型时，若没有断开与库文件的连接，会导致某些功能不能正常使用。此时就需要右击 显示该图标的机械装置，单击“断开与库的连接”即可，如图 2–27 所示。

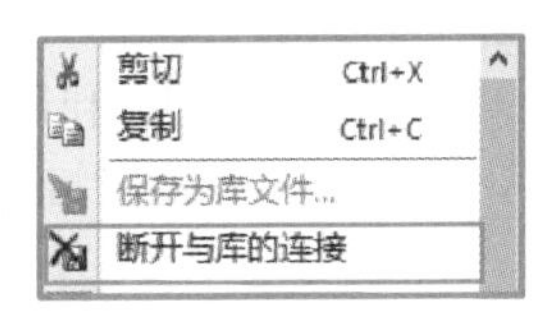

图 2–27 断开与库的连接

任务实施

1. 添加软件自带机械装置

① 选择“基本”功能选项卡，单击“ABB 模型库”，在弹出的下拉菜单中，找到变位机与导轨，如图 2–28 所示。

图 2–28 添加机械装置

② 任意单击一种机械装置（如导轨），就会将其添加到工作站中，如图 2–29 所示。

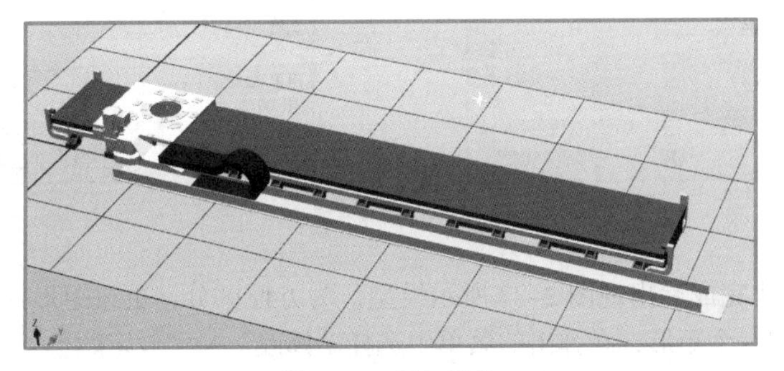

图 2–29 添加导轨

2. 创建机械装置

① 利用软件自建模型的功能，创建导轨机械装置，在“建模”功能选项卡下单击“固体”，选择“矩形体”，如图 2-30 所示。

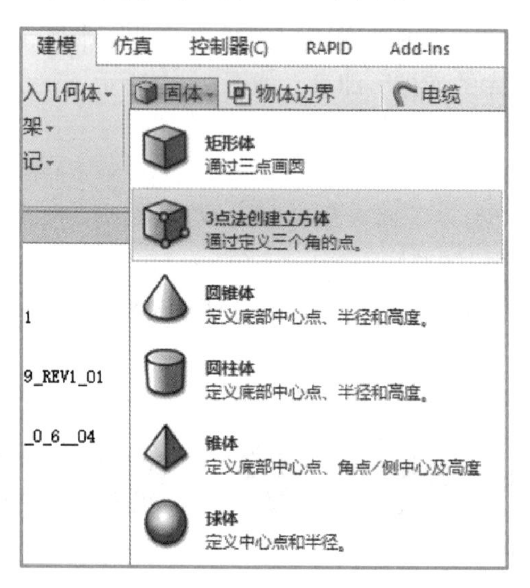

图 2-30　创建机械装置

② 在参数输入框中输入位置与体积信息，单击“创建”按钮。这里先创建一个长为 1 500 mm，宽为 300 mm，高为 80 mm 的矩形作为导轨，如图 2-31 所示。

③ 用同样的方法创建导轨上的滑块。因为滑块在导轨上方，这里需要在 *Z* 轴方向偏移 80 mm，长度为 300 mm，其他数值不变，单击“创建”按钮，如图 2-32 所示。

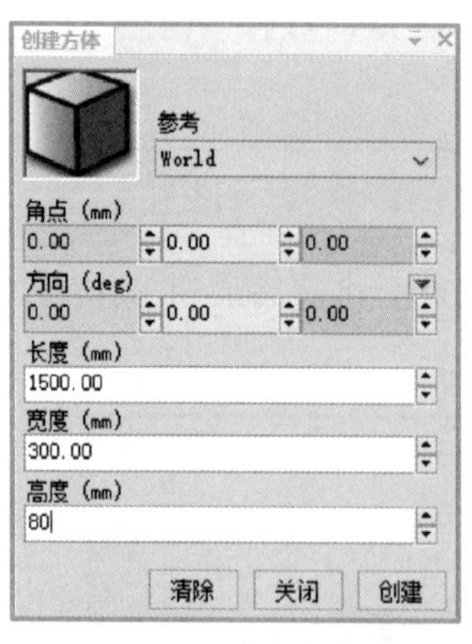

图 2-31　创建导轨

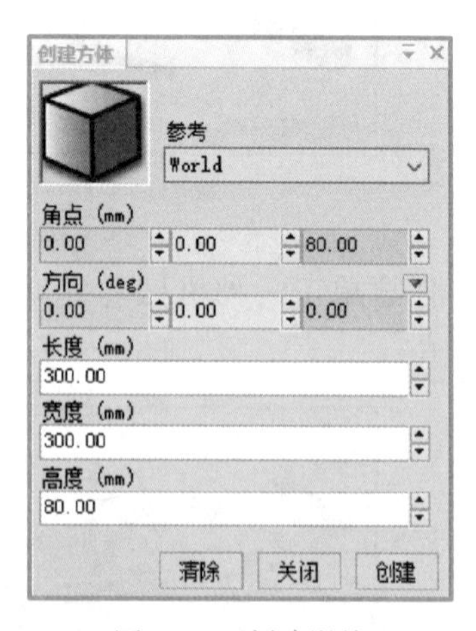

图 2-32　创建滑块

④ 创建完成后出现图 2-33 所示模型，为方便区分，更改矩形模型的外观，右击其中的一个矩形，在弹出的菜单中选择“修改”→“设定颜色”选项。

⑤ 在“建模”功能选项卡下，选择创建机械装置，如图 2-34 所示。

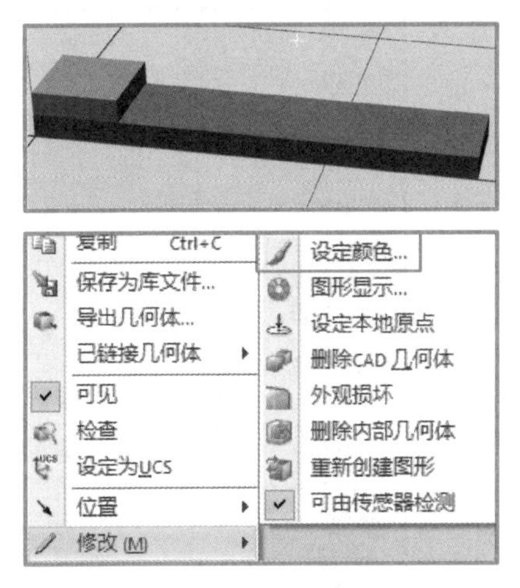

图 2–33 设定颜色

图 2–34 创建机械装置

⑥ 在弹出的“创建机械装置”窗口中输入机械装置的名称“导轨”，选择机械装置类型为“设备”，如图 2–35 所示。

⑦ 双击“链接”，创建机械装置的链接，如图 2–36 所示。将 L1 设置为滑块并勾选“设置为 Baselink”，然后单击右箭头按钮将其添加到主页中，单击“应用”按钮。（Baselink 是运动链的起始位置。它必须是第一个关节的父关节，一个机械装置只能有一个 Baselink。）

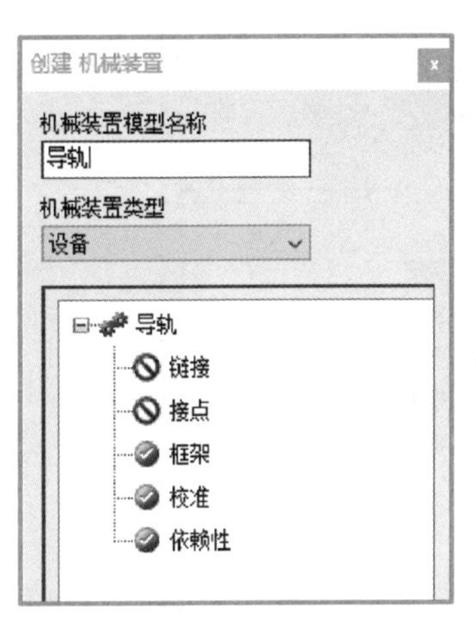

图 2–35 选择机械装置类型

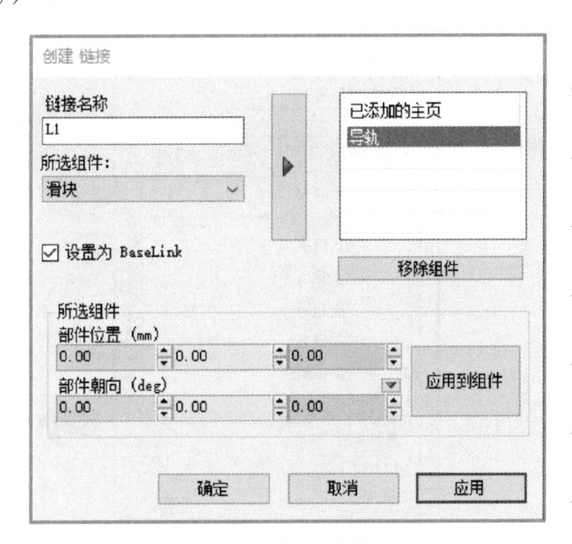

图 2–36 创建链接 L1

⑧ 用同样的方法设置滑块为 L2，添加到主页后单击“应用”按钮，完成创建链接，如图 2–37 所示。

⑨ 在图 2–35 中双击“接点”，系统弹出“创建接点”对话框，如图 2–38 所示。选择接点类型为“往复的”，单击关节轴的第一个位置，激活 捕捉末端按钮，选中滑轨的一角，单击第二个位置选中滑轨另一角。更改最小与最大限值，完成后单击“应用”按钮。

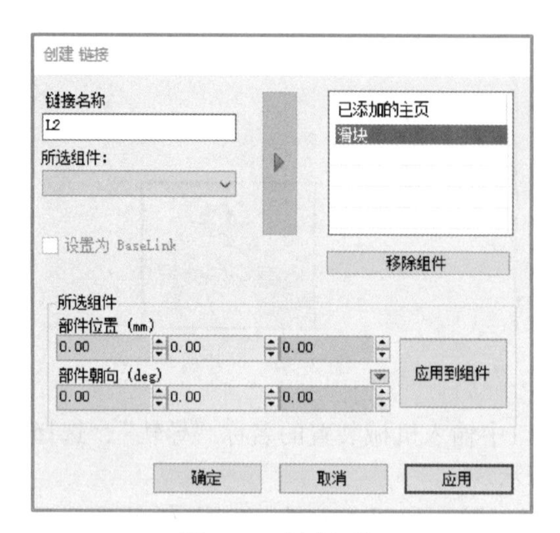

图 2-37　创建链接 L2

图 2-38　创建接点

⑩ 链接与接点创建完成后单击“编译机械装置”按钮，如图 2-39 所示。这样机械装置就创建完成，可以设置多个姿态便于仿真的配合。

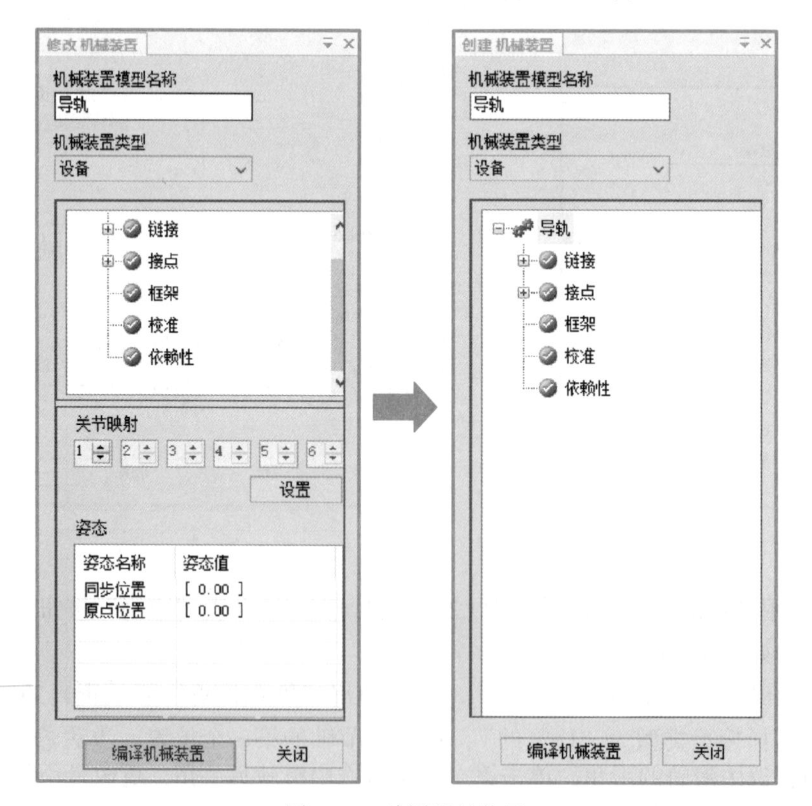

图 2-39　编译机械装置

任务回顾

【知识点总结】

1. 创建机械装置的步骤；
2. 机械装置的类型。

【思考与练习】

1. BaseLink 是什么？
2. 捕捉中心的工具按钮是____________。

项目总结（见图 2-40）

分析能力
- 仿真工作站组成分析
- 模型属性的差异

规划能力
- 创建仿真工作站步骤
- 不同创建方法的规划

应用能力
- 设置机器人属性
- 创建与安装工具
- 创建机械装置

图 2-40　技能图谱

【项目习题】

1. 使用 RobotStudio 软件离线编程时，在________中打开 ABB 工业机器人的模型列表，列表中有各型号机器人模型。

2. 使用 RobotStudio 软件离线编程时，要________功能选项卡，再单击 ABB 模型库，才可以选择机器人模型。

3. “建模”功能选项卡，包含________和________工作站组件、创建实体、测量以及其他 CAD 操作所需的控件。

4. 下列哪个图标可以移动或旋转机器人？（　　）

A. 　　　B. 　　　C. 　　　D.

5. 在 RobotStudio 软件中添加外围设备需要导入第三方模型时，选择（　　）功能选项。

A. 导入几何体　　B. ABB 模型库　　C. 机器人系统　　D. 框架

6. 在 RobotStudio 软件中导入机器人模型的完整操作步骤是什么？

项目三 创建工作站要素

工作页
└ 创建工作站要素

项目引入

兰博：小R，看看这个完整的机器人仿真工作站（见图 3-1），我有很多困惑需要你帮助解决啊！

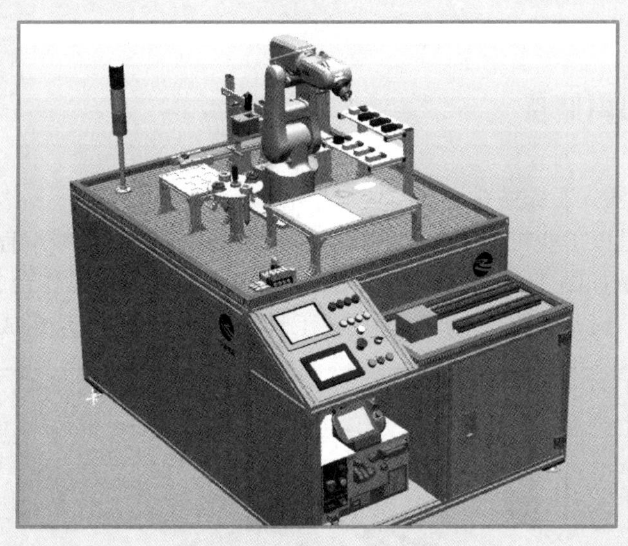

图 3-1　机器人仿真工作站

小R：来喽，有什么问题尽管问，我尽力为你解决。

兰博：这个工作站都由哪些部分组成？各个部分都有什么功能？这些组成部分配合起来可以完成什么工作呢？

小R：这些问题都是我之前有人问过的，还好我都已经解决了，跟着我往下学习你就会了解的。

本项目的知识图谱如图 3-2 所示。

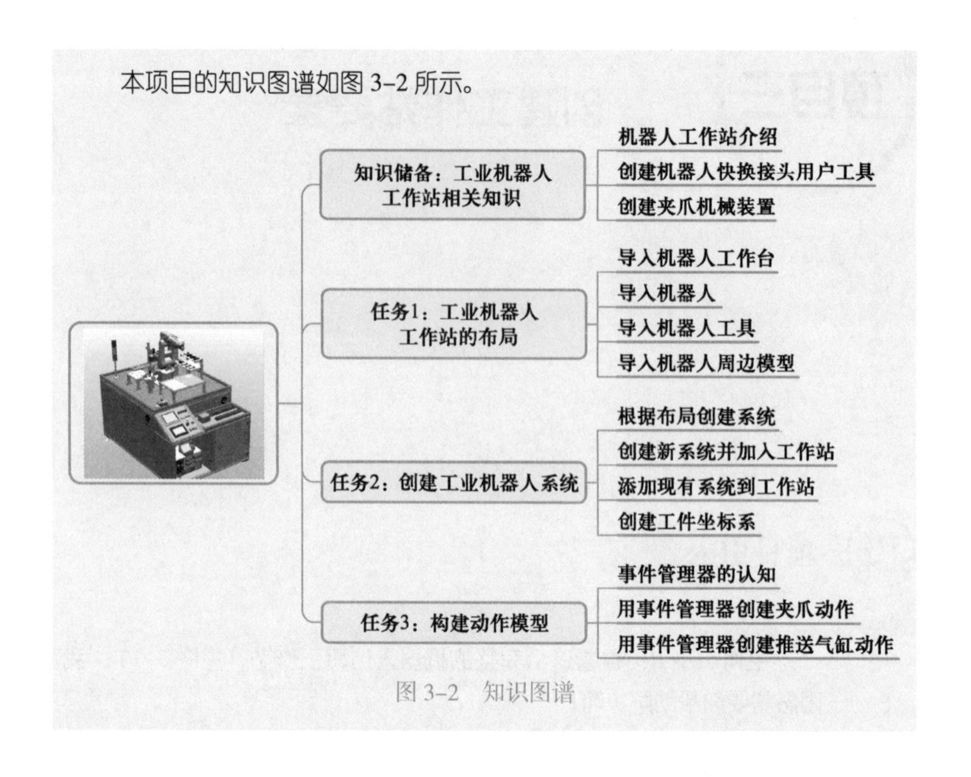

图 3-2　知识图谱

知识储备

1. 机器人工作站介绍

课件 工业机器人工作站相关知识

本书是以工业机器人基础教学工作站为例，来讲述离线编程与仿真技术。机器人工作站如图 3-3 所示，主要由工业机器人、机器人工作台、双层立体料库、平面料库、料井装置、生产线模块、工具库及轨迹编程模块组成。

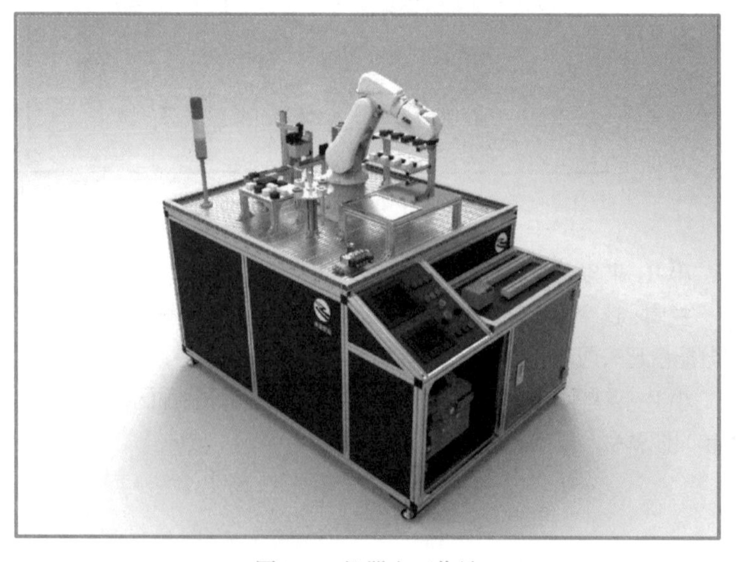

图 3-3　机器人工作站

（1）工业机器人

工业机器人采用的型号是 ABB IRB120 的六轴工业机器人（以下简称 IRB120 机器人），与其配套的机器人控制柜型号为 IRC5。IRB120 机器人是小型多用途机器人，已经获得 IPA 机构“ISO5 级洁净室（100 级）”的达标认证，能够在严苛的洁净室环境中充分发挥优势。

该机器人本体的安装角度不受任何限制；机身表面光洁，便于清洗；空气管线与用户信号线缆从底脚至手腕全部嵌入机身内部，便于机器人集成。由于其出色的便携性与集成性，使 IRB120 机器人成为同类产品中的佼佼者。IRB120 机器人和 IRC5 控制柜如图 3-4 所示，IRB120 机器人的工作范围如图 3-5 所示。

微课

控制柜组成认知

图 3-4　IRB120 机器人与 IRC5 控制柜

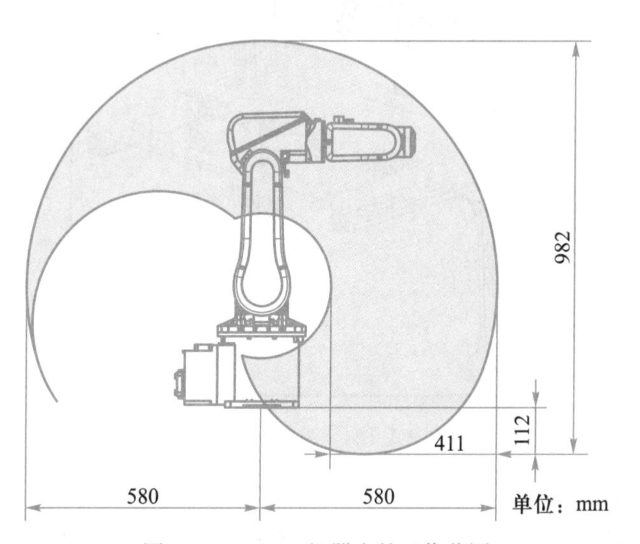

图 3-5　IRB120 机器人的工作范围

（2）机器人工作台

机器人工作台采用桌面型结构，由工作台框架、电磁阀、气压控制单元、三色报警灯和操作面板等组成，如图 3-6 所示。

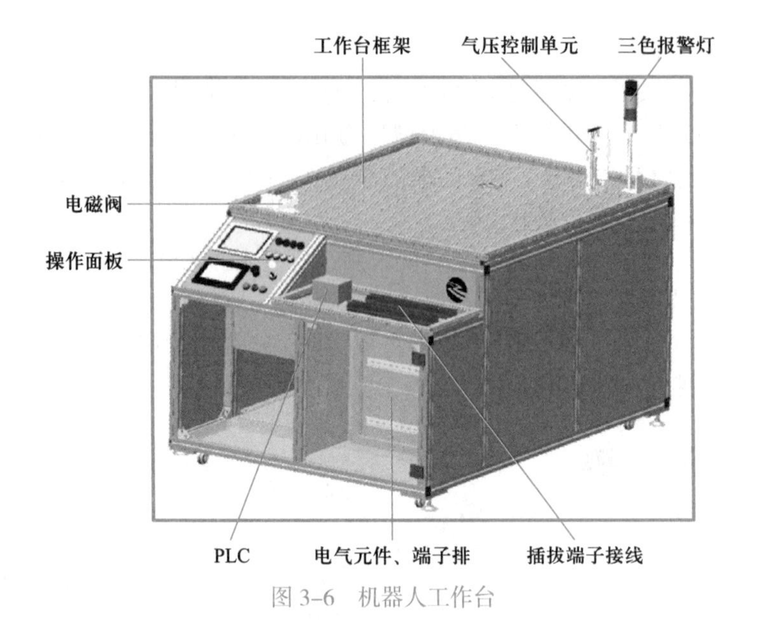

图 3-6　机器人工作台

（3）双层立体料库

双层立体料库如图 3-7 所示。它分为两层，每层可放置四块物料，物料形状共有三种可供选择，分别是长方体、正方体和圆柱体，并且每种形状的物料块均有黑色和白色两种颜色，在放置物料的位置后面均安装有传感器，用于检测物料是否在该位置。

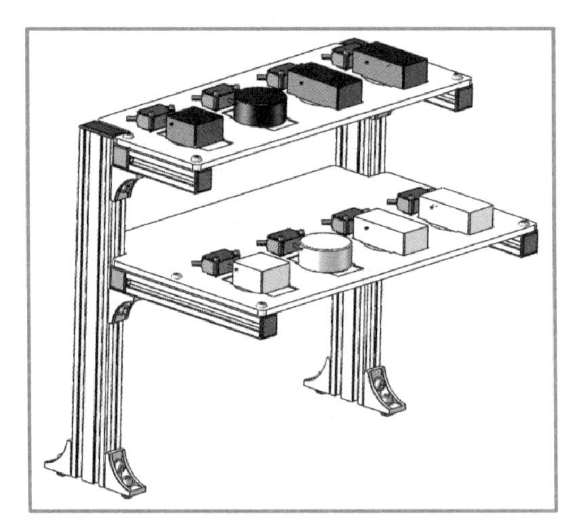
图 3-7　双层立体料库

（4）平面料库

平面料库如图 3-8 所示。平面料库上有两个放置长方体的区域，机器人可通过程序编程实现搬运码垛的模拟。也可作为生产线的物料放置区。

（5）料井装置

料井装置如图 3-9 所示。它是由多功能料井、推送气缸及光线传感器等组成，用于完成物料块从料井下落后由气缸推送至生产线传送带上的工作。

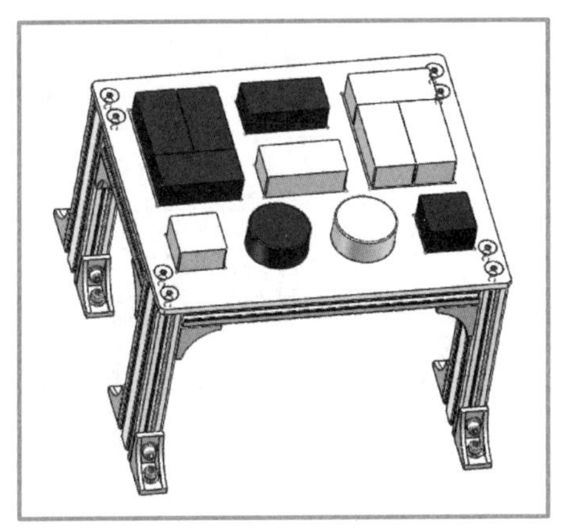

图 3-8　平面料库

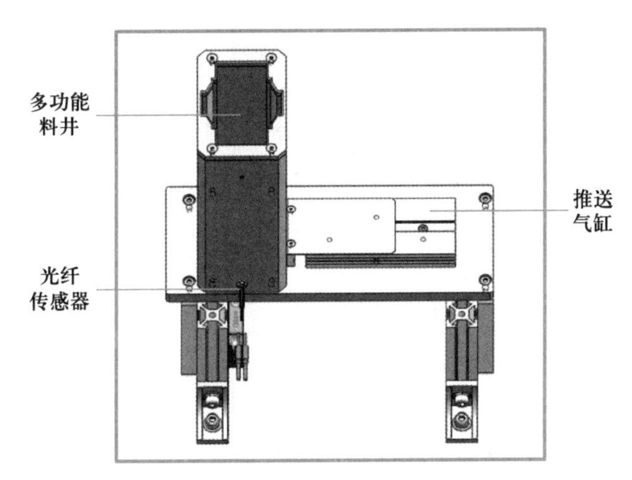

图 3-9　料井装置

（6）生产线模块

生产线模块主要由传送带、工业相机、补光灯、步进电动机、色标传感器、废料区、末端光电传感器和剔除废料推杆等部件组成，如图 3-10 所示。

当物料块被推送至传送带上后，运行至色标传感器处时可检测物料块的颜色，运行至工业相机处可检测物料块的形状，并根据机器人程序，完成不合格物料的剔除，合格物料则运行至末端光电传感器处进行等待。

（7）工具库

工具库如图 3-11 所示。主要由一个吸盘、一个夹爪、两个笔形工具和一个尖点工具组成。尖点工具主要用于工具坐标系的测量。

（8）轨迹编程模块

轨迹编程模块如图 3-12 所示。轨迹编程模块主要分为画画区、离线编程区和轨迹示教区。离线编程区包含椭圆轨迹和卡通动物轨迹；轨迹示教区包含菱形、圆形、三角形等轨迹，用于机器人完成编辑和调试程序。

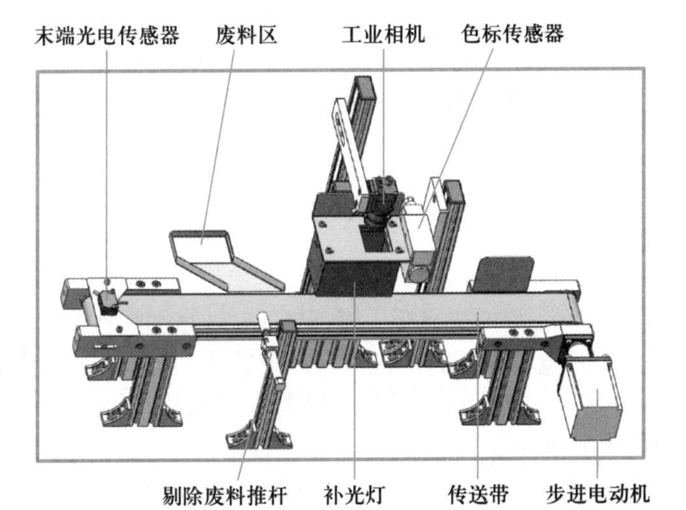

图 3-10　生产线模块

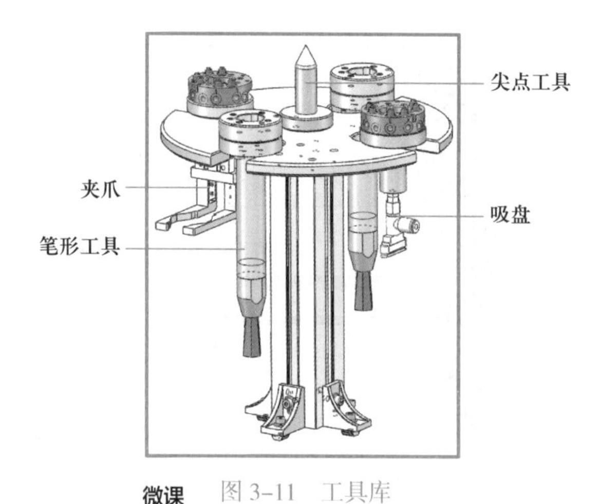

图 3-11　工具库

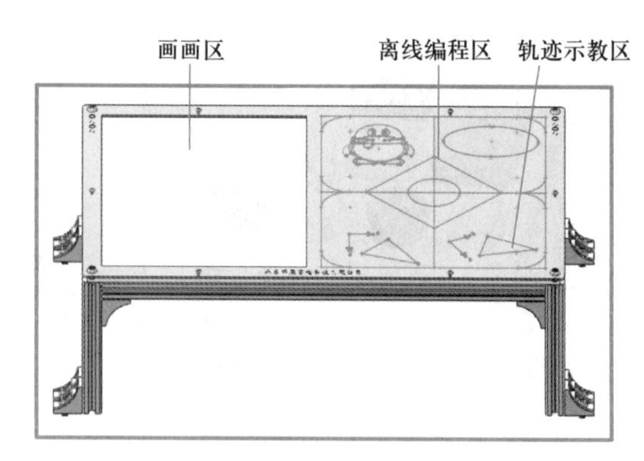

图 3-12　轨迹编程模块

微课

创建机器人快换接头用户工具

2. 创建机器人快换接头用户工具

创建机器人快换接头用户工具的操作步骤如下。

① 双击 RobotStudio 软件图标，进入软件界面，依次选择“文件”→“新建”→“空工作站”菜单，新建一个空工作站，如图 3-13 所示。

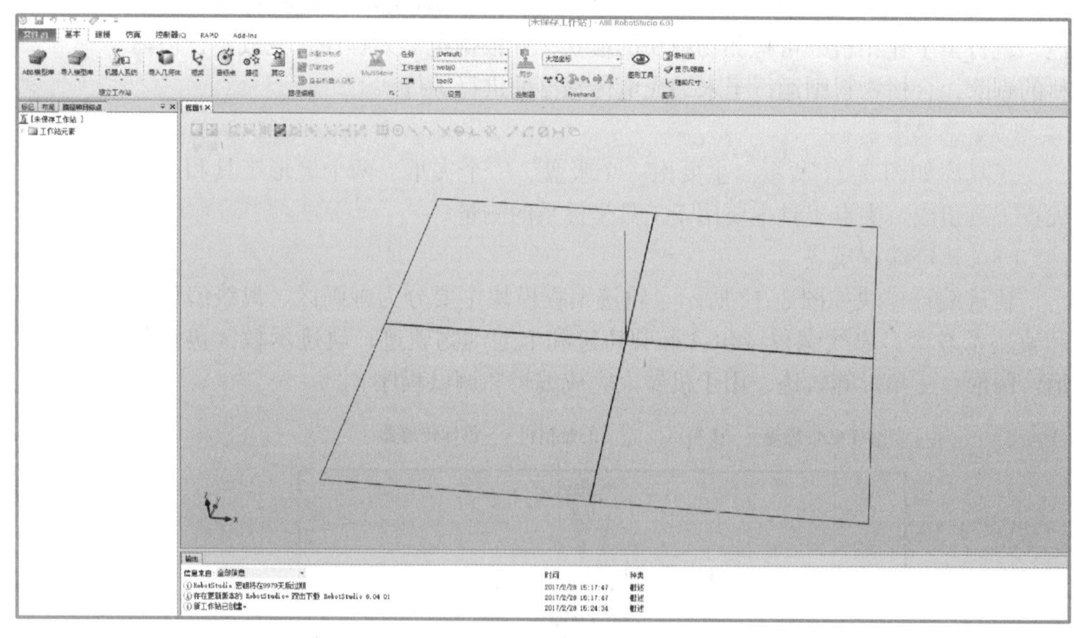

图 3-13　新建一个空工作站

② 然后将事先准备好的快换接头模型导入。这里的快换接头是在其他三维软件中创建的，为避免导入 RobotStudio 软件中后缺失特征，这里最好将模型存为 .SAT 格式。单击 RobotStudio 软件菜单栏中的“导入几何体”，选择“快换接头 .SAT”，如图 3-14 所示。

③ 然后单击“打开”按钮，快换接头模型则被导入到 RobotStudio 软件中，如图 3-15 所示。

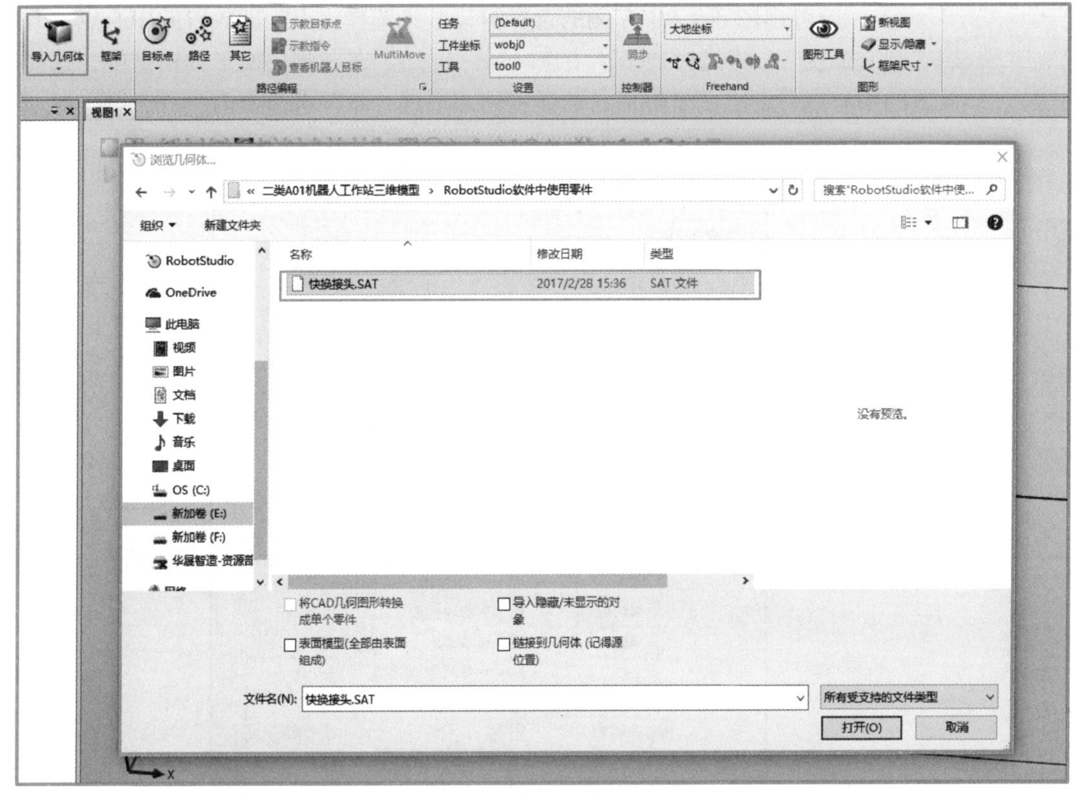

图 3-14　选择工具模型

工程文件

创建机器人快换接头用户工具

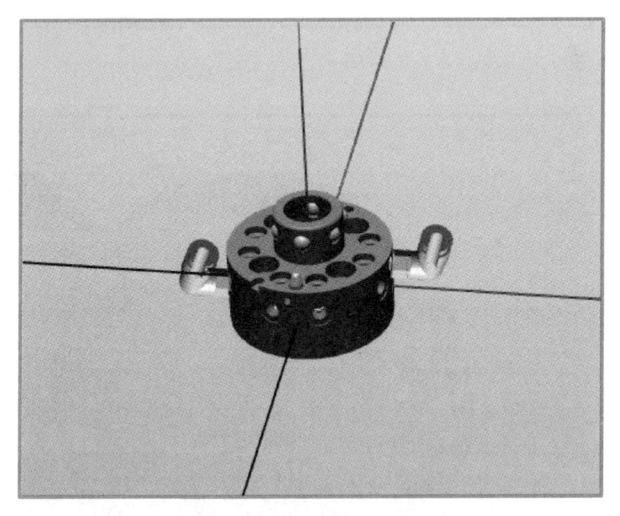

图 3-15　导入工具模型

④ 在创建工具之前，需要对模型位置进行适当放置并设定本地原点。设定本地原点即设定模型本身的坐标系，这里设置的坐标系在安装到机器人上时，与机器人法兰盘上的坐标系重合，以此来设定工具的安装位置。为重新放置快换接头的位置，选中“布局”下的快换接头部件并右击，在弹出的菜单中依次选择“位置”→“放置”→“三点法”，如图 3-16 所示。

⑤ 系统弹出图 3–17 中左侧的选择窗口，先选择主点，即放置的中心点，开启“圆心捕捉”，将光标置于“主点 – 从”框处。在右侧快换工具模型中，选择放置的中心点，此点的坐标值自动显示到“主点 – 从”选择框内。

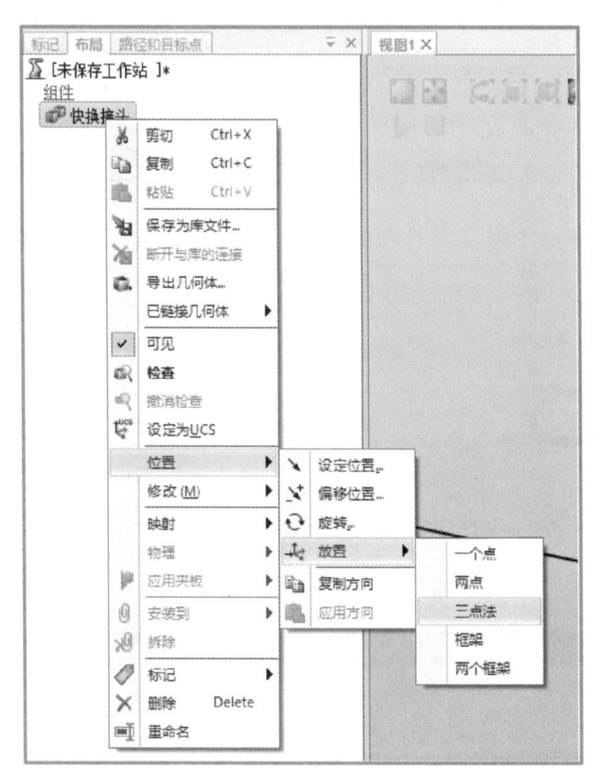

图 3–16　选择三点法

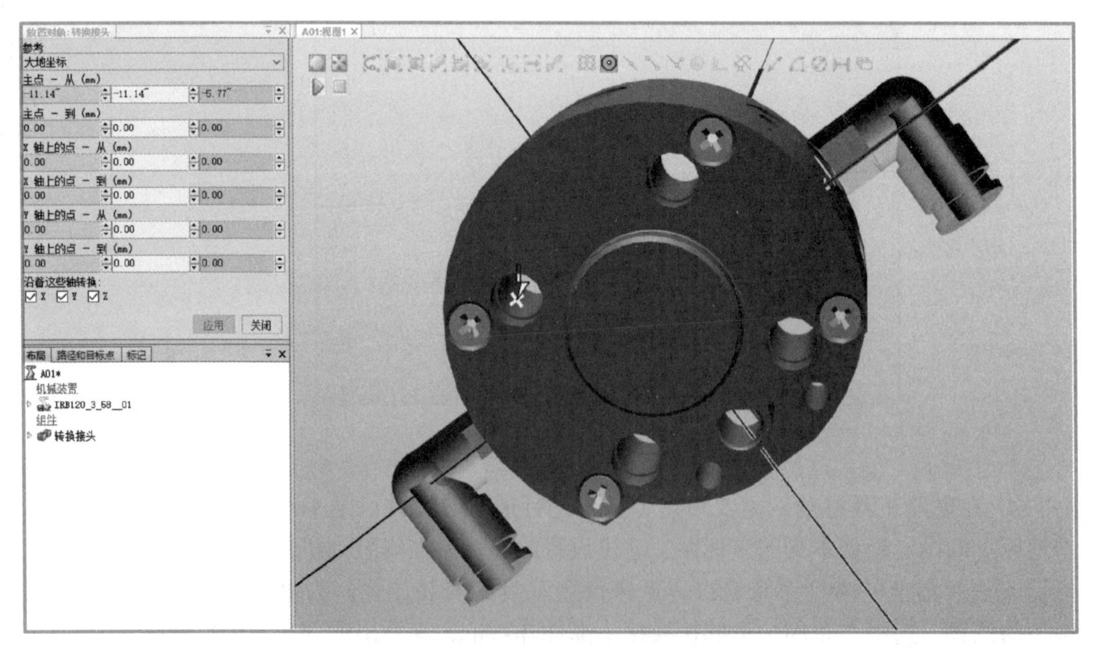

图 3–17　选择主点

⑥ 再将光标置于“主点－到”设置框，位置坐标值全部设置成0，然后光标置于“X轴上的点－从”设置框，并在右侧的工具模型上选择 X 方向上一点，“X轴上的点－到”设置框内，设置 X 方向值为100，同样的方法，设置“Y轴上的点－从”设置框和“Y轴上的点－到”设置框的值，如图3–18所示。

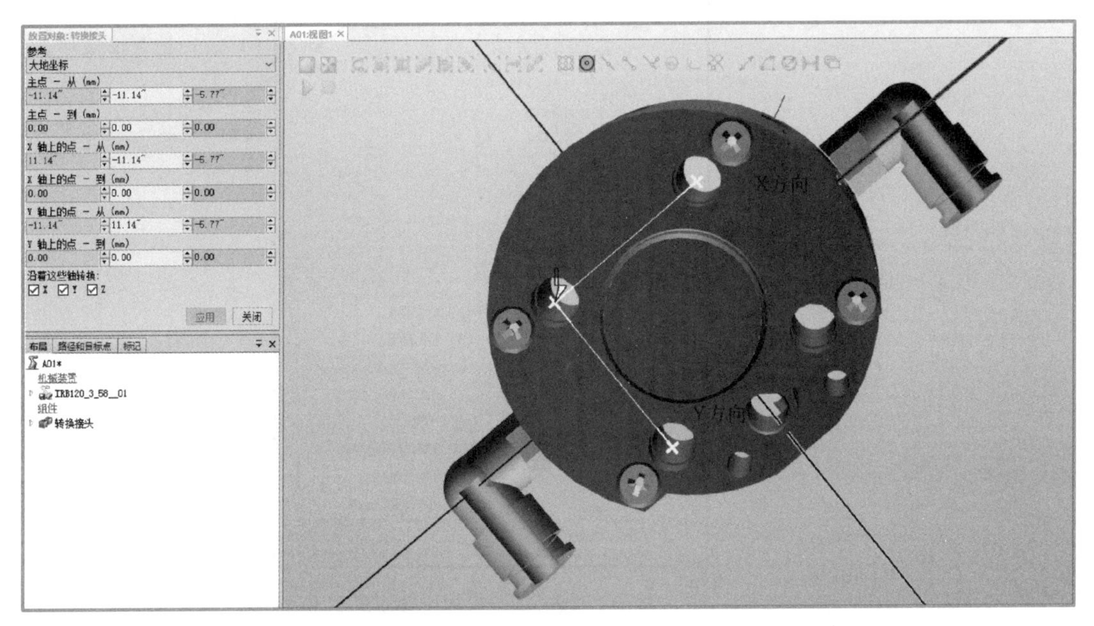

图3–18　选择其他点

⑦ 以上设置完成后，单击“应用”按钮，即将快换接头放置到大地坐标系原点，且方向按照设置的方向，如图3–19所示。

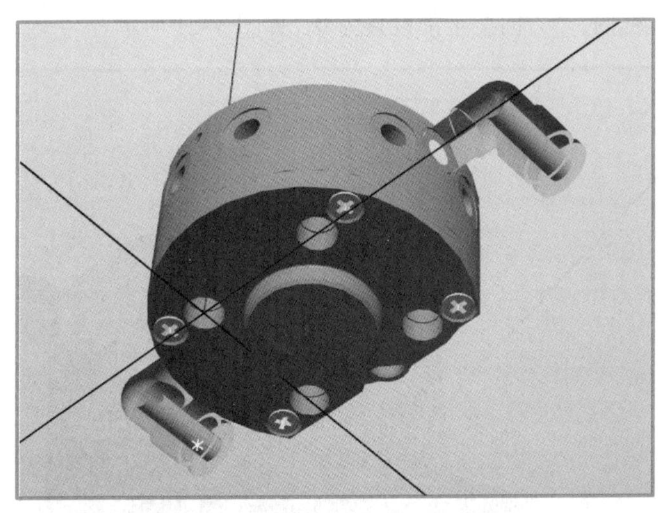

图3–19　工具方向

⑧ 工具放置完成后，需设置工具的本地原点。选中“快换接头”模型部件并右击，在弹出的菜单中依次选择“修改”→“设定本地原点”选项，如图3–20所示。

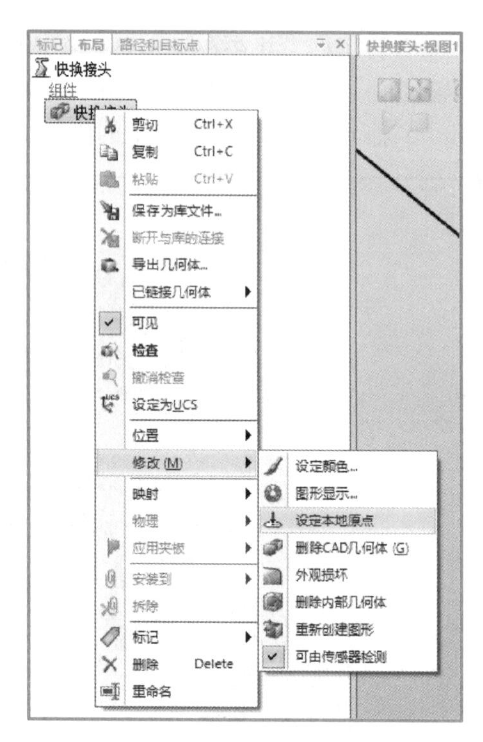

图 3-20　选择设定本地原点

⑨ 然后跳出设定本地原点的设置框，开启“圆心捕捉”，将光标置于“位置 X、Y、Z（mm）”设置框处，再捕捉工具模型的圆心（由于快换接头与法兰盘安装的圆心无法捕捉到，这里暂且捕捉端面圆心），此时圆心的坐标自动出现在本地原点设置框内，“方向”全部设置为 0，如图 3-21 所示。

图 3-21　选择位置

⑩ 单击“应用”按钮，工具模型圆心处即出现一个小坐标系，如图 3–22 所示，表示本地原点设置完成。

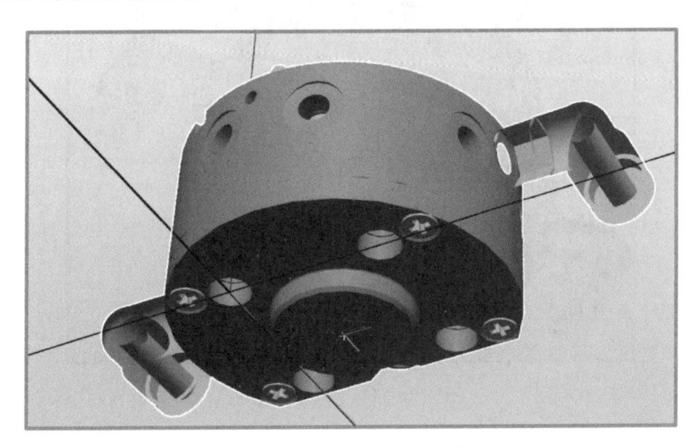

图 3–22　本地原点设置完成

⑪ 在“布局”下，右击“快换接头”，在弹出的菜单中依次选择“位置”→“设定位置”选项，系统弹出设置位置的设置框，这里将所有项设置为 0，单击“应用”按钮，工具模型即自动位于坐标原点位置，如图 3–23 所示。

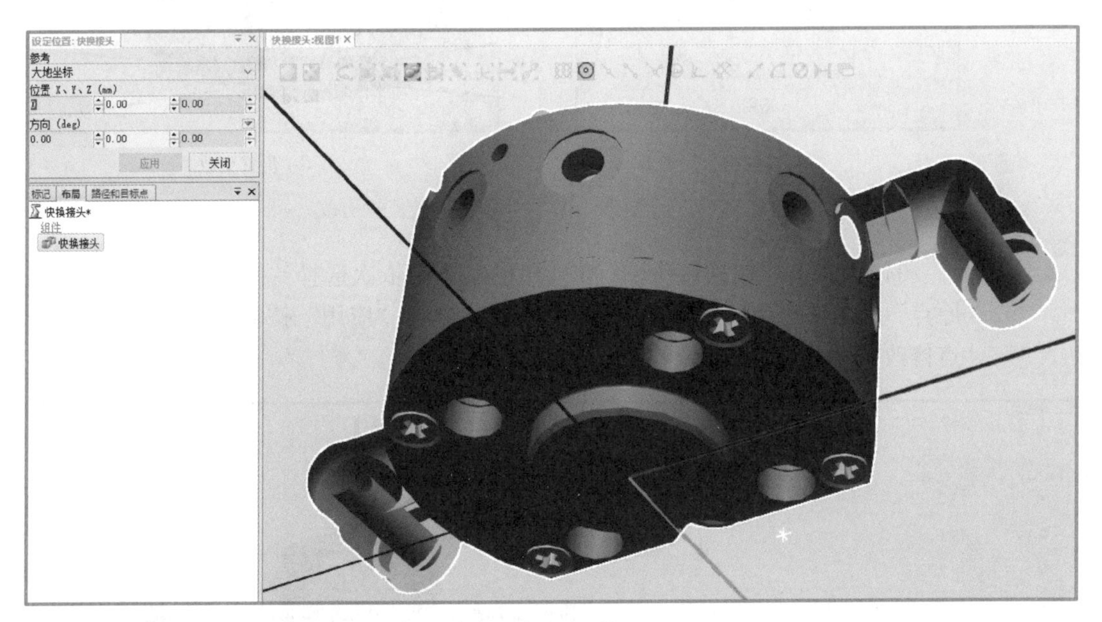

图 3–23　更改位置

⑫ 由于快换接头与机器人法兰盘的中心安装位置与设定的本地原点位置垂直距离为 3 mm，如图 3–24 所示，故这里需要先重新设置工具模型的位置，再次建立本地原点。

⑬ 右击快换接头部件，在弹出的菜单中依次选择“位置”→“偏移位置”，弹出图 3–25（a）所示的设置框，在 Z 轴偏移设置框中，输入 –3，单击“应用”按钮，工具模型位置即发生相应更改，如图 3–25（b）所示。

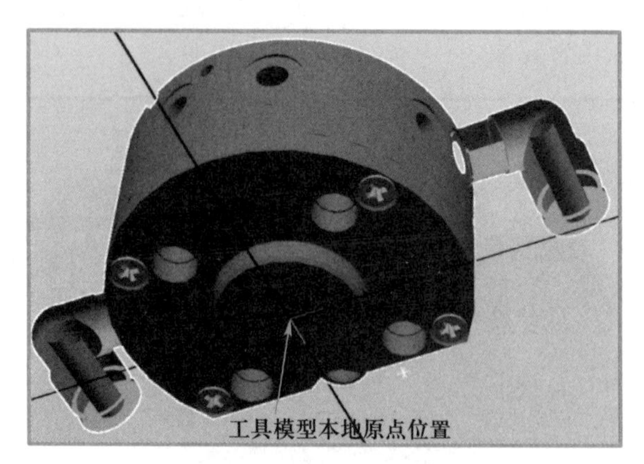

图 3-24　距离位置

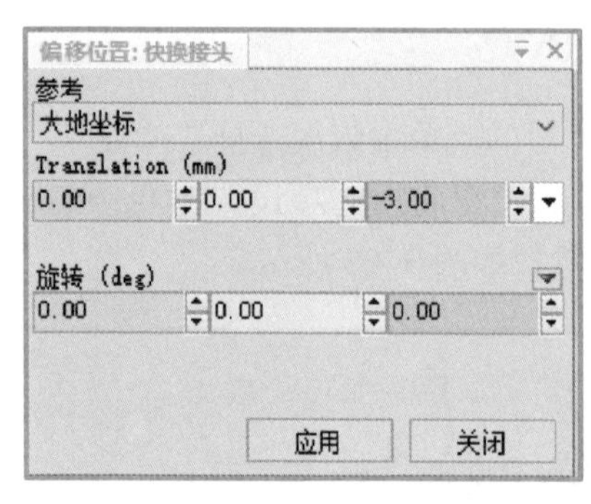

(a) 设置框

(b) 位置更改

图 3-25　偏移位置窗口与位置更改

⑭ 再右击“快换接头”，在弹出的菜单中依次选择“修改”→“设定本地原点”，在弹出的设置框中全部设置成 0，单击“应用”按钮，即可看到本地原点修改到合适位置，如图 3-26 所示。

图 3-26　本地原点修改

⑮ 接着单击“框架”下的“创建框架”菜单，系统弹出位置设置框，开启“圆心捕捉”，将光标置于“框架位置”设置框，并选择图 3–27 所示圆心，将其设置为工具坐标系圆心，“框架方向”均设置为 0，设置完成后，单击“创建”按钮，框架即设置完成，如图 3–28 所示。

图 3–27 建立框架

⑯ 在“建模”选项卡中，单击“创建工具”菜单，系统弹出“创建工具”对话框，如图 3–29 所示。“Tool 名称”设置为“快换接头工具”，“选择部件”为“使用已有的部件”，“重量”“重心”和“转动惯量”依据实际工具情况进行设置，设置完成后单击“下一个”按钮。

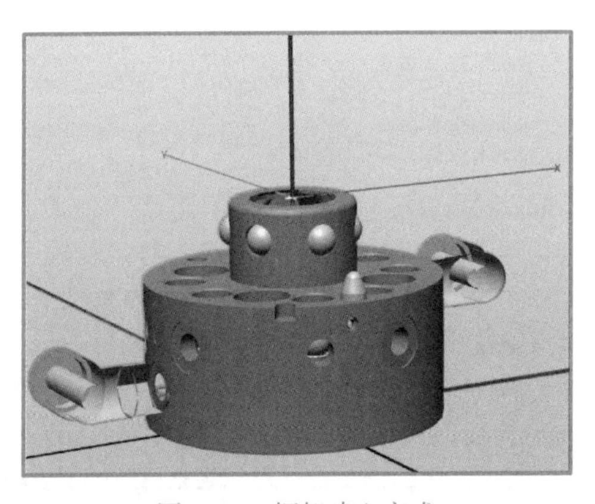

图 3–28 框架建立完成

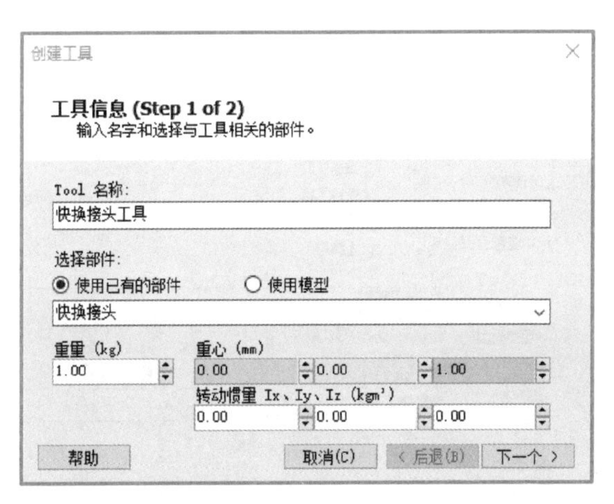

图 3–29 填写工具信息

⑰ 系统进入图 3–30 所示的画面，“TCP 名称”设置为“kuaihuan”，“数值来自目标点 / 框架”选择之前创建的“框架 _3”，然后单击右向箭头，将 TCP 加入“TCP”框中，设置完成后，单击“完成”按钮，“快换接头工具”即创建完成。

⑱ 为方便后续的工具使用，这里将工具存为库文件，右击“快换接头工具”，在弹出的菜单中单击“保存为库文件…”选项，如图 3–31 所示，系统弹出“另存为”对话框，如图 3–32 所示，这里的文件名称可不进行更改，直接单击“保存”按钮，即完成保存。

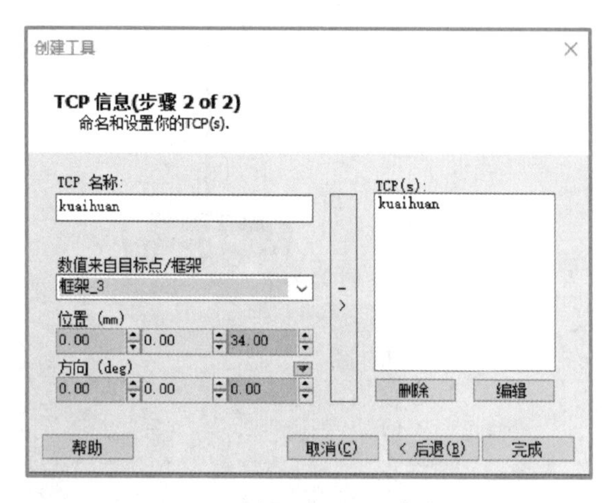

图 3–30　TCP 信息

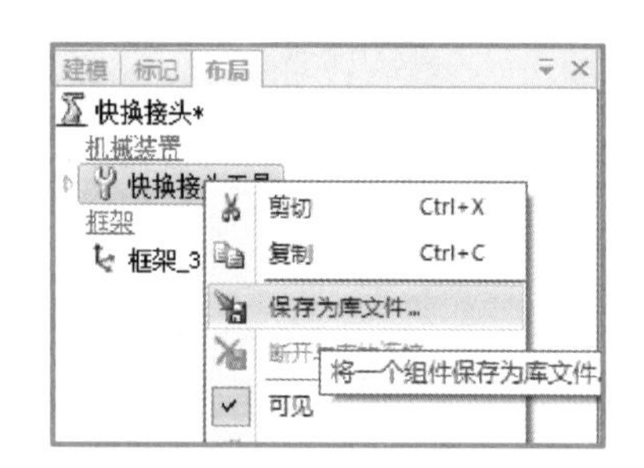

图 3–31　保存库文件

图 3–32　“另存为”对话框

3. 创建夹爪机械装置

在本例中，夹爪机械装置需要完成夹爪的张开和闭合动作，故在保存模型时，需要将夹爪分别保存，如图 3-33 所示。创建夹爪机械装置的操作步骤如下。

微课

创建夹爪机械装置

工程文件

创建夹爪机械装置

部件3

部件2

部件1

图 3-33　夹爪

① 打开 RobotStudio 软件，并创建一个空工作站，单击“基本”功能选项卡下的“导入几何体”，在弹出的窗口中选择夹爪的三个部件并单击“打开”按钮，导入这三个零件到软件中，如图 3-34 所示。

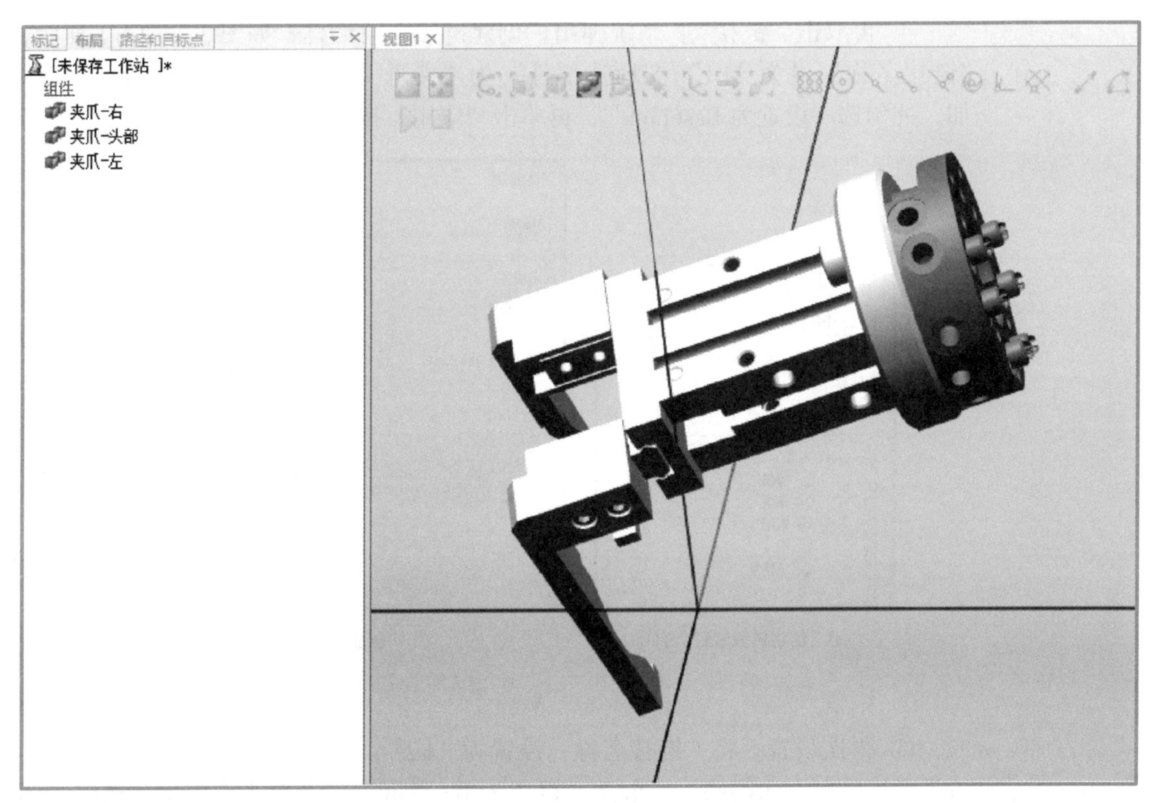

图 3-34　导入夹爪

② 为方便后续的设置，这里需要重新设置三个部件的位置及其本地原点，并需要重新装配。参照前面的学习内容，装配完成后的模型，如图 3–35 所示。

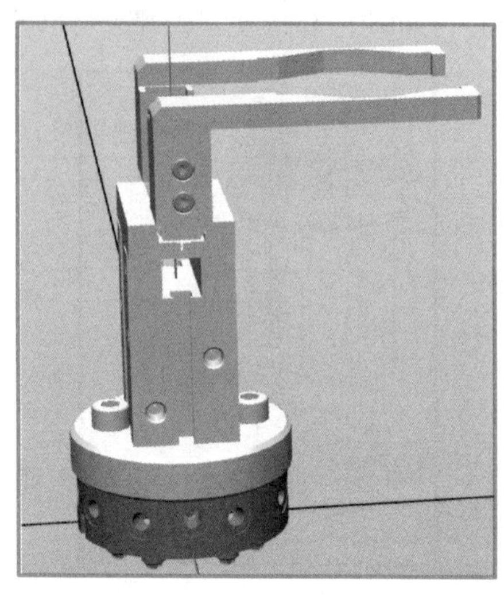

图 3–35　装配完成后夹爪

③ 单击“建模”功能选项卡下的“创建机械装置”菜单，系统弹出“创建机械装置”设置窗口，如图 3–36(a) 所示，“机械装置模型名称”设为“夹爪”，“机械装置类型”设为“设备”。

④ 再双击“链接”，系统弹出“创建链接”对话框，如图 3–36（b）所示，“链接名称”设为“L1”，“所选部件”为“夹爪 – 头部”，单击右向箭头以添加，并勾选“设置为 BaseLink”，再单击“应用”按钮。

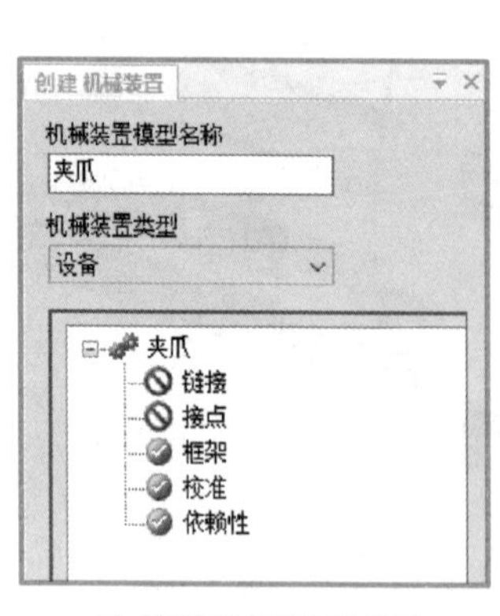

(a)“创建机械装置”窗口

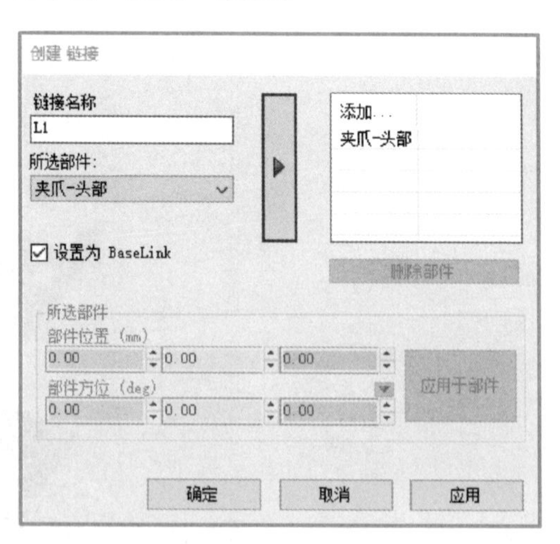

(b)“创建链接”对话框

图 3–36　机械装置设置

⑤ 再次设置，将“链接名称”设置为“L2”，“所选部件”设置为“夹爪 – 左”，并单击右向箭头，不勾选“设置为 BaseLink”，再单击“应用”按钮，同理设置“夹爪 – 右”，设置完成后，如图 3–37 所示。

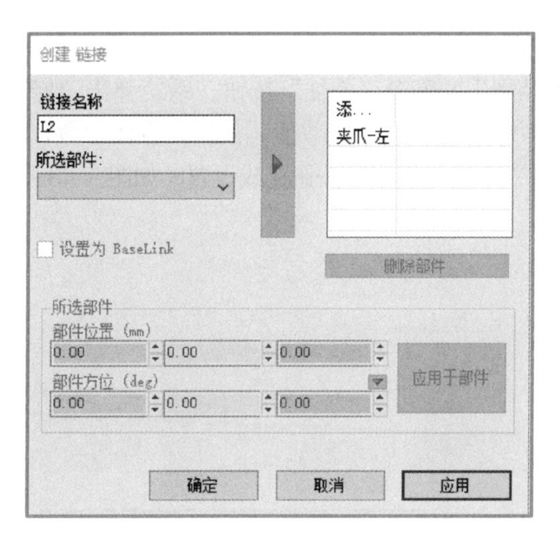

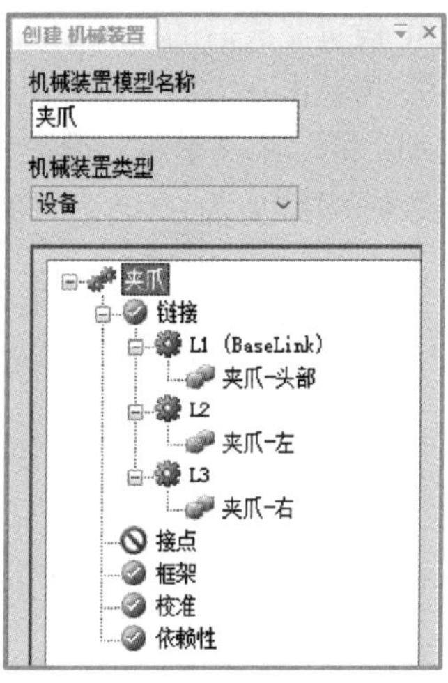

图 3-37　机械装置设置完成

⑥ 再双击“接点”，系统弹出“创建接点”对话框，如图 3-38（a）所示，“关节名称”设为“J1”，“关节类型”选择“往复的”，“第一个位置”的 Y 方向设为 3.6，“第二个位置”设为 0，“最小限值”设为 -3.6，“最大限值”设为 0，单击“应用”按钮。

⑦ 接着设置关节名称为“J2”，“关节类型”设为“往复的”，“父链接”选择“L1(BaseLink)”，“子链接”选择“L3”，“第一个位置”Y 方向设为 3.6，“第二个位置”设为 0，“最小限值”设为 0，“最大限值”设为 3.6，然后单击“应用”按钮，如图 3-38（b）所示。

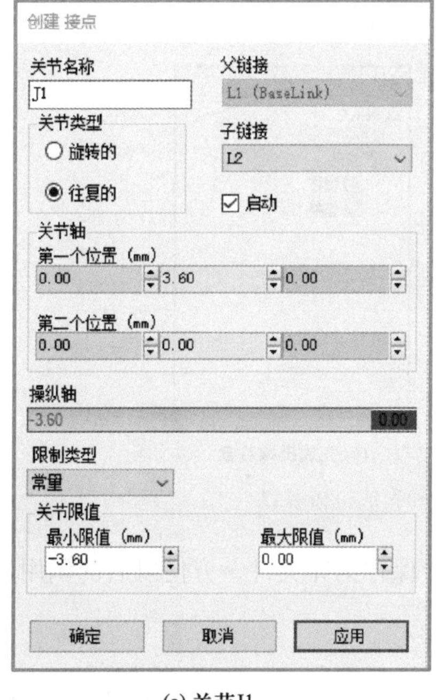

(a) 关节J1

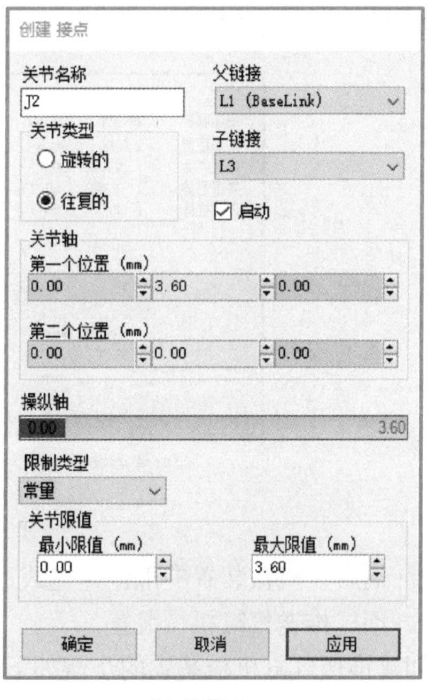

(b) 关节J2

图 3-38　创建接点

⑧ 设置完成后的接点如图 3–39 所示。

⑨ 再单击下方的“编译机械装置”，单击“添加”按钮，系统弹出“修改姿态”对话框，“姿态名称”设置为“夹长方体”，“关节值”依据长方体参数，将其两个关节分别设置为 –2.05 和 2.05，并单击“应用”按钮完成设置，如图 3–40 所示。

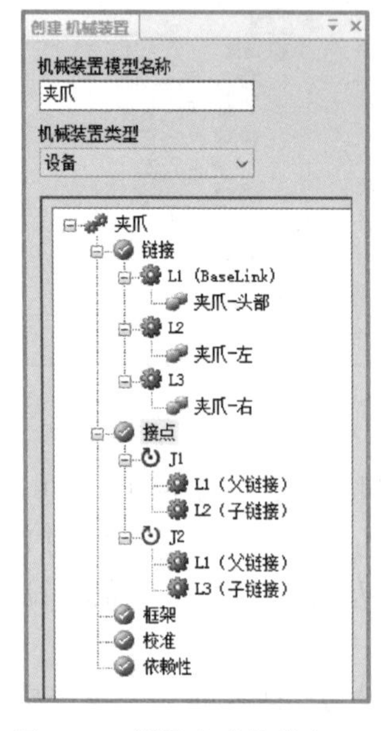

图 3–39　设置完成的接点

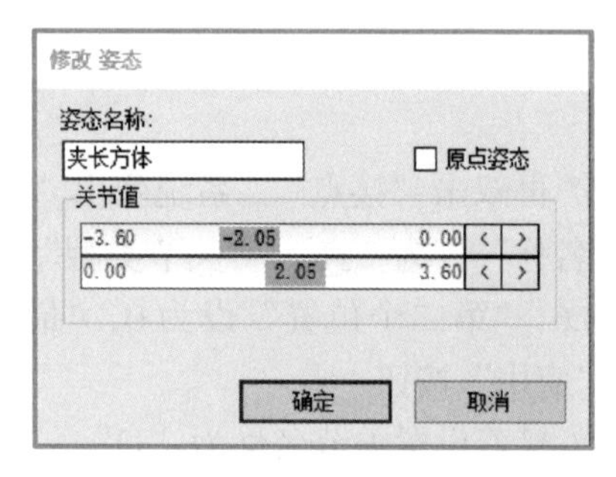

图 3–40　“修改姿态”对话框

⑩ 按照上述步骤，完成夹正方体和夹圆柱体物料的关节值设定，设置完成后，单击“取消”按钮，关闭“修改姿态”窗口即可，设置完成如图 3–41（a）所示。此时单击“布局”下的夹爪，可发现夹爪的图标已改变，如图 3–41（b）所示。

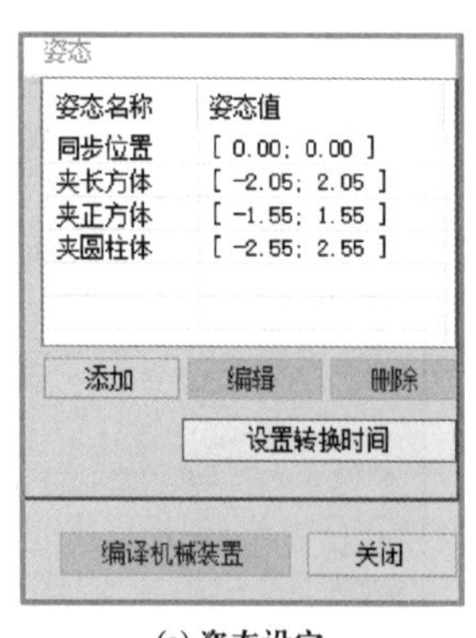

(a) 姿态设定

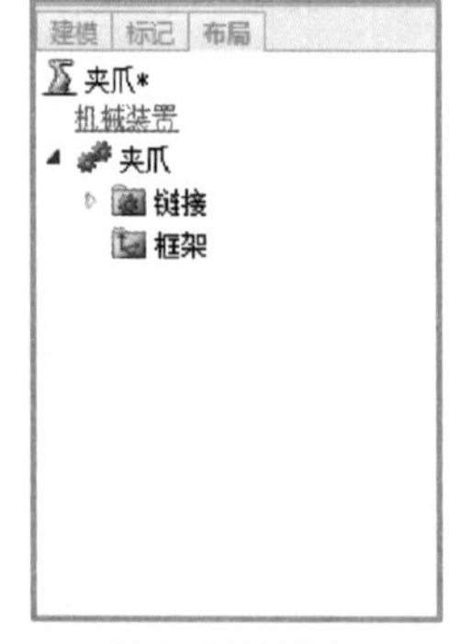

(b) 完成机械装置

图 3–41　姿态设定和完成机械装置

⑪ 最后，机械装置夹爪创建完成后，保存为库文件，方便以后的调用。

微课

创建推送气缸机械装置

4. 创建推送气缸机械装置

创建推送气缸机械装置的步骤如下。

① 在创建推送气缸机械装置前，需要将模型导入到软件环境中，如图 3–42 所示。

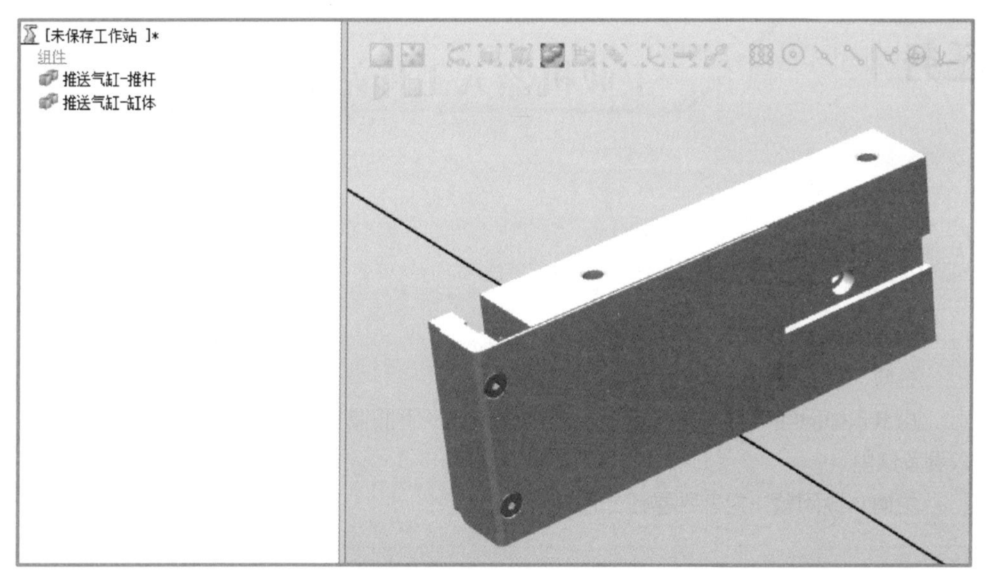

图 3-42　导入模型

② 按照前面的知识内容，重新放置模型并设定本地原点，完成后如图 3-43 所示。

③ 按照前面的学习内容完成推送气缸的机械装置设定，此处气缸行程设为 50，如图 3-44 所示。

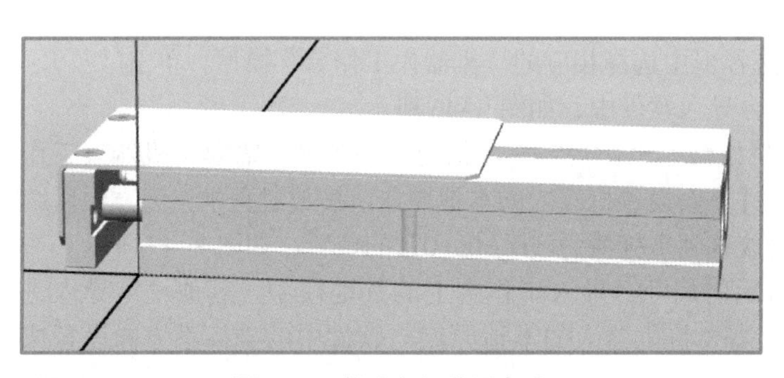

图 3-43　推送气缸放置完成

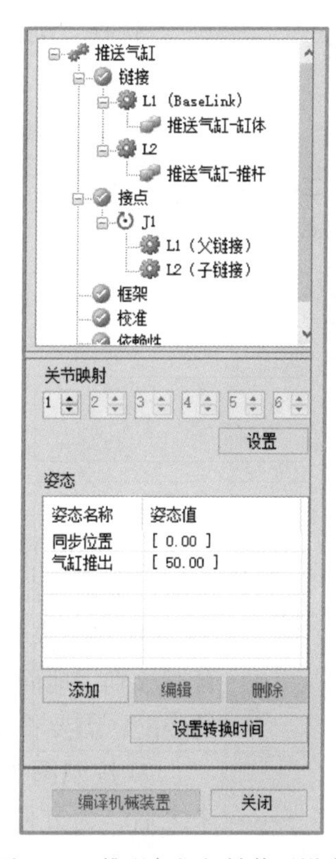

图 3-44　推送气缸机械装置设定

任务 1 工业机器人工作站的布局

任务描述

课件
工业机器人工作站的布局

小 R：下面给你留一个任务吧！

兰博：什么任务呢？

小 R：你已经大致了解了这台机器人工作站，下面需要你将工作站中需要的模型导入到我这里。

兰博：没问题，之前都学过，包在我身上。

任务实施

微课
导入工作台

1. 导入机器人工作台

导入机器人工作台的步骤如下。

① 打开软件，并新建一空工作站，单击“基本”选项卡下的“导入几何体”，选择“浏览几何体”选项，如图 3-45 所示。

工程文件
导入工作台

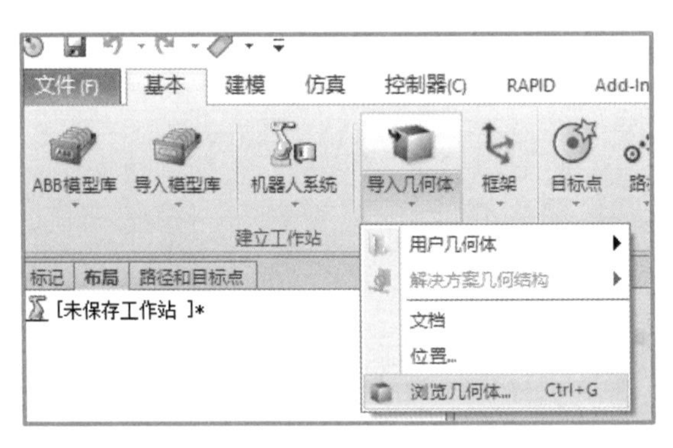

图 3-45　选择“浏览几何体”选项

② 在弹出的文件选择框中选择相应的“机器人工作台”模型，单击“打开”按钮，则将机器人工作台导入软件中，如图 3-46 所示。

③ 接下来，为保持机器人工作台与实际情况的一致性，需要将机器人工作台摆放到“地面”上，并重新设置机器人的本地原点。摆放过程中，为方便后续的装配，需要将工作台放置到坐标值为“0，0，0”的位置，如图 3-47 所示。

④ 按照图 3-48 所示的尺寸，导入工作台上的其他模型，其他模型导入进来之后，为方便装配，需要将机器人的本地原点与软件中的坐标系方向设置成一致。

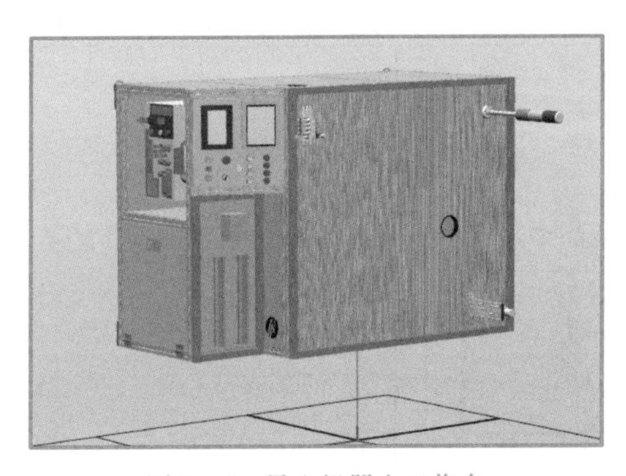

图 3-46　导入机器人工作台

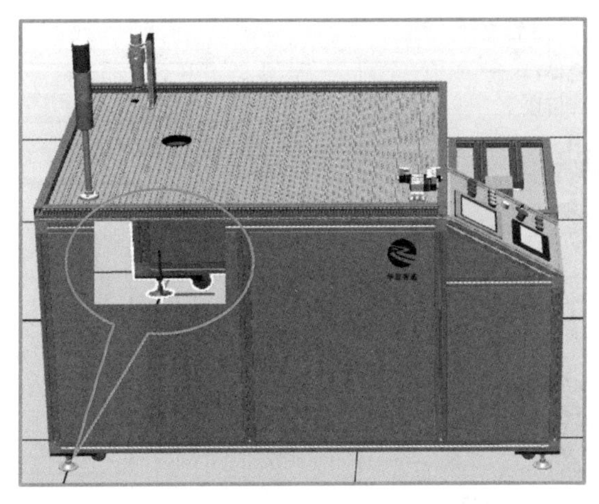

图 3-47　重新放置工作台并设定本地原点

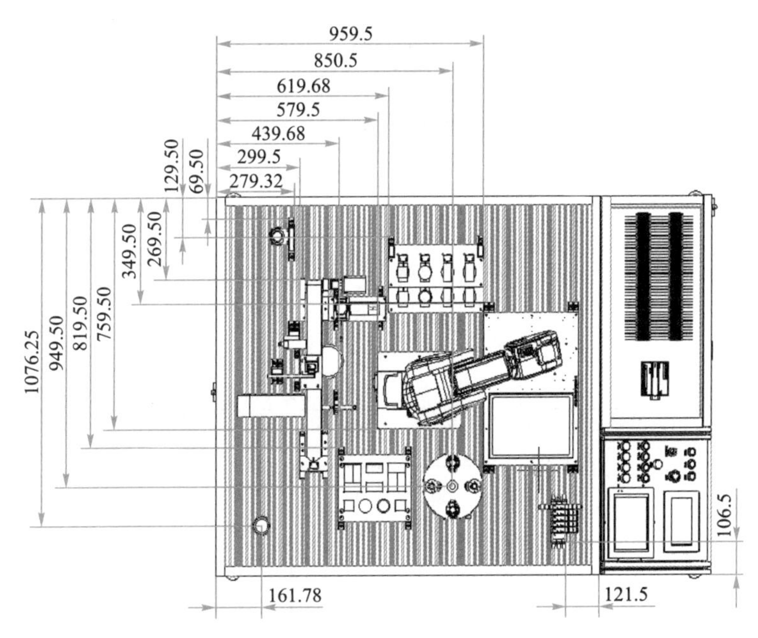

图 3-48　工作台各尺寸

⑤ 机器人工作台的本地原点及装配位置见表 3-1。机器人工作台装配完成后如图 3-49 所示。

工程文件

导入轨迹编程模块

微课

导入轨迹编程模块

表 3-1　机器人工作台的本地原点及装配位置

序号	模型名称	本地原点位置	设定模型位置（X，Y，Z）
1	轨迹编程模块		X：900，Y：340，Z：922

续表

序号	模型名称	本地原点位置	设定模型位置（*X*，*Y*，*Z*）
2	双层立体料库模块	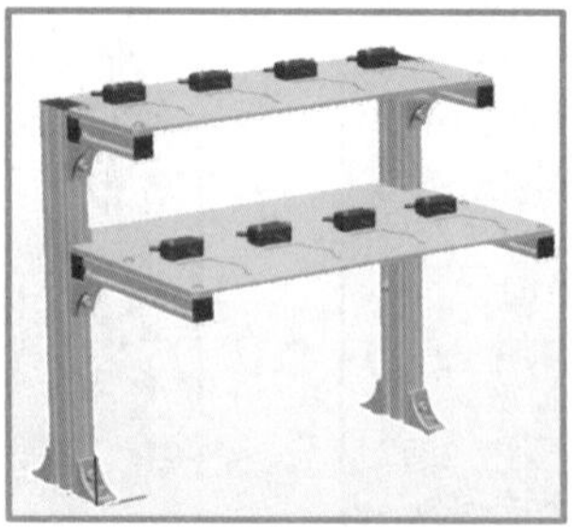	*X*：560，*Y*：990，*Z*：922
3	工具库模块	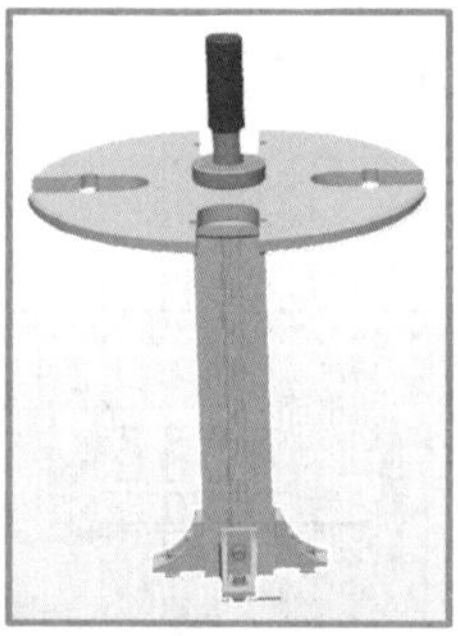	*X*：781，*Y*：220，*Z*：922
4	平面料库模块	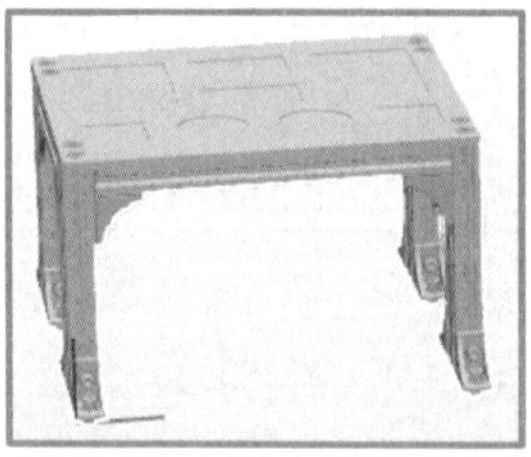	*X*：380，*Y*：130，*Z*：922
5	生产线模块	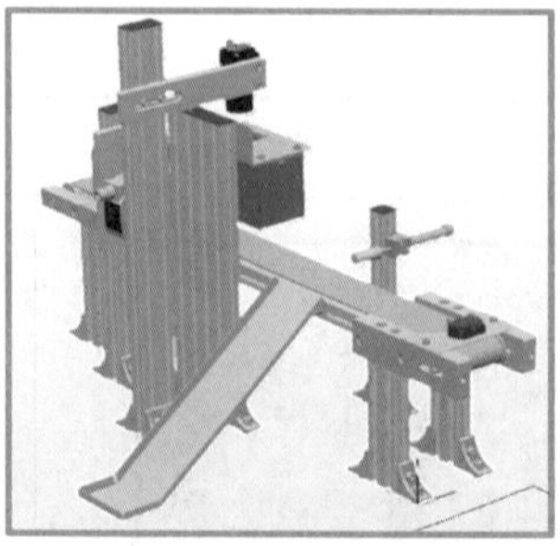	*X*：240.1，*Y*：350，*Z*：922

工程文件
导入双层立体料库模块

微课
导入双层立体料库模块

工程文件
导入工具库模块

微课
导入工具库模块

工程文件
导入平面料库模块

微课
导入平面料库模块

工程文件
导入生产线模块

微课
导入生产线模块

续表

序号	模型名称	本地原点位置	设定模型位置（*X*，*Y*，*Z*）
6	料井装置模块		*X*：360　*Y*：783.1，*Z*：922
7	机器人底座		*X*：715，*Y*：585，*Z*：937

工程文件
└ 导入料井装置模块

微课
└ 导入料井装置模块

微课
└ 导入机器人底座

工程文件
└ 导入机器人底座

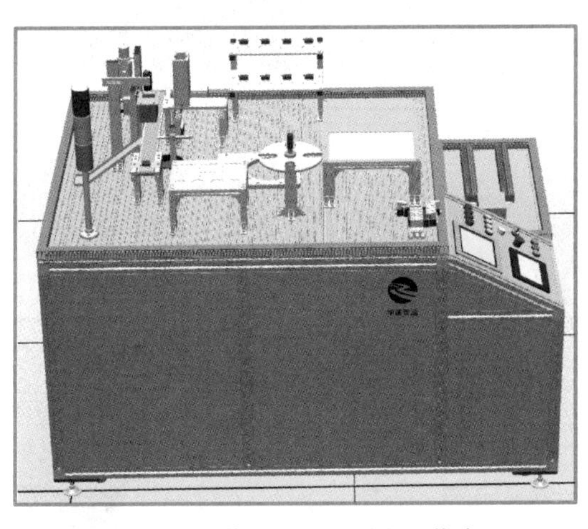

图 3-49　装配后的机器人工作台

微课
└ 导入机器人

2. 导入机器人

导入机器人的步骤如下。

① 单击“基本”选项卡下的“ABB 模型库”菜单，在出现的机器人列表中选择“IRB 120”机器人，系统弹出 IRB 120 的版本选择框，直接选择默认选项即可，然后单击“确定”按钮，如图 3-50 所示。

工程文件
└ 导入机器人

② 机器人导入软件环境中后，如图 3-51 所示，即机器人处于大地坐标系原点处。

③ 下面需要将机器人安装到机器人工作台上，可采用放置机器人的方法。选中机器人并右击，在弹出的菜单中依次选择“位置”→“放置”→“一个点”

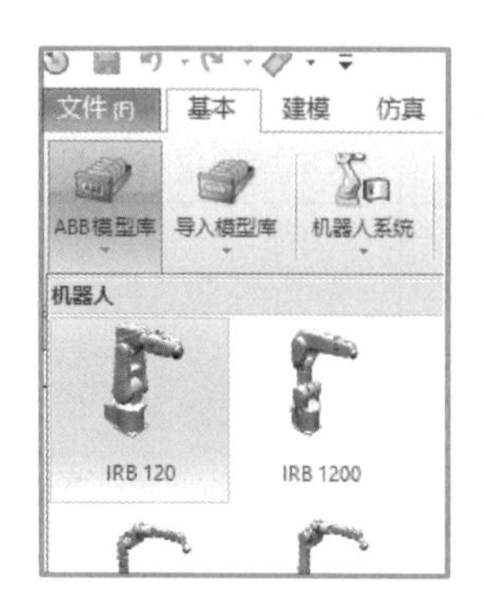

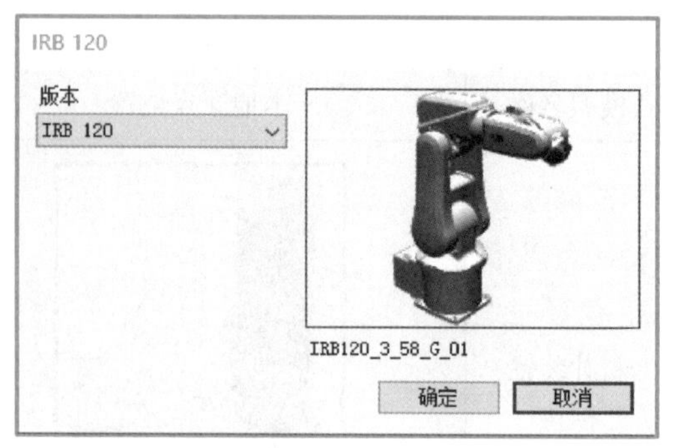

图 3-50　选择机器人

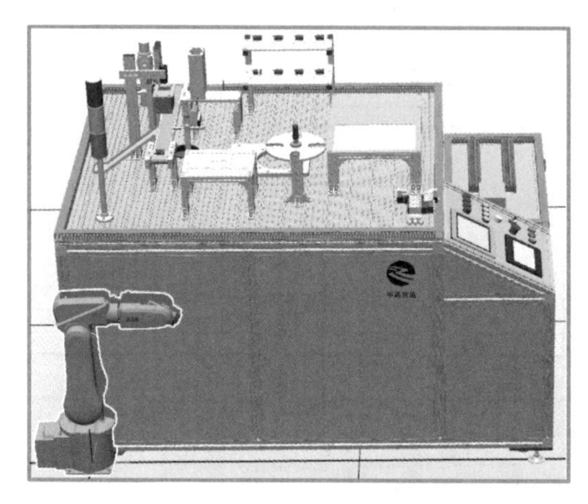

图 3-51　机器人导入软件环境中

选项，系统弹出设置框，开启“中心对象捕捉”，将光标定位在“主点 – 从”设置框中，选择机器人底部中心，坐标值自动显示到设置框中，如图 3-52 所示。

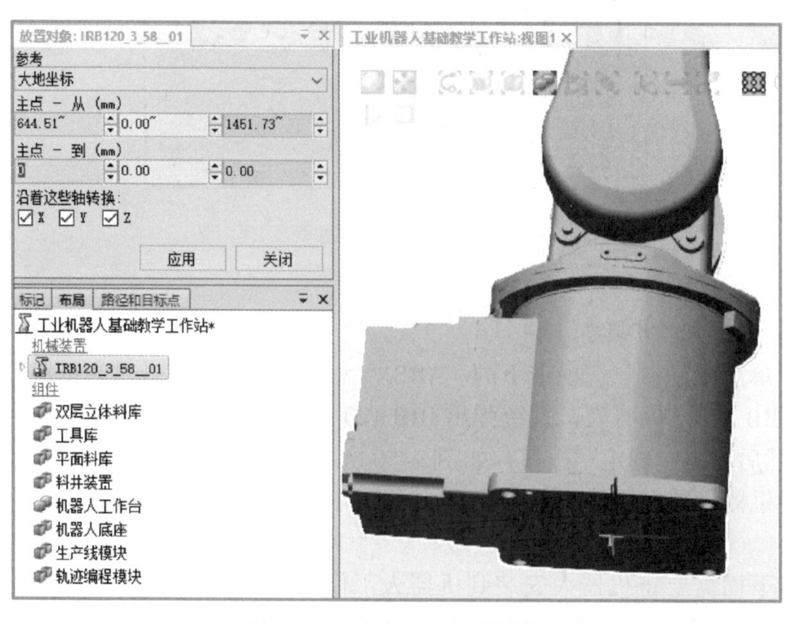

图 3-52　“主点 – 从”设置框

④ 再开启“圆心捕捉”，将光标定位到“主点 – 到”设置框中，选择底座圆心并单击选中，则此点的坐标值自动显示到设置框中，如图 3–53 所示。

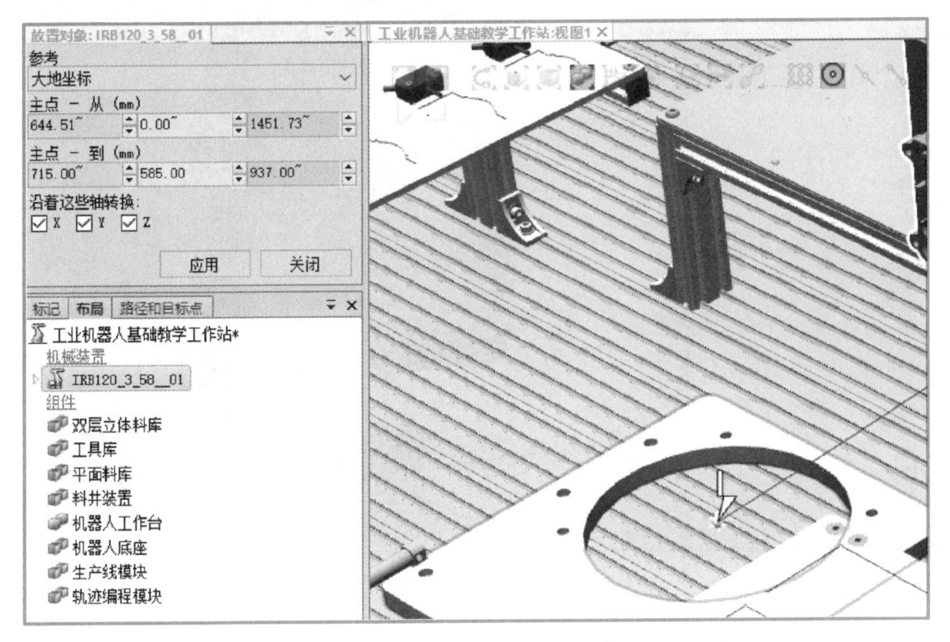

图 3–53 “主点 – 到”设置框

⑤ 再单击“应用”按钮，机器人即装配完成，如图 3–54 所示，关闭设置框即可。

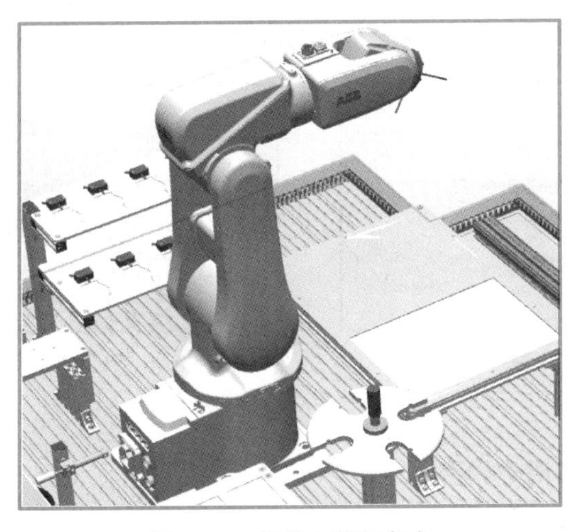

图 3–54 机器人装配完成

3. 导入机器人工具

导入机器人工具的操作步骤如下。

① 单击“基本”选项卡下的“导入模型库”菜单中的“浏览库文件”选项，选择之前保存的库文件“快换接头工具”，再单击“打开”按钮，快换接头工具即被导入软件环境中，如图 3–55 所示。

微课

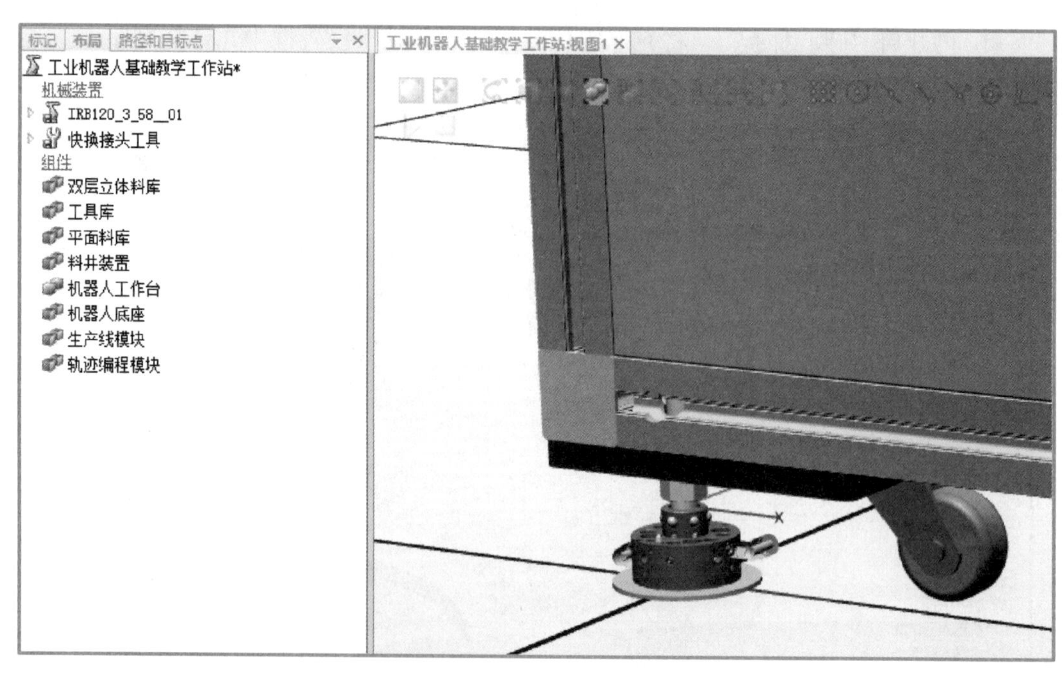

图 3-55　导入快换接头工具

工程文件

导入机器人工具

② 选中“布局”下的“快换接头工具”并按住鼠标左键，将其拖到“IRB 120_3_58_01”机器人上，松开鼠标左键，即弹出“更新位置”选择框，如图 3-56（a）所示。

③ 然后要将快换接头安装到机器人法兰盘上，需要更新位置，在选择框中选择“是”选项，即可看到快换接头安装到机器人法兰盘上，如图 3-56（b）所示。

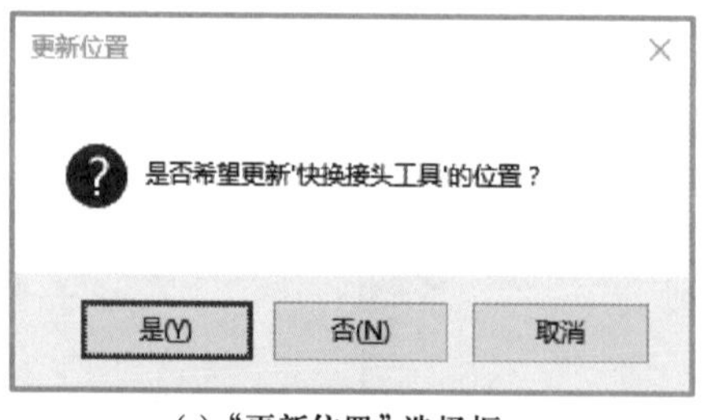

(a) “更新位置”选择框

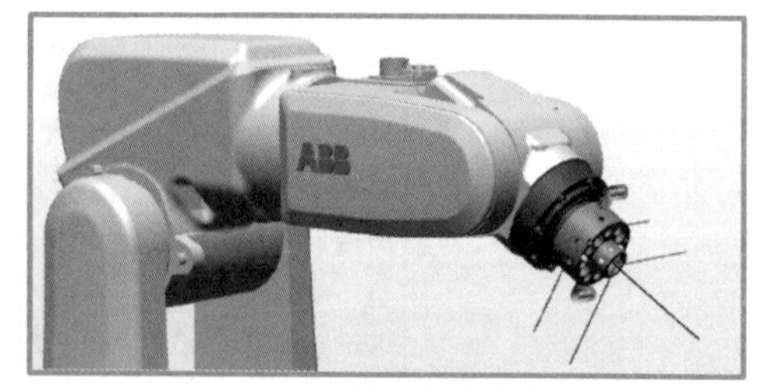

(b) 快换接头安装到位

图 3-56　更新快换接头位置

微课

导入机器人周边模型——工具

4. 导入机器人周边模型

（1）导入夹爪模型

操作步骤如下。

① 单击“基本”选项卡下的“导入模型库”菜单中的“浏览库文件”，选择“夹爪”工具模型，并单击“打开”按钮，以导入到软件中，如图 3-57 所示。

② 夹爪需要安装到工具库上，为方便安装，可先选中“夹爪”，右击选择“位置”→“旋转”，使工具围绕 X 轴旋转 180°，再用移动按钮，移至合适位置，如图 3-58 所示。

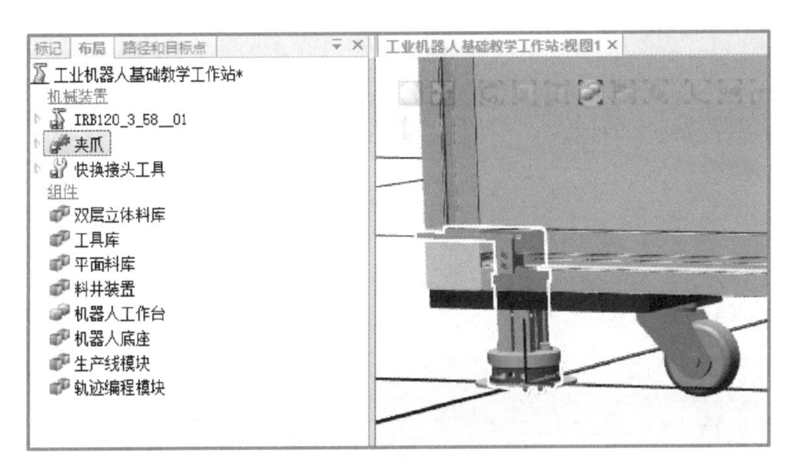

图 3-57　导入夹爪模型

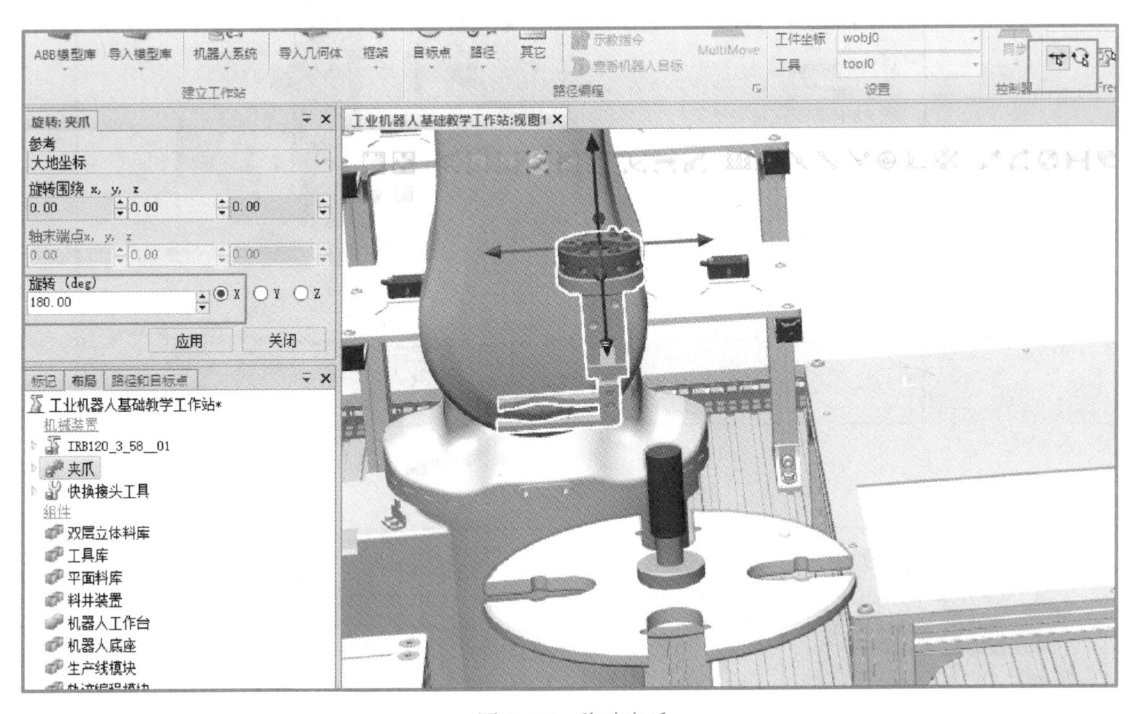

图 3-58　移动夹爪

③ 关闭旋转窗口，并关闭移动选项，再次右击“夹爪”模型，在弹出的菜单中依次选择“位置”→“放置”→“两点”，按照前面的学习内容，主点与从点分别按图 3-59 所示的点进行装配。

④ 单击“应用”按钮后，可发现夹爪按照上面选择的点进行装配，如图 3-60（a）所示，然后右击夹爪，在弹出的菜单中依次选择“位置”→“偏移位置”，在 $-Z$ 方向移动 4 mm，并单击“应用”按钮，如图 3-60（b）所示，则夹爪被安装到正确位置，如图 3-60（c）所示。

⑤ 按照上述步骤分别完成吸盘、笔形工具的安装，如图 3-61 所示。

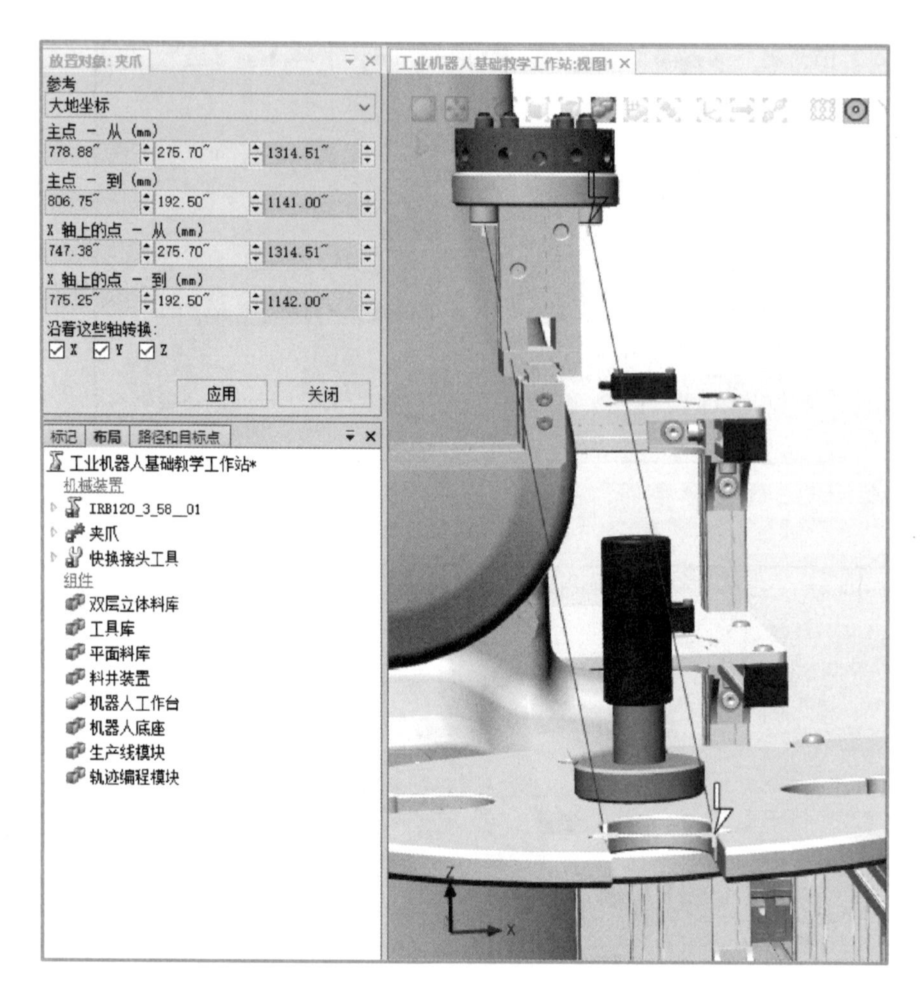

图 3-59　选择点装配

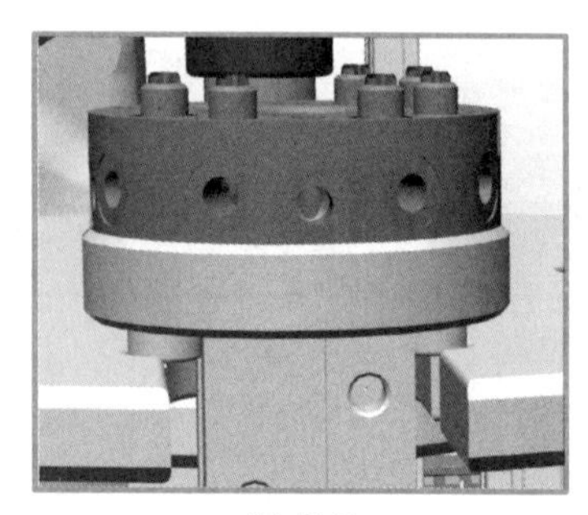

(a) 夹爪

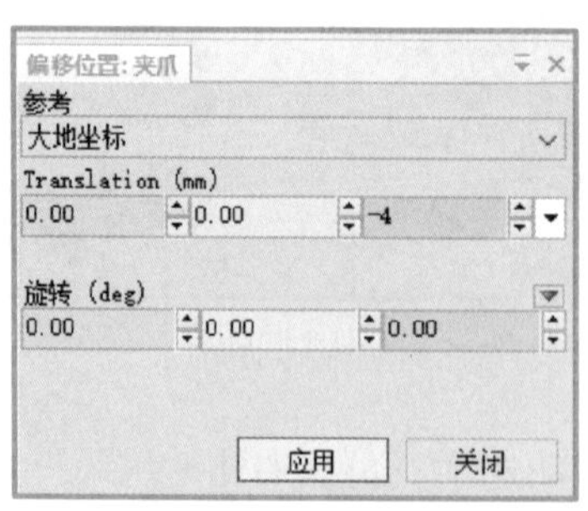

(b) 夹爪偏移位置

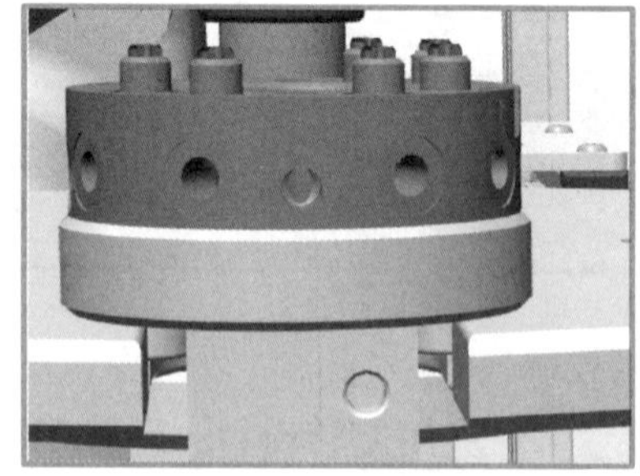

(c) 夹爪被安装到正确位置

图 3-60　完成夹爪模型的安装

微课

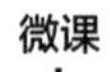

导入机器人周边模型——物料块

（2）导入物料块模型

在后续的任务实训中，共需要 6 块长方体物料（其中 3 块白色、3 块黑色），1 块白色正方体物料，1 块黑色圆柱体物料，将这 8 块物料分别放置到双层立体料架上，具体操作步骤如下。

图 3-61　完成其余工具的安装

工程文件

导入机器人周边模型——物料块

① 单击“基本”选项卡下的“导入几何体”菜单中的“浏览几何体”选项，选择“长方体物料块 - 黑色”，并单击“打开”按钮，将其导入到软件环境中，如图 3-62（a）所示，再将物料块旋转到适宜放置的角度并移动到合适位置，如图 3-62（b）所示。

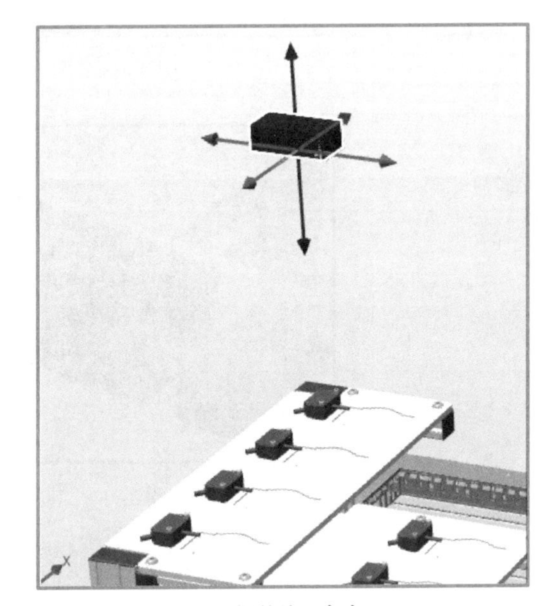

(a) 导入物料块　　(b) 调整放置角度

图 3-62　物料块放置角度

② 右击物料块，在弹出的菜单中依次选择“位置”→“放置”→“一个点”，开启“中心捕捉”，选择物料块地面中心位置，与物料块放置位置中心进行装配，如图 3-63 所示。

③ 然后单击“应用”按钮，物料块即装配成功，如图 3-64 所示。

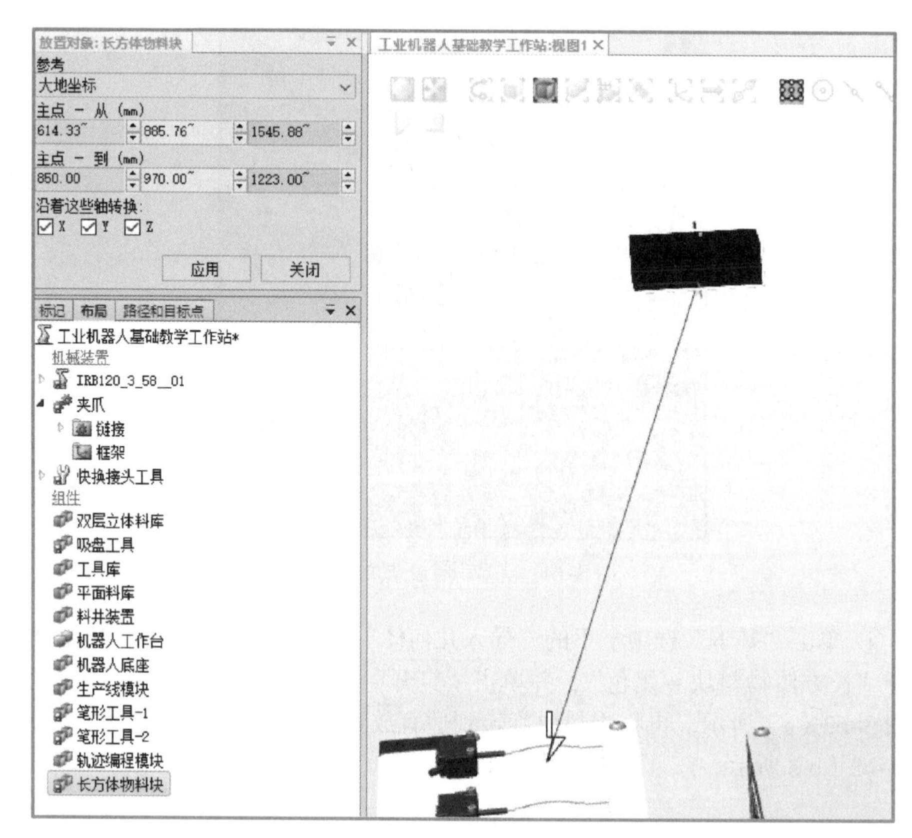

图 3-63 选择装配点

图 3-64 装配完成

④ 其他物料块可以采用复制、粘贴的形式进行。选中“布局”下的“长方体物料块”，右击选择“复制”选项，再选中“工业机器人基础教学工作站”，右击选择“粘贴”选项，如图 3-65（a）所示，“长方体物料块”即被复制出一块，如图 3-65（b）所示。(序号自动沿用，可以进行重命名)

⑤ 然后选中复制出来的物料块“长方体物料块 _2”并右击，在弹出的菜单中依次选择“位置”→“偏移位置”，系统弹出设置框，设置在 $-X$ 方向上移动 80 mm，如图 3-66（a）所示。然后单击“应用”按钮，“长方体物料块 _2”即移动到相应位置，如图 3-66（b）所示。

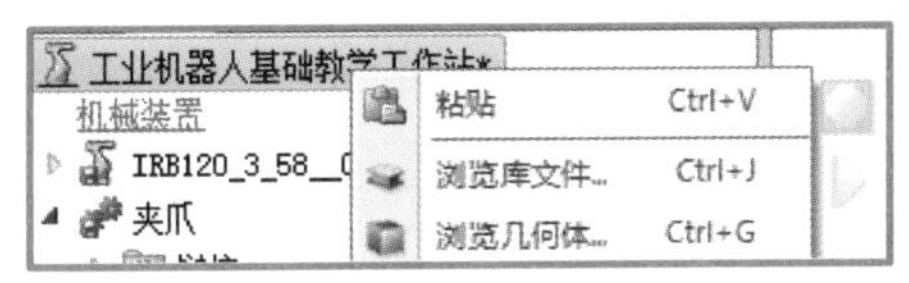

(a) 粘贴选项

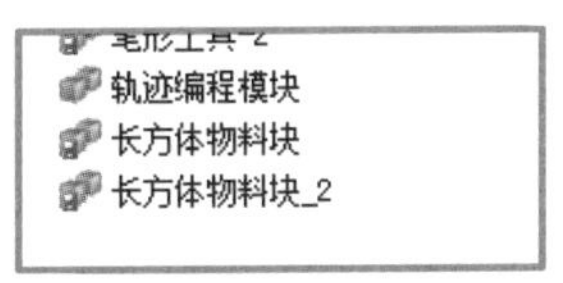

(b) 复制长方体物料块

图 3-65　复制、粘贴物料块

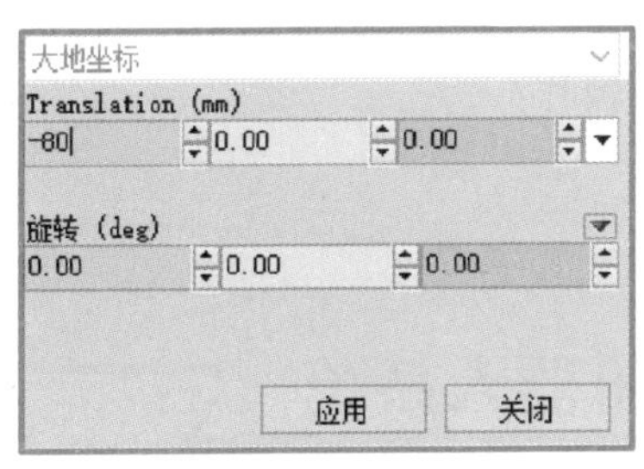

(a) 设置偏移位置

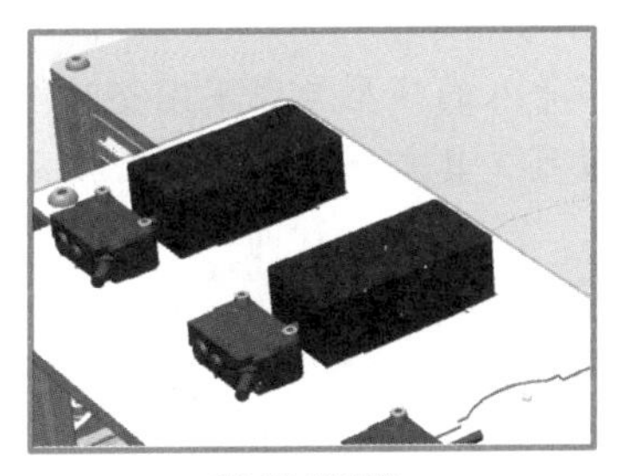

(b) 移动到位

图 3-66　移动位置

⑥ 按照上述步骤，完成所有物料块的装配，如图 3-67 所示。

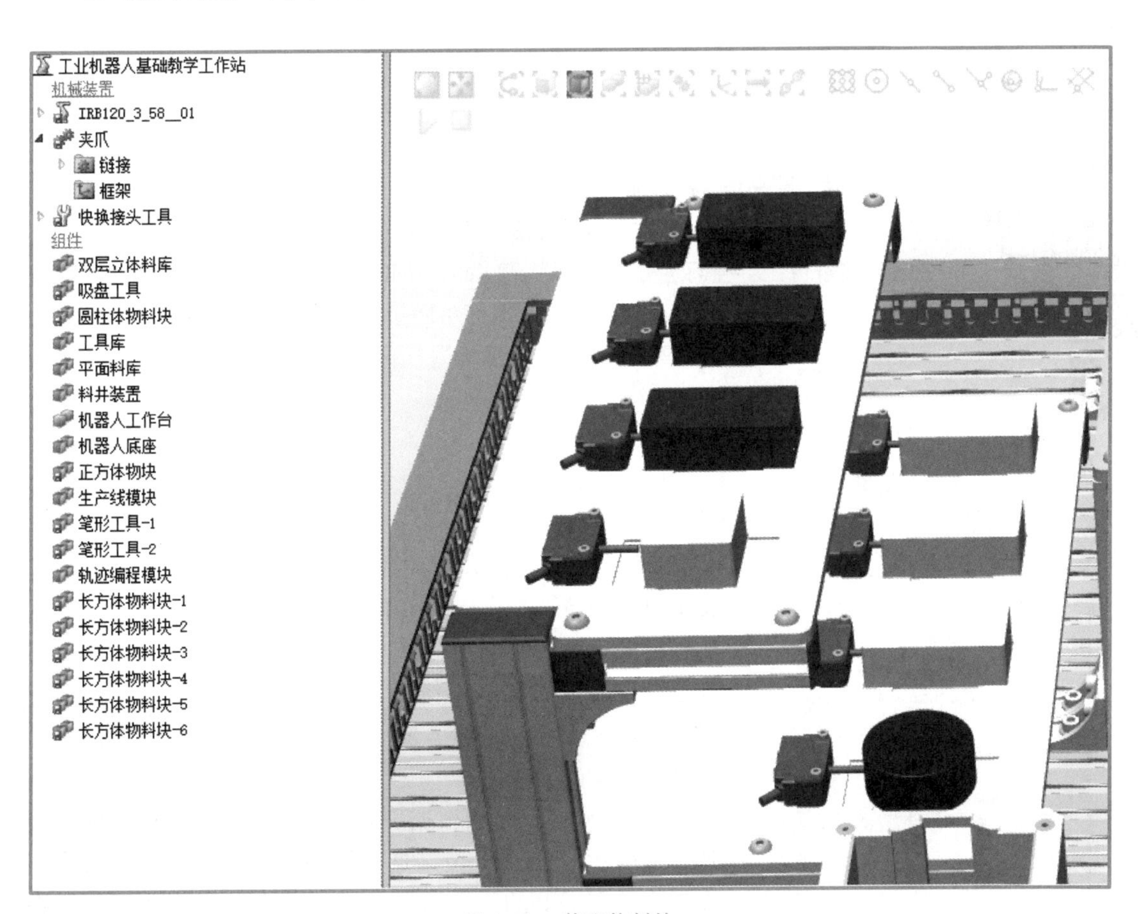

图 3-67　装配物料块

任务回顾

【知识点总结】

1. 导入模型的过程；
2. 放置模型对象的方法。

【思考与练习】

1. 当导入的模型呈现不完整时该如何操作？
2. 设置工具本地原点有什么意义？

任务2 创建工业机器人系统

任务描述

课件 创建工业机器人系统

微课 创建工业机器人系统

兰博：小 R，我想知道工作站中的模型都导入后，为什么手动操作机器人的功能不能使用呢？

小 R：因为只有机器人模型是不行的，还需为机器人创建控制系统才可以。

兰博：哦，原来是这样。那工件坐标系又有什么作用呢？

小 R：工件坐标系的建立是为了确定工件相对于大地坐标系的位置，除了在实际现场需要进行工件坐标系的建立外，在 RobotStudio 软件中，同样需要建立工件坐标系。

兰博：工件坐标系这么重要吗？我要赶紧学习一下啦！

知识学习

在完成了机器人布局以后，要为机器人加载系统，建立虚拟的控制器，使其具有电气的特性来完成相关的仿真操作。

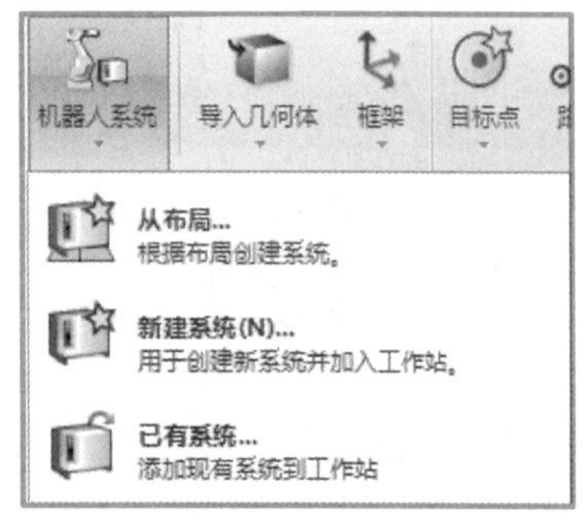

图 3-68 创建机器人系统

机器人系统可通过“基本”选项卡中的“机器人系统”来创建，在“机器人系统”下面有 3 个下拉菜单，分别是“从布局…”“新建系统（N）…”和“已有系统…”，如图 3-68 所示。

“从布局…”是指根据现有的工作站布局进行系统的创建；“新建系统（N）…”是指创建一个新的机器人系统从而加入已布局好的工作站中；“已有系统…”是为工作站添加一个现有的机器人系统。

任务实施

工程文件

创建工业机器人系统

1. 创建机器人基础工作站系统

① 单击“机器人系统”菜单下的“从布局…”选项，系统弹出“从布局创建系统”对话框，“名称”设置为“RobotBaseSystem”，“RobotWare”版本选择6.06.01.00，如图3-69（a）所示，然后单击“下一个”按钮，在下一个界面中选择“IRB 120_3_58_01”机械装置，如图3-69（b）所示。

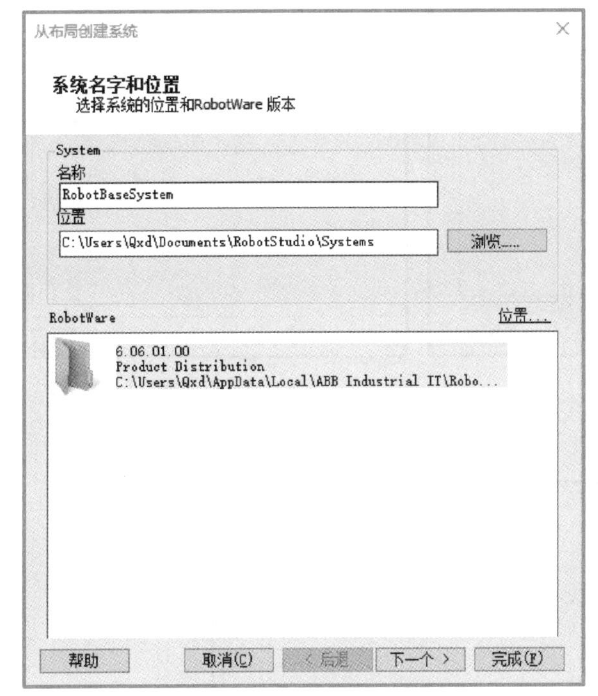

(a)“从布局创建系统”对话框

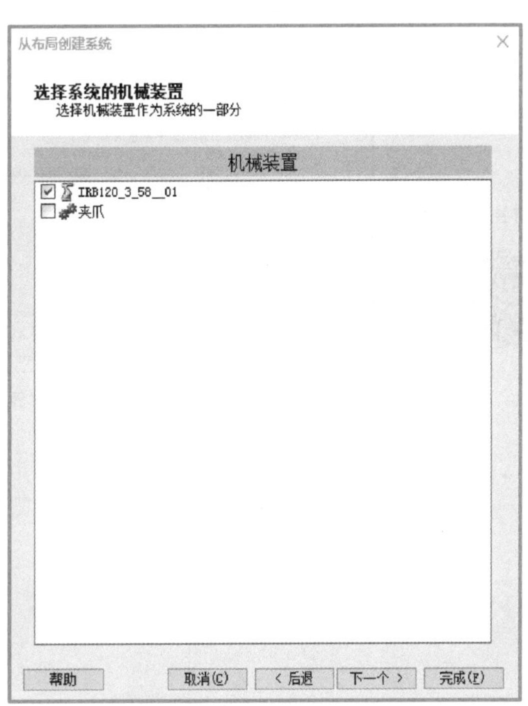

(b) 选择“IRB120”机械装置

图3-69 设置系统名字和位置以及机械装置

② 再单击“下一个”按钮，进入“系统选项”设置界面，如图3-70（a）所示。单击“选项”按钮，进入选项设置，将“Default Language”设置为“Chinese”，“Industrial Networks”选择“709-1 DeviceNet Master/Slave”，如图3-70（b）所示，设置完成后，单击“关闭”按钮即可。

单击“完成”按钮，系统弹出“控制器状态”对话框，如图3-71所示。当右下角显示为红色时，表示系统正在创建，变成绿色时，表示系统创建完成，且在左侧显示出创建的系统，如图3-72所示。

2. 创建工件坐标系

微课

创建工件坐标系

① 在“基本”选项卡的“其它”中选择“创建工件坐标”，如图3-73所示。

② 系统弹出“创建工件坐标”的设置窗口，如图3-74（a）所示，名称设置为Workobject_2，选中“用户坐标框架”下的“取点创建框架”，选择“三点”创建工件坐标系，如图3-74（b）所示。

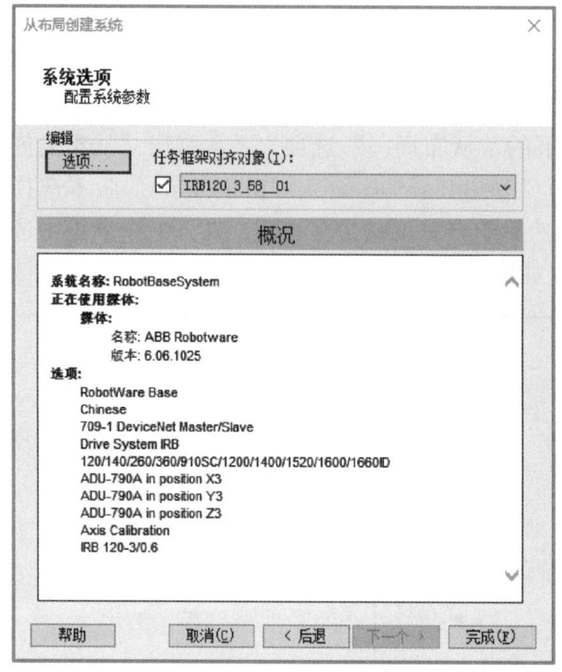

(a)“系统选项”设置界面

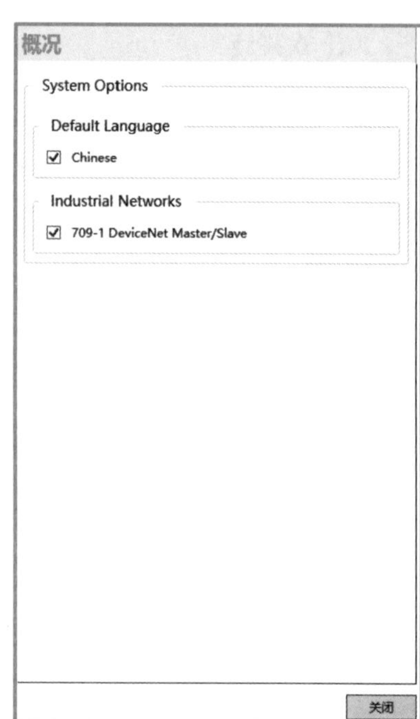

(b) 选项设置

图 3-70 系统选项设置

工程文件
创建工件坐标系

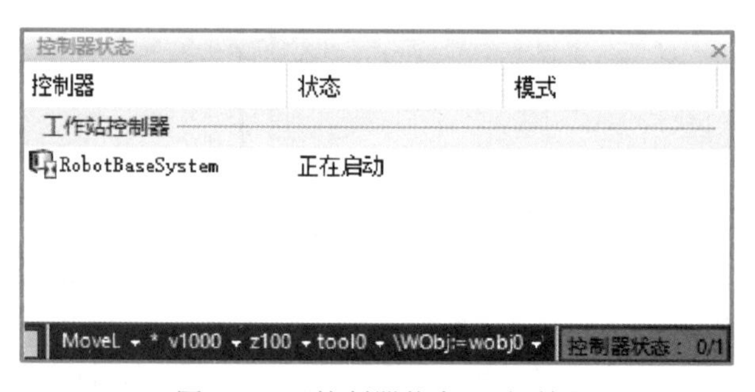

图 3-71 “控制器状态”对话框

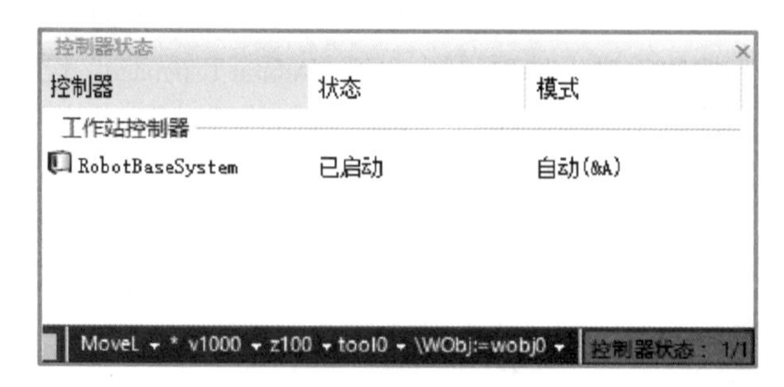

图 3-72 完成系统的创建

③ 单击“选择表面”按钮，并开启“捕捉末端”，将光标定位在“X 轴上的第一个点”的第一个输入框，并在轨迹编程模块上选择作为坐标系原点的点，并按此方法分别选择“X 轴上的第二个点”和“Y 轴上的点”，如图 3-75 所示。

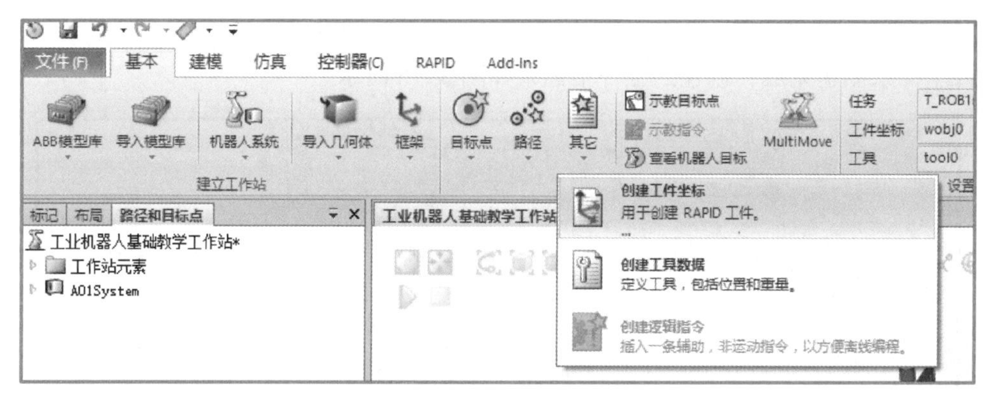

图 3-73　选择“创建工件坐标”

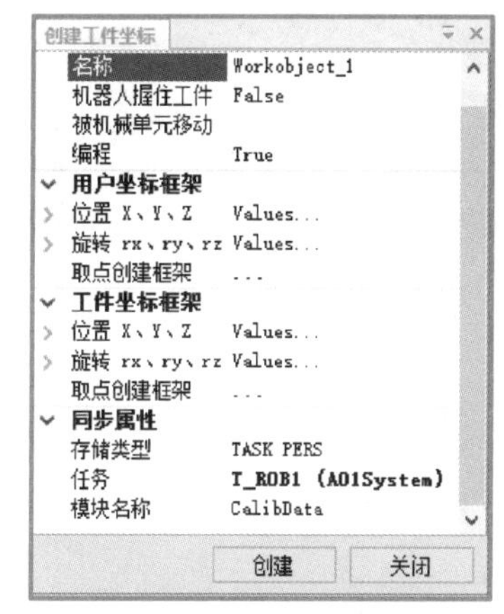

(a)“创建工件坐标”设置窗口　　(b)“三点法”创建工件坐标系

图 3-74　“创建工件坐标”设置

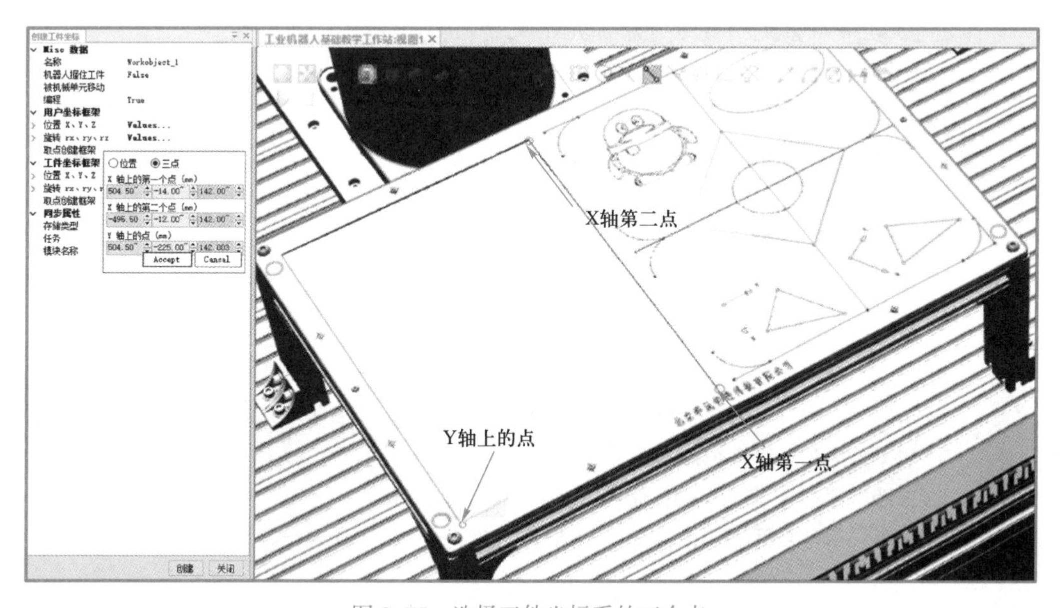

图 3-75　选择工件坐标系的三个点

④ 三个点设置完成后，单击“Accept”按钮，再单击“创建”按钮，则工件坐标系创建完成，创建的工件坐标系如图 3-76 所示。

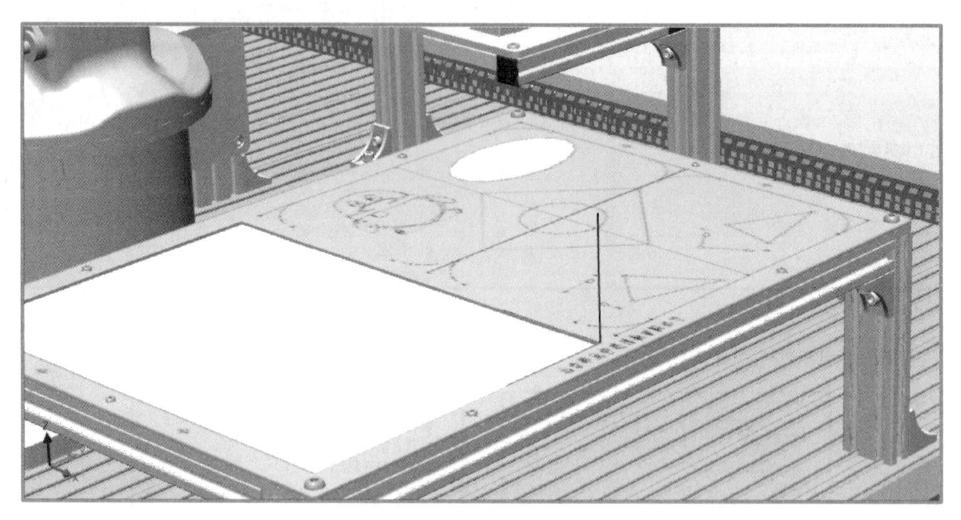

图 3-76 创建的工件坐标系

任务回顾

【知识点总结】

1. 工件坐标系的作用；
2. 创建机器人系统的过程。

【思考与练习】

1. 使用什么方法创建工件坐标系？
2. 在一个系统中最多可添加几个机器人？

任务 3 构建动作模型

课件 构建动作模型

任务描述

兰博：小 R，刚才我在练习播放仿真动画时进入了下面这个界面（见图 3-77）。

小 R：这个是事件管理器。

兰博：事件管理器有什么作用呢？

小 R：事件管理器可以创建简单事件的动作，实现仿真动作。

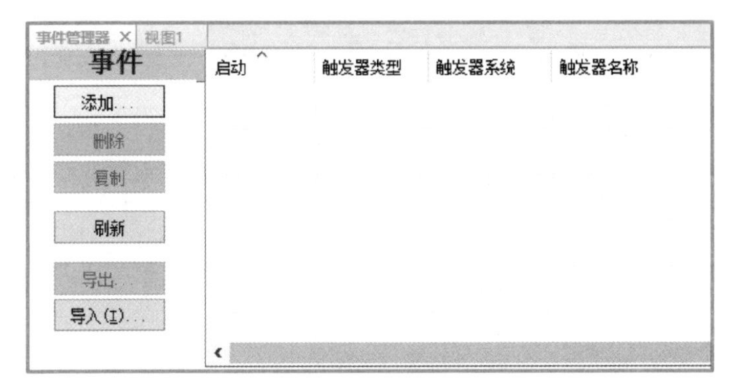

图 3-77　事件管理器

知识学习

在 RobotStudio 软件中，事件管理器用于创建简单事件的动作，在“仿真”选项卡下，单击“事件管理器”图标，如图 3-78 所示，进入事件管理器。

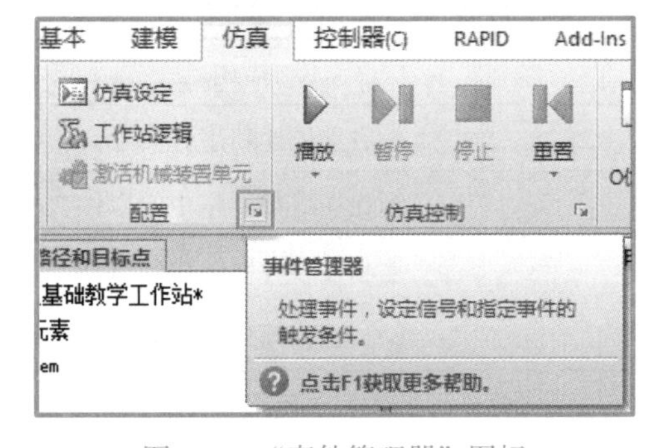

图 3-78　“事件管理器”图标

事件管理器如图 3-79 所示，每部分的含义见表 3-2。

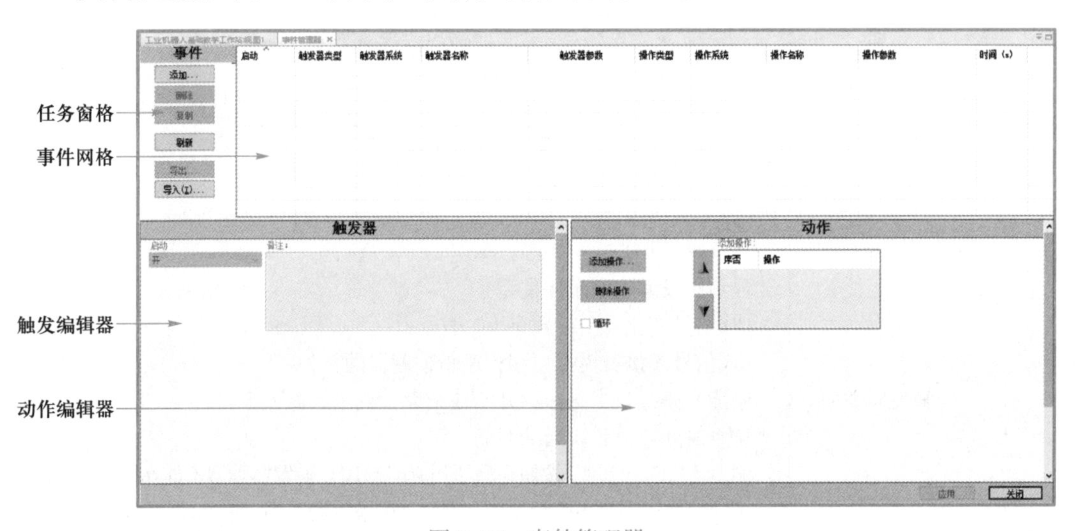

图 3-79　事件管理器

表 3–2　事件管理器各部分的含义

部件	概述
1	任务窗格 可以新建事件，或者对在事件网格中选择的现有事件进行复制或删除
2	事件网格 显示工作站中的所有事件
3	触发编辑器 关于 I/O 信号和 I/O 连接属性的编辑
4	动作编辑器 关于动作对象的动作属性的编辑

在任务窗格共有六个选项，每个选项的含义见表 3–3。

在事件网格中，每行均为一个事件，而网格中的各列显示的是其属性，事件属性见表 3–4。

表 3–3　任务窗格含义

部件	描述
添加	启动创建新事件向导
删除	删除在事件网格中的事件
复制	复制在事件网格中的事件
刷新	刷新事件管理器
导出	导出事件
导入	导入事件

表 3–4　事 件 属 性

列	描述
启用	显示时间是否处于活动状态 打开：动作始终在触发事件发生时执行 关闭：动作在触发事件发生时不执行 仿真：只有触发事件在运行模拟时发生，动作才会执行
触发器类型	显示触发动作的条件类型 I/O 信号变化：更改数字 I/O 信号 I/O 信号连接：模拟可编程逻辑控制器的行为 碰撞：碰撞集中碰撞的开始或结束，或差点撞上 仿真时间：设置激活的时间 注意：“仿真时间”按钮在激活仿真时启用；触发器类型不能在触发编辑器中更改，如果需要当前触发器类型之外的触发器类型，请创建全新的事件

续表

列	描述
触发器系统	如果触发器类型是 I/O 信号触发器，此列显示给用作触发器的信号所属的系统 连字符（–）表示虚拟信号
触发器名称	用作触发的信号或碰撞集的名称
触发器参数	将显示发生触发依据的事件条件 0：用作触发切换至 False 的 I/O 信号 1：用作触发切换至 True 的 I/O 信号 已开始：在碰撞集中的一个碰撞开始，用作触发事件 已结束：在碰撞集中的一个碰撞结束，用作触发事件 接近丢失已开始：在碰撞集中的一个差点撞上事件开始，用作触发事件 接近丢失已结束：在碰撞集中的一个差点撞上事件结束，用作触发事件
操作类型	显示与触发器一同出现的动作类型 I/O 信号动作：更改数字输入或输出信号的值 连接对象：将一个对象连接到另一个对象 分离对象：将一个对象从另一个对象上分离 打开 / 关闭仿真监视器：切换特定机械装置的仿真监视器 打开 / 关闭计时器：切换过程计时器
操作系统	如果动作类型是更改 I/O，此列会显示要更改的信号所属的系统
操作名称	如果动作类型是更改 I/O，此列会显示要更改的信号的名称
操作参数	显示动作发生后的条件 0：I/O 信号将设置为 False 1：I/O 信号将设置为 True 打开：打开过程计时器 关闭：关闭过程计时器 Object1-> Object2：当动作类型是连接目标时显示另一个对象将连接至哪一个对象 Object-<Object2：当动作类型是分离目标时显示另一个对象将从哪一个对象分离 已结束：在碰撞集中的一个碰撞结束，用作触发事件 接近丢失已开始：在碰撞集中的一个差点撞上事件开始，用作触发事件 接近丢失已结束：在碰撞集中的一个差点撞上事件结束，用作触发事件 多个：表示多个动作
时间	显示事件触发得以执行的时间

另外，在触发编辑器中，可以设置触发器的属性。在该编辑器的上半部分是所有类型的触发器共有属性，见表 3-5。

表 3-5　触发器共有属性

部件	描述
启用	将设置事件是否处于活动状态 打开：动作始终在触发事件发生时执行 关闭：动作在触发事件发生时不执行 仿真：只有触发事件在运行模拟时发生，动作才得以执行
备注	关于事件的备注和注释文本框

编辑器的下半部分，依据实际情况，可选择适合的触发器类型及相关使用种类。编辑器的下半部分触发类型主要分为关于 I/O 信号触发器的部分和关于 I/O 连接触发器的部分以及关于碰撞触发器的部分，见表 3-6。

表 3-6　触发器类型

种类	部件	描述
关于 I/O 信号触发器的部分	活动控制器	选择 I/O 要用作触发器时所属的系统
	Signals	显示可用作触发器的所有信号
	触发条件	对于数字信号，请设置时间是否将在信号被设为 True 或 False 时触发 对于只能用于工作站信号的模拟信号，事件将在以下任何条件下触发：大于、大于 / 等于、小于
关于 I/O 连接触发器的部分	Add	打开一个对话框，可以在其中将触发器信号添加至触发器信号窗口
	移除	删除所选的触发器信号
	Add>	打开一个对话框，可以在其中将运算符添加至连接窗格
	移除	删除选定的运算符
	延迟	制定延迟（以秒为单位）
关于碰撞触发器的部分	碰撞类型	设置要用作触发器的碰撞种类 已开始：碰撞开始时触发 已结束：碰撞结束时触发 接近丢失已开始：差点撞上事件开始时触发 接近丢失已结束：差点撞上事件结束时触发
	碰撞集	选择要用作触发器的碰撞集

在动作编辑器中，可以设置事件动作的属性，在该编辑器中，上半部分是所有的动作类型共有部分，而下半部分只是选定的动作类型部分。所有动作的共有部分见表 3-7。

表 3-7　触发器动作编辑器共有部分

部件	描述
添加动作	添加触发条件满足时所发生的新动作。可以添加同时得以执行的若干不同动作，也可以在每一次事件触发时添加一个动作 以下动作类型可用 更改 I/O：更改数字输入或输出信号的值 连接对象：将一个对象连接到另一个对象 分离对象：将一个对象从另一个对象上分离 打开 / 关闭计时器：启用或停用过程计时器 保持不变：无任何动作发生（可能对操纵动作序列有用）
删除动作	删除已添加动作列表中选定的动作
循环	选中此复选框后，只要发生触发，就会执行相应的动作。执行完列表中的所有操作之后，事件将从列表中的第一个动作重新开始 清除此复选框后，每次触发发生时，会同时执行所有动作
已添加动作	按事件的动作将被执行的顺序，列出所有动作
箭头	重新调整动作的执行顺序

其他部分见表 3-8。

表 3-8　触发器选定的动作类型部分属性

种类	部件	描述
关于 I/O 信号动作的部分	活动控制器	显示工作站中的所有系统，选择要更改的 I/O 归属于何种系统
	Signals	显示所有可以设置的信号
	操作	设置事件是否应将信号设置为 True 或 False 如果动作与 I/O 连接相连，此组将不可用
关于连接动作的特定部分	连接对象	选择工作站中要连接的起始对象
	连接	选择工作站中要连接到的对象
	更新位置 / 保持位置	更新位置 = 连接时将连接对象移至其他对象的连接点，对于机械装置来说，连接点是 TCP 或凸缘，而对于其他对象来说，连接点就是本地原点 保持位置 = 连接时保持对象要连接的当前位置
	法兰编号	如果对象所要连接的机械装置拥有多个法兰（添加附件的点），请选择一个要使用的法兰
	偏移位置	如有需要，连接时可指定对象间的位置偏移
	偏移方向	如有需要，连接时可指定对象间的方向偏移

续表

种类	部件	描述
关于分离动作的特定部分	分离对象	选择工作站中要分离的对象
	分离于	选择工作站中要从其上分离附件的对象
关于“打开 / 关闭仿真监视器”动作的特定部分	机械装置	选择机械装置
	打开 / 关闭仿真监视器	设置是否要开始执行动作还是停止仿真监视器功能
关于计时器动作打开 / 关闭的特定部分	打开 / 关闭计时器	设置动作是否应开始或停止过程计时器
关于将机械装置移至姿态的动作部分	机械装置	选择机械装置
	姿态	在 SyncPose 和 HomePose 之间选择
	在达到姿态时要设置的工作站信号	列出机械装置伸展到其姿态之后发送的工作站信号
	添加数字	单击该按钮可向网格中添加数字信号
	移除	单击该按钮可从网格中删除数字信号
关于移动图形对象动作的特定部分	要移动的图形对象	选择工作站中要移动的图形对象
	新位置	设置对象的新位置
	新方向	设置对象的新方向
关于显示 / 隐藏图形对象动作的部分	图形对象	选择工作站内的图形对象
	显示 / 隐藏	设置显示对象还是隐藏对象

任务实施

微课

用事件管理器创建夹爪动作

1. 用事件管理器创建夹爪动作

在用事件管理器创建夹爪动作之前，需要先配置机器人的 I/O 板，并创建机器人的输出信号，因为在 RobotStudio 软件中，需要模拟夹爪夹取三种不同的物料，夹取每种物料时，夹爪闭合的程度不一样，故这里设置三种输出信号以方便后续的对应。

（1）配置机器人的 I/O 板的步骤

① 单击“控制器”选项卡下的“示教器”菜单，如图 3-80 所示，选择“虚拟示教器”选项，打开虚拟示教器。

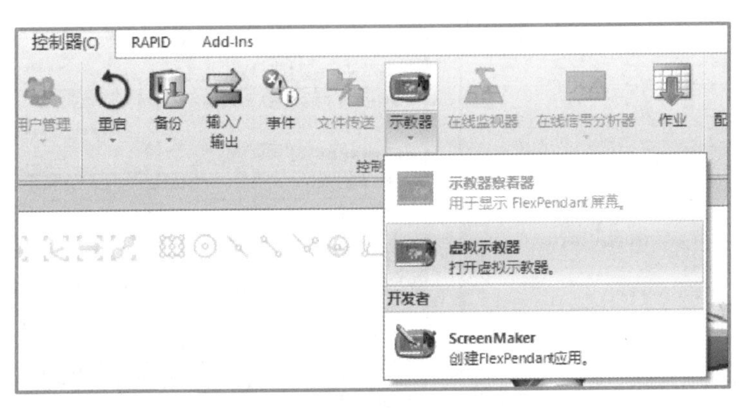

图 3-80 选择“虚拟示教器”

工程文件

用事件管理器创建夹爪动作

② 将虚拟示教器设置成“T1”模式，单击“主菜单”按钮进入主界面，选择“控制面板”选项，如图 3-81 所示。

③ 进入“控制面板”窗口，选择“配置”选项，如图 3-82 所示。

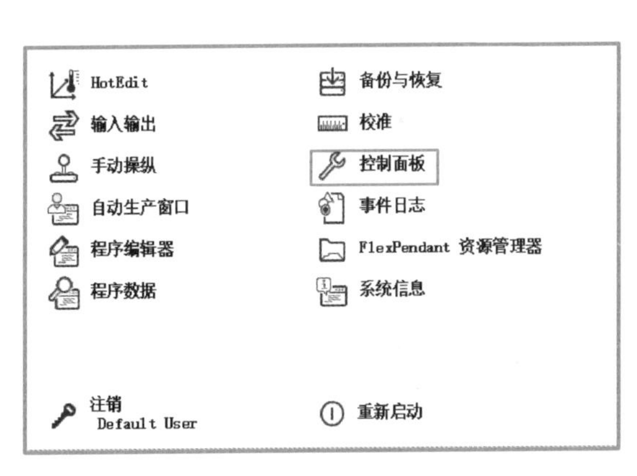

图 3-81 选择“控制面板”

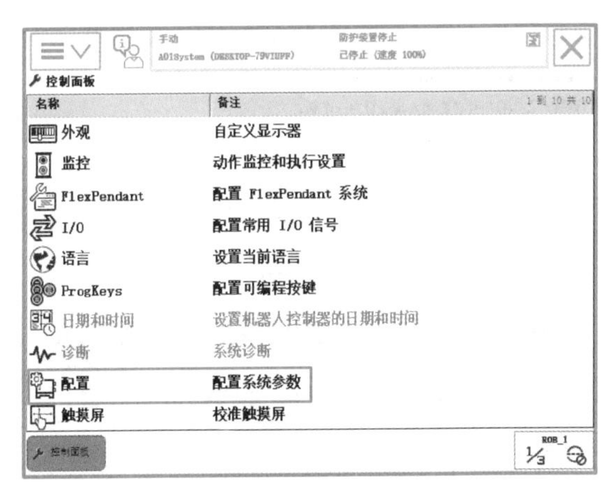

图 3-82 选择“配置”选项

④ 在配置选项窗口中，选择“DeviceNet Device”选项，再单击“显示全部”按钮，如图 3-83 所示。

微课

设置 DSQC651 板

⑤ 然后单击“添加”按钮，进入 I/O 板设置窗口，“使用来自模板的值”选择“DSQC 652 24VDC I/O Device”，并将总线地址（Address）改为“10”，如图 3-84 所示。设置完成后单击“确定”按钮，接着，系统会弹出“更改将在控制器重启后生效，是否现在重新启动？”的提示，这里可暂时选择不重启，待后续 I/O 信号设置完成后，再统一进行重启。

（2）配置机器人 I/O 信号的步骤

① 依次单击示教器界面的“控制面板”→“配置”→“I/O System”→“Signal”选项，单击“显示全部”按钮，进入信号设置界面。单击“添加”按钮，依次将“Name”设置为“DO1”，“Type of Signal”设置为“Digital Output”，“Assigned to Device”设置为“d652”，“Device Mapping”设置为“1”，如图 3-85 所示，设置完成后单击“确定”按钮。

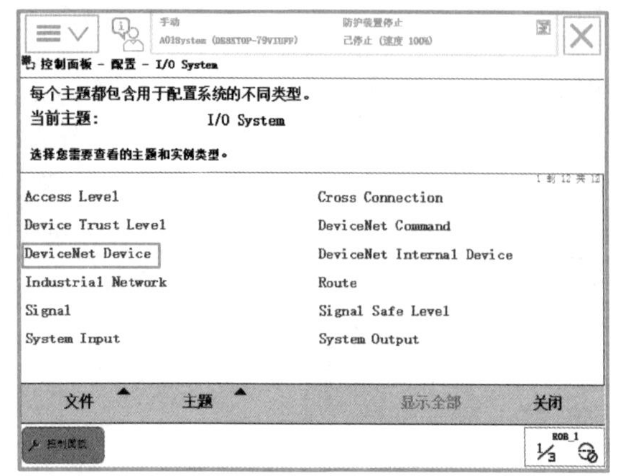

图 3-83 选择“DeviceNet Device”选项

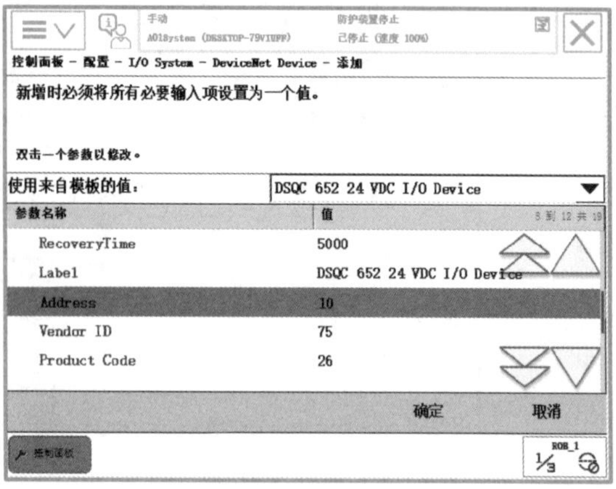

图 3-84 设置 I/O 板

② 按照上述的步骤，再设置两个输出信号 DO2 和 DO3，地址分别设为 2 和 3，设置完成后重新启动控制器，如图 3-86 所示。

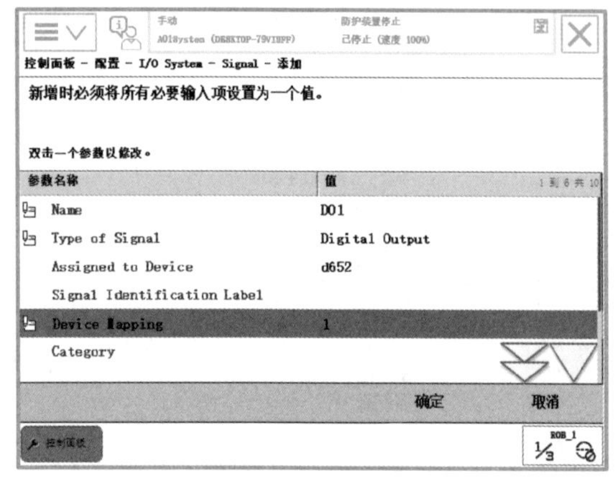

图 3-85 设置输出信号

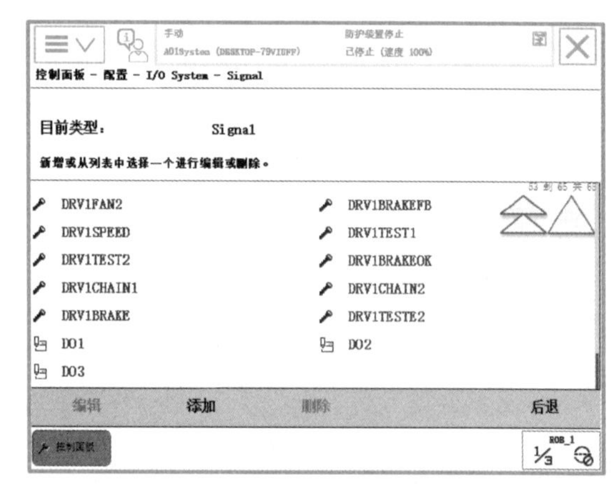

图 3-86 设置完成的输出信号

（3）设置事件管理器

I/O 板与 I/O 信号设置完成后，就可以进行事件管理器的设置了，步骤如下。

① 调出事件管理器，单击“添加”按钮，系统弹出“创建新事件”对话框，“设定启用”设置为“开”，“事件触发类型”设置为“I/O 信号已更改”，如图 3-87 所示，然后单击“下一个”按钮。

② 在下一个界面中，“信号名称”选择“DO1”，“触发器条件”选择“信号是 True（′1′）”，然后单击“下一个”按钮，如图 3-88 所示。

③ 在下一界面中，“动作类型”设置为“将机械装置移至姿态”，单击“下一个”按钮，在下一个界面中“机械装置”选择为“夹爪”，“姿态”为“夹长方体”，然后单击“完成”按钮，如图 3-89 所示。

④ 设置完成后，会显示设置的行为动作，如图 3-90 所示。

⑤ 按照上述步骤，完成“夹正方体”和“夹圆柱体”的姿态设置，如图 3-91 所示。

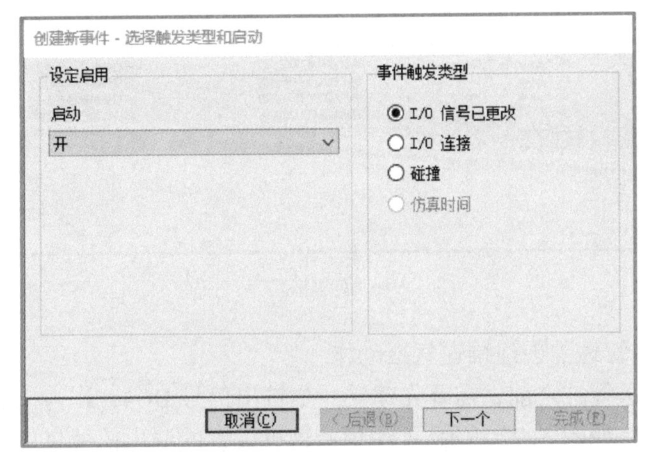

图 3-87 “创建新事件”对话框

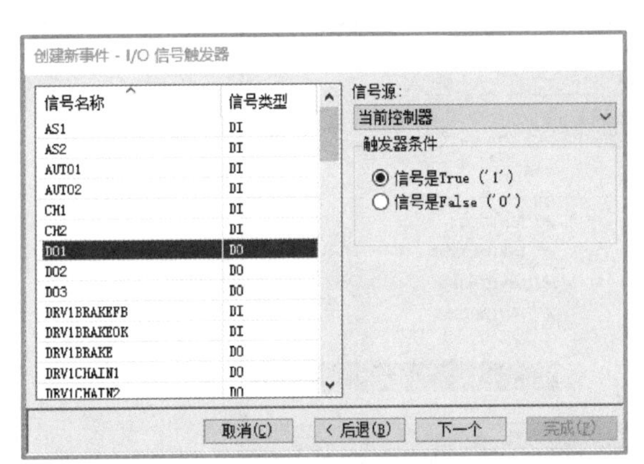

图 3-88 选择触发条件

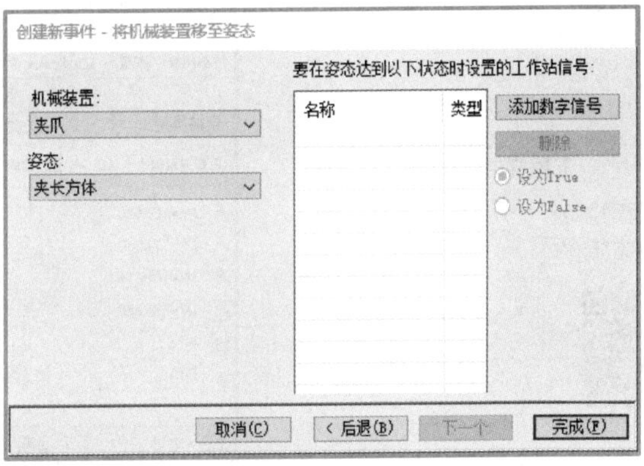

图 3-89 设置姿态

图 3-90 设置完成

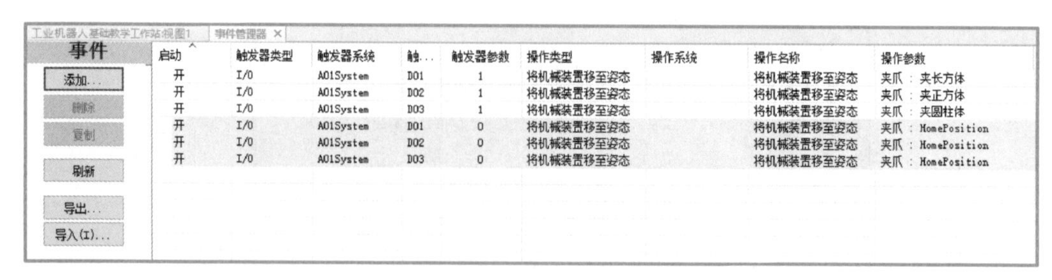

启动	触发器类型	触发器系统	触...	触发器参数	操作类型	操作系统	操作名称	操作参数
开	I/O	A01System	DO1	1	将机械装置移至姿态		将机械装置移至姿态	夹爪 : 夹长方体
开	I/O	A01System	DO2	1	将机械装置移至姿态		将机械装置移至姿态	夹爪 : 夹正方体
开	I/O	A01System	DO3	1	将机械装置移至姿态		将机械装置移至姿态	夹爪 : 夹圆柱体
开	I/O	A01System	DO1	0	将机械装置移至姿态		将机械装置移至姿态	夹爪 : HomePosition
开	I/O	A01System	DO2	0	将机械装置移至姿态		将机械装置移至姿态	夹爪 : HomePosition
开	I/O	A01System	DO3	0	将机械装置移至姿态		将机械装置移至姿态	夹爪 : HomePosition

图 3-91　创建事件

微课

用事件管理器创建推送气缸动作

2. 用事件管理器创建推送气缸动作

在创建推送气缸之前，需要先建立一个输出信号 DO4，作为机器人与气缸之间的信号连接，如图 3-92 所示。（注意：这里设置的输出信号只是为模拟气缸动作而设置的，在实际工作站中是由 PLC 程序进行控制的，不需要此步操作）

工程文件

用事件管理器创建推送气缸动作

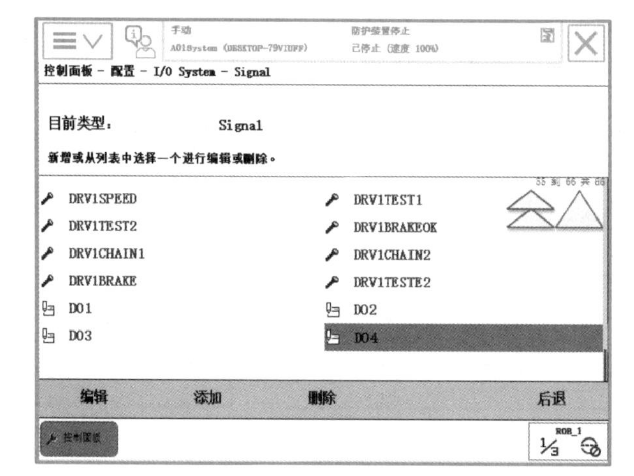

图 3-92　设置输出信号 DO4

然后打开“事件管理器”设置界面，按照前面学习内容，将推送气缸分别设置两个姿态位置，气缸推出和原点姿态（HomePosition），如图 3-93 所示。

开	I/O	A01System	DO4	1	将机械装置移至姿态	将机械装置移至姿态	推送气缸 : 气缸推出
开	I/O	A01System	DO4	0	将机械装置移至姿态	将机械装置移至姿态	推送气缸 : HomePosition

图 3-93　设置气缸姿态

任务回顾

【知识点总结】

1. 事件管理器的作用；
2. 事件管理器包含的部件及作用。

【思考与练习】

1. 事件管理器从哪个选项卡中打开？
2. 使用事件管理器可以生成随机数吗？

项目总结（见图 3–94）

- 分析能力
  - 工业机器人工作站布局的分析
  - 创建机器人系统过程的分析
  - 构建工作站中动作模型的过程分析
- 规划能力
  - 创建工件坐标系位置的规划
  - 创建机器人系统所需组件的规划
- 应用能力
  - 导入外部模型的能力
  - 创建机器人系统的能力
  - 创建工件坐标系的能力
  - 使用事件管理器构建动作模型的能力

图 3–94　技能图谱

【项目习题】

1. 在 RobotStudio 软件中，手动运动共有手动关节、手动线性和________三种方式。

2. RobotStudio 软件机器人系统中的从布局指的是根据________创建系统。

3. 在 RobotStudio 工作站中，一个机器人系统最多可以连接（　　）台机器人本体。

A. 1　　B. 2　　C. 3　　D. 4

4. 在 RobotStudio 工作站中，创建机器人系统名称可以是（　　）。

A. 英文字母　　B. 中文　　C. 数字　　D. 符号

5. 从布局、新建系统和已有系统三种添加系统的区别是什么？

创建仿真工作站动态效果（Smart 组件）

项目引入

兰博：现在我们有了基本的工作站，创建完成机器人系统后也了解了其基本的工作流程。那么，工作站中各部分的动作怎么实现呢？

小 R：你提的这个问题涉及 Smart 组件的内容。

兰博：什么是 Smart 组件？

小 R：Smart 组件是可以实现仿真动画效果的高效工具，下面我会详细介绍 Smart 组件（见图 4-1）。

图 4-1 Smart 组件

本项目的知识图谱如图 4–2 所示。

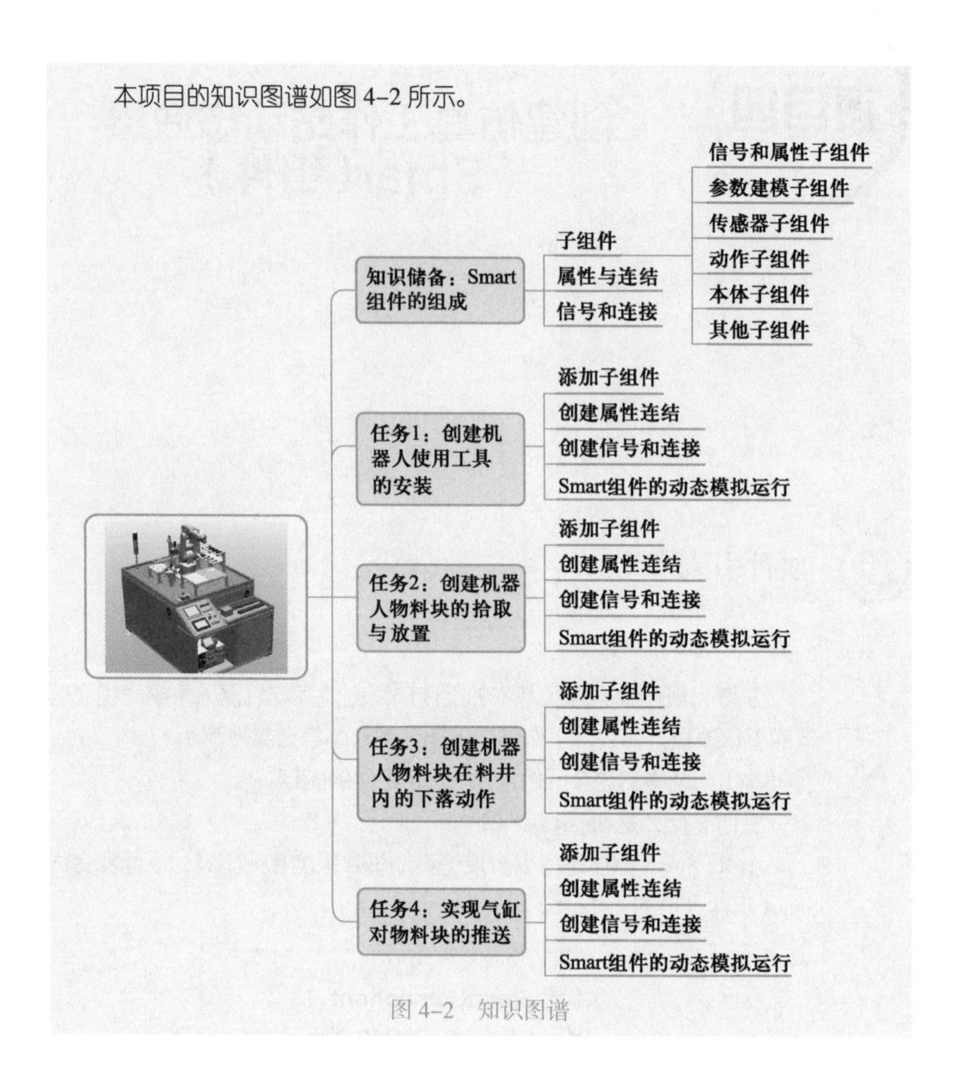

图 4–2 知识图谱

知识储备

课件

Smart 组件的组成

在 RobotStudio 软件中创建离线仿真工作站，动态效果对整个工作站的仿真起到一个关键的作用。Smart 组件功能就是在 RobotStudio 软件中实现动态效果的高效工具，适用于比较复杂，需要进行逻辑控制的动作仿真。Smart 组件功能需要进行系统的学习。下面通过实现 A01 工作站流水线搬运码垛的动态效果来体验学习一下 Smart 组件的强大功能。

Smart 组件流水线搬运码垛动态效果包括：机器人使用工具的安装和拆除，夹爪拾取 / 放置料库上的物料块，物料块沿料井下落，气缸对下落的物料进行推送，物料随传送带向前运动到达传送带末端后停止，吸盘吸取 / 放置传送带上物料。

Smart 组件功能按钮在“建模”功能选项卡中，单击后打开 Smart 组件编辑器，如图 4–3 所示。在软件界面左侧“建模”浏览器中生成默认名称为“SmartComponent_1”的组件，右击“SmartComponent_1”可以对组件进行重命名。在 Smart 组件编辑器中可以创建、编辑和组合 Smart 组件，用来完成要求的动作仿真。在界面的上方描述文本框中可以输入文字来对组件进行描述，默认的语言为英语，可以选择使用其他语言。

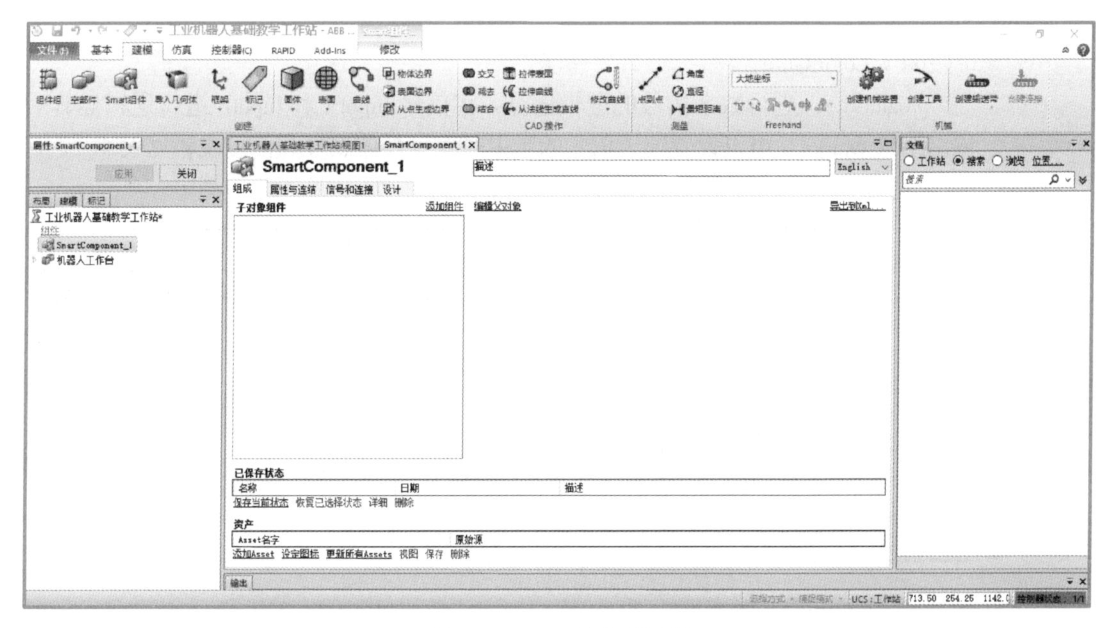

图 4-3　Smart 组件编辑器

Smart 组件编辑器由组成、属性与连结、信号和连接、设计四种选项卡组成。

“组成”选项卡如图 4-4（a）所示，其中“添加组件”按钮是主要使用对象，单击该按钮可为组件添加一个子对象组件，显示在下方方框中。在“添加组件”下拉菜单中可以选择基本组件、新的空组件、库中的文件或文件中的几何零部件。最近使用的基本组件将被列在顶部，如图 4-4（b）所示。

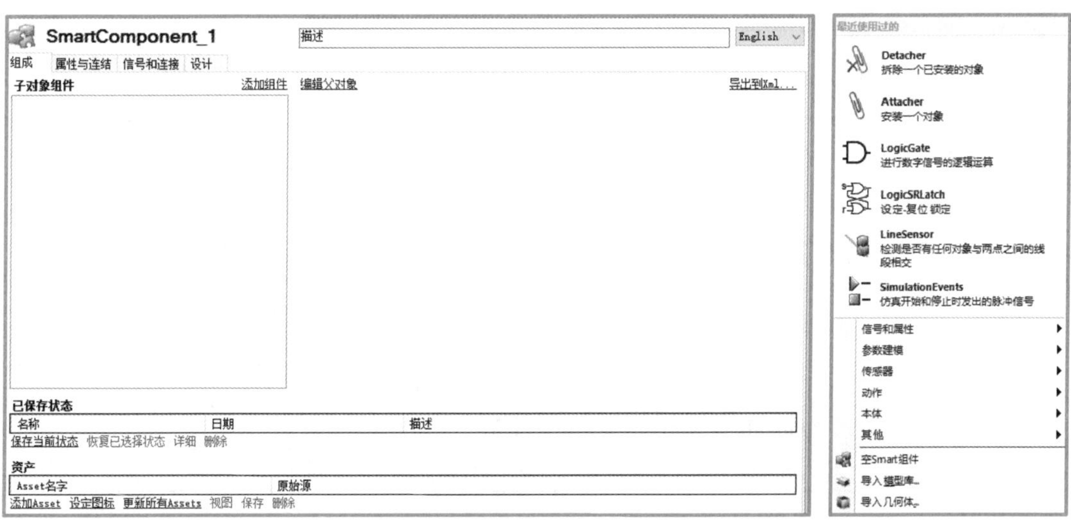

(a)“组成”选项卡　　**(b) 最近使用的基本组件**

图 4-4　“组成”选项卡界面

基本组件包括信号和属性、参数建模、传感器、动作、本体和其他这六类。下面介绍各类基本子组件。

1. 信号和属性子组件

（1）LogicGate

LogicGate，进行数字信号的逻辑运算，将信号 InputA 和 InputB 进行逻辑运算后输出结果 Output。可以设置输出信号的延迟时间，具体属性和信号说明见表 4–1。

表 4–1 LogicGate 属性和信号说明

属 性	说 明
Operator	共有 AND、OR、XOR、NOT、NOP 五种逻辑运算可以选择
Delay	设置输出信号延迟的时间
信 号	说 明
InputA	第一个输入信号
InputB	第二个输入信号
Output	表示逻辑运算后的结果

（2）LogicExpression

LogicExpression，评估逻辑表达式，属性和信号说明见表 4–2。

表 4–2 LogicExpression 属性和信号说明

属 性	说 明
Expression	要评估的表达式，支持逻辑运算符 And、Or、Not、Xor。对于其他标识符，输入信号会自动添加
信 号	说 明
Result	表达式求值的结果

（3）LogicMux

LogicMux，选择一个输入信号。依照 Output=（Input A *NOT Selector）+（Input B*Selector）设定 Output，信号说明见表 4–3。

表 4–3 LogicMux 信号说明

信 号	说 明
Selector	当为 0 时，选择第一个输入信号；当为 1 时，选择第二个输入信号
InputA	指定第一个输入信号
InputB	指定第二个输入信号
Output	表示运算结果

（4）LogicSplit

LogicSplit，根据输入信号的状态进行设定和脉冲输出信号。LogicSplit 获得 Input，并将 OutputHigh 设为与 Input 相同，将 OutputLow 设为与 Input 相反。

Input 设为 High 时，PulseHigh 发出脉冲；Input 设为 Low 时，PulseLow 发出脉冲，信号说明见表 4-4 所示。

表 4-4　LogicSplit 信号说明

信　　号	说　　明
Input	指定输入信号
OutputHigh	Input 为 1 时，转为 OutputHigh（1）
OutputLow	Input 为 0 时，转为 OutputLow（0）
PulseHigh	Input 为 High 时，PulseHigh 发出脉冲
PulseLow	Input 为 Low 时，PulseLow 发出脉冲

（5）LogicSRLatch

LogicSRLatch，用于置位 / 复位信号，并带有锁定功能，信号说明见表 4-5。

表 4-5　LogicSRLatch 信号说明

信　　号	说　　明
Set	置位输出信号
Reset	复位输出信号
Output	指定输出信号
InvOutput	指定反转输出信号

（6）Converter

Converter，在属性值和信号值之间进行转换，属性和信号说明见表 4-6。

表 4-6　Converter 属性和信号说明

属　　性	说　　明
AnalogProperty	转换为 AnalogOutput
DigitalProperty	转换为 DigitalOutput
BooleanProperty	从 DigitalInput 转换成 DigitalOutput
GroupProperty	转换为 GroupOutput
信　　号	说　　明
DigitalInput	转换为 DigitalProperty
DigitalOutput	由 DigitalProperty 转换
AnalogInput	转换为 AnalogProperty
AnalogOutput	由 AnalogProperty 转换
GroupInput	转换为 GroupProperty
GroupOutput	由 GroupProperty 转换

（7）VectorConverter

VectorConverter，在 Vector 向量值和 X、Y、Z 值之间转换。属性说明见表 4-7。

表 4–7　VectorConverter 属性说明

属　　性	说　　明
X	指定 Vector 的 X 值
Y	指定 Vector 的 Y 值
Z	指定 Vector 的 Z 值
Vector	指定向量值

（8）Expression

Expression，验证数学表达式。表达式包括数字字符（包括 PI），圆括号，数学运算符 s、+、–、*、/、^（幂）和数学函数 sin、cos、sqrt、atan、abs。任何其他字符串被视为变量，作为添加的附加信息，结果将显示在 Result 框中，属性说明见表 4–8。

表 4–8　Expression 属性说明

属　　性	说　　明
Expression	指定要计算的表达式
Result	显示计算结果

（9）Comparer

Comparer，设定一个数字信号，使用运算符对第一个值和第二个值进行比较，当满足条件时将 Output 设为 1，属性和信号的说明见表 4–9。

表 4–9　Comparer 属性和信号说明

属　　性	说　　明
ValueA	指定第一个值
Operator	指定比较运算符 以下列出了各种运算符： == != > >= < <=
ValueB	指定第二个值
信　　号	说　　明
Output	如果比较的结果为真变成 High（1）

（10）Counter

Counter，增加或减少属性的值。设置输入信号 Increase 为 High（1）时，Count 增加；设置输入信号 Decrease 为 High（1）时，Count 减少；设置输入信号 Reset 为 High（1）时，Count 被重置，属性和信号说明见表 4–10。

表 4–10　Counter 属性和信号说明

属　　性	说　　明
Count	计数，默认初始值为 0
信　　号	说　　明
Increase	设定为 High（1）将在 Count 中进行加 1 操作
Decrease	设定为 High（1）将在 Count 中进行减 1 操作
Reset	当设为 High（1）时，将 Count 复位为 0

（11）Repeater

Repeater，脉冲输出信号的次数，属性和信号说明见表 4–11。

表 4–11　Repeater 属性和信号说明

属　　性	说　　明
Count	脉冲输出的次数
信　　号	说　　明
Execute	设置为 High（1）以计算脉冲输出信号的次数
Output	输出信号

（12）Timer

Timer，仿真时，在指定的间隔输出一个数据信号。如果未选中 Repeat，在 Interval 中指定的间隔后将触发一个脉冲，若选中，在 Interval 指定的间隔后重复触发脉冲，属性和信号说明见表 4–12。

表 4–12　Timer 属性和信号说明

属　　性	说　　明
StartTime	指定触发第一个脉冲前的时间
Interval	脉冲宽度
Repeat	指定信号脉冲是重复还是单次
CurrentTime	输出当前时间
信　　号	说　　明
Active	信号设为 True 启用 Timer；设为 False 停用 Timer
Reset	设定为 High（1）去复位当前计时
Output	在指定时间间隔发出脉冲，变成 High（1）然后变成 Low（0）

（13）MultiTimer

MultiTimer，在仿真期间特定的时间发出脉冲数字信号，属性和信号说明见表 4–13。

表 4-13　MultiTimer 属性和信号说明

属　性	说　明
Count	信号数
CurrentTime	输出当前时间
Time1	时间
信　号	说　明
Active	信号设为 True 启用 Timer；设为 False 停用 Timer
Reset	设定为 High（1）去复位当前计时
Output	发出脉冲

（14）StopWatch

StopWatch，为仿真计时，属性和信号说明见表 4-14。

表 4-14　StopWatch 属性和信号说明

属　性	说　明
TotalTime	输出总累计时间
LapTime	当前单圈循环的时间
AutoReset	在仿真开始时复位计时器
信　号	说　明
Active	信号设为 True 启用计时；设为 False 停止计时
Reset	设定为 High（1）去复位当前计时
Lap	触发 Lap 输入信号将开始新的循环

2. 参数建模子组件

（1）ParametricBox

ParametricBox，创建一个指定长度、宽度和高度的盒形固体，属性和信号说明见表 4-15。

表 4-15　ParametricBox 属性和信号说明

属　性	说　明
SizeX	长度
SizeY	宽度
SizeZ	高度
GeneratedPart	已生成的部件
KeepGeometry	设置为 False 时将删除生成部件中的几何信息。这样可以使其他组件如 Source 执行更快
信　号	说　明
Update	设定为 High（1）去更新已生成的部件

（2）ParametricCylinder

ParametricCylinder，根据给定的半径和高度生成一个圆柱体，属性和信号说明见表 4–16。

表 4–16　ParametricCylinder 属性和信号说明

属　　性	说　　明
Radius	指定圆柱半径
Height	指定圆柱高
GeneratedPart	已生成的部件
KeepGeometry	设置为 False 时将删除生成部件中的几何信息。这样可以使其他组件如 Source 执行更快
信　　号	说　　明
Update	设定为 High（1）去更新已生成的部件

（3）ParametricLine

ParametricLine，根据给定端点和长度生成线段。如果端点或长度发生变化，生成的线段将随之更新，属性和信号说明见表 4–17。

表 4–17　ParametricLine 属性和信号说明

属　　性	说　　明
EndPoint	直线的结束点
Length	长度
GeneratedPart	已生成的部件
GeneratedWire	生成的线框
KeepGeometry	设置为 False 时将删除生成部件中的几何信息。这样可以使其他组件如 Source 执行更快
信　　号	说　　明
Update	设定为 High（1）去更新已生成的部件

（4）ParametricCircle

ParametricCircle，根据给定的半径生成一个圆，属性和信号说明见表 4–18。

表 4–18　ParametricCircle 属性和信号说明

属　　性	说　　明
Radius	指定圆周的半径
GeneratedPart	已生成的部件
GeneratedWire	生成的线框
KeepGeometry	设置为 False 时将删除生成部件中的几何信息。这样可以使其他组件如 Source 执行更快
信　　号	说　　明
Update	设定为 High（1）去更新已生成的部件

（5）LinearExtrusion

LinearExtrusion，沿着指定的方向拉伸面或线，属性和信号说明见表 4-19。

表 4-19 LinearExtrusion 属性和信号说明

属　性	说　明
SourceFace	表面进行拉伸
SourceWire	线段进行拉伸
Projection	沿着向量方向进行拉伸
GeneratedPart	已生成的部件
KeepGeometry	设置为 False 时将删除生成部件中的几何信息。这样可以使其他组件如 Source 执行更快
信　号	说　明
Update	设定为 High（1）去更新已生成的部件

（6）LinearRepeater

LinearRepeater，根据 Offset 给定的间隔和方向创建一定数量的 Source 的复制件，属性说明见表 4-20。

表 4-20 LinearRepeater 属性说明

属　性	说　明
Source	指定要复制的对象
Offset	在两个复制件之间进行空间的偏移
Distance	复制件间的距离
Count	指定要创建的复制件的数量

（7）MatrixRepeater

MatrixRepeater，在三维环境中以指定的间隔创建指定数量的图形组件的复制件，属性说明见表 4-21。

表 4-21 MatrixRepeater 属性说明

属　性	说　明
Source	指定要复制的对象
CountX	在 X 轴方向上复制件的数量
CountY	在 Y 轴方向上复制件的数量
CountZ	在 Z 轴方向上复制件的数量
OffsetX	在 X 轴方向上复制件间的偏移
OffsetY	在 Y 轴方向上复制件间的偏移
OffsetZ	在 Z 轴方向上复制件间的偏移

（8）CircularRepeater

CircularRepeater，根据给定的角度创建按给定半径圆周排列的一定数量的复制件，属性说明见表 4-22。

表 4-22　CircularRepeater 属性说明

属　　性	说　　明
Source	指定要复制的对象
Count	要创建的复制件的数量
Radius	指定圆周的半径
DeltaAngle	复制件间的角度

3. 传感器子组件

（1）CollisionSensor

CollisionSensor，检测第一个对象和第二个对象间的碰撞和接近丢失。如果其中一个对象没有指定，将检测另外一个对象在整个工作站中的碰撞。激活传感器后发生碰撞或接近丢失并且组件处于活动状态时，在属性编辑器的第一个碰撞部件和第二个碰撞部件中报告发生碰撞或接近丢失的部件，并且发出信号。其属性和信号说明见表 4-23。

表 4-23　CollisionSensor 属性和信号说明

属　　性	说　　明
Object1	检测碰撞的第一个对象
Object2	检测碰撞的第二个对象
NearMiss	接近丢失的距离
Part1	第一个对象发生碰撞的部件
Part2	第二个对象发生碰撞的部件
CollisionType	None 无 Near miss 接近丢失 Collision 碰撞
信　　号	说　　明
Active	设定为 High（1）激活传感器
SensorOut	当有碰撞或将要碰撞变成 High（1）

（2）LineSensor

LineSensor 线传感器，根据 Start、End 和 Radius 定义一条线段。当 Active 信号为 High 时，传感器将检测与该线段相交的对象。相交的对象显示在 SensedPart 属性中，距线传感器起点最近的相交点显示在 SensedPoint 属性中。出现相交时，SensorOut 输出信号。其属性和信号说明见表 4-24。

表 4-24　LineSensor 属性和信号说明

属　　性	说　　明
Start	线段起始点
End	线段终点
Radius	线段检测半径
SensedPart	与 Line Sensor 相交的部件 如果有多个部件相交，则列出距起始点最近的部件
SensedPoint	距离起始点最近的相交对象上的点
信　　号	说　　明
Active	设定为 High（1）激活传感器
SensorOut	当传感器与某一对象相交时为 True

（3）PlaneSensor

PlaneSensor 面传感器，通过 Origin、Axis1 和 Axis2 定义平面。设置 Active 输入信号时，传感器会检测与平面相交的对象。相交的对象将显示在 SensedPart 属性中。出现相交时，SensorOut 输出信号。其属性和信号说明见表 4-25。

表 4-25　PlaneSensor 属性和信号说明

属　　性	说　　明
Origin	平面的原点
Axis1	平面的一条边
Axis2	平面的另一条边
SensedPart	指定与 PlaneSensor 相交的部件，如果多个部件相交，则在布局浏览器中第一个显示的部件将被选中
信　　号	说　　明
Active	设定为 High（1）激活传感器
SensorOut	当传感器与某一对象相交时为 True

（4）VolumeSensor

VolumeSensor，检测是否有对象完全或部分位于箱形体积内。体积用角点、边长、边高、边宽和方位角定义。其属性和信号说明见表 4-26。

表 4-26　VolumeSensor 属性和信号说明

属　　性	说　　明
CornerPoint	箱形体的本地原点
Orientation	相对于参考坐标和对象的方向
Length	箱形体的长度

续表

属　　性	说　　明
Width	箱形体的宽度
Height	箱形体的高度
PartialHit	检测仅有一部分位于体积内的对象
SensedPart	检测到的对象
信　　号	说　　明
Active	设定为 High（1）激活传感器
SensorOut	检测到对象时变为 High（1）

（5）PositionSensor

PositionSensor，监视对象的位置和方向，对象的位置和方向仅在仿真期间才会被更新。其属性说明见表 4–27。

表 4–27　PositionSensor 属性说明

属　　性	说　　明
Object	要监控的对象
Reference	参考坐标系（Object 或 Global）
ReferenceObject	如果将 Reference 设置为 Object，指定参考对象
Position	相对于参考坐标对象的位置
Orientation	相对于参考坐标对象的方向

（6）ClosestObject

ClosestObject，查找最接近参考物或参考点的对象。如果定义了参考对象或参考点，检测到 ClosestObject、ClosestPart 和 Distance（如未定义参考对象）。如果定义了 RootObject，则会将搜索的范围限制为该对象和其同源的对象，完成搜索并更新相关属性时，将设置 Executed 信号。其属性和信号说明见表 4–28。

表 4–28　ClosestObject 属性和信号说明

属　　性	说　　明
ReferenceObject	参考对象，查找距该对象最近的对象
ReferencePoint	参考点，查找距该点最近的对象
RootObject	查找指定对象和其子对象 该属性为空表示整个工作站

续表

属　　性	说　　明
ClosestObject	距参考对象或参考点最近的对象
ClosestPart	距参考对象或参考点最近的部件
Distance	参考对象和最近的对象之间的距离
信　　号	说　　明
Execute	设定为 High（1）去找最接近的对象
Executed	当操作完成就变成 High（1）

（7）JointSensor

JointSensor，仿真期间监控机械的接点值。其属性和信号说明见表 4–29。

表 4–29　JointSensor 属性和信号说明

属　　性	说　　明
Mechanism	要监控的机械
信　　号	说　　明
Update	设置为 High（1）以更新接点值

（8）GetParent

GetParent，获取对象的父对象。其属性说明见表 4–30。

表 4–30　GetParent 属性说明

属　　性	说　　明
Child	子对象
Parent	父级

4. 动作子组件

（1）Attacher

Attacher，安装一个对象，设置 Execute 信号时，Attacher 将 Child 安装到 Parent 上。如果 Parent 为机械装置，还必须指定要安装的 Flange。如果选中 Mount，还会使用指定 Offset 和 Orientation 将子对象装配到父对象上。完成时，将设置 Executed 输出信号。其属性和信号说明见表 4–31。

（2）Detacher

Detacher，拆除一个已安装的对象，设置 Execute 信号时，Detacher 会将 Child 从其所安装的父对象上拆除。如果选中了 KeepPosition，位置将保持不变，否则被安装的对象将返回其原始的位置。完成时，将设置 Executed 信号。其属性和信号说明见表 4–32。

表 4-31　Attacher 属性和信号说明

属　性	说　明
Parent	安装的父对象
Flange	要安装在机械装置的哪个法兰上
Child	要安装的对象
Mount	如果为 True，子对象装配在父对象上
Offset	当使用 Mount 时，指定相对于父对象的位置
Orientation	当使用 Mount 时，指定相对于父对象的方向
信　号	说　明
Execute	设定为 High（1）去安装
Executed	变成 High（1）当此安装操作完成

表 4-32　Detacher 属性和信号说明

属　性	说　明
Child	要拆除的对象
KeepPosition	如果为 False，被安装的对象将返回其原始的位置
信　号	说　明
Execute	设定为 High（1）去移除安装的物体
Executed	变成 High（1）当此操作完成

（3）Source

Source，创建一个图形组件的复制件。在收到 Execute 输入信号时复制对象。所复制对象的父对象由 Parent 定义，输出信号 Executed 表示复制已完成。其属性和信号说明见表 4-33。

表 4-33　Source 属性和信号说明

属　性	说　明
Source	要复制的对象
Copy	完成的复制件
Parent	要复制的父对象，如果未指定，则复制件与源对象是相同的父对象
Position	复制件相对于其父对象的位置
Orientation	复制件相对于其父对象的方向

续表

属　性	说　明
Transient	勾选后仿真时创建的复制件，将其标记为瞬时的，在仿真停止时自动被删除。这样可以避免在仿真过程中过分消耗内存
信　号	说　明
Execute	设定为 High（1）去创建一个对象的复制件
Executed	变成 High（1）当此操作完成

（4）Sink

Sink，删除图形组件。收到 Execute 输入信号时开始删除 Object 属性参考的对象，删除完成时设置 Executed 输出信号。属性和信号说明见表 4-34。

表 4-34　Sink 属性和信号说明

属　性	说　明
Object	要删除的对象
信　号	说　明
Execute	设定为 High（1）去删除物体
Executed	变成 High（1）当此操作完成

（5）Show

Show，在画面中使该对象可见。设置 Execute 信号时，将显示 Object 中参考的对象，完成时，将设置 Executed 信号。属性和信号说明见表 4-35。

表 4-35　Show 属性和信号说明

属　性	说　明
Object	要显示的对象
信　号	说　明
Execute	设定为 High（1）去显示物体
Executed	变成 High（1）当此操作完成

（6）Hide

Hide，在画面中将对象隐藏。设置 Execute 信号时，将隐藏 Object 中参考的对象，完成时，将设置 Executed 信号。其属性和信号说明见表 4-36。

（7）SetParent

SetParent，设置图形组件的父对象。设置 Execute 信号时，将 Child 子对象移至新 Parent父对象。其属性和信号说明见表 4-37。

表 4-36　Hide 属性和信号说明

属　性	说　明
Object	要隐藏的对象
信　号	说　明
Execute	设定为 High（1）去隐藏物体
Executed	变成 High（1）当此操作完成

表 4-37　SetParent 属性和信号说明

属　性	说　明
Child	子对象
Parent	新建父对象
KeepTransform	保持子对象的位置和方向
信　号	说　明
Execute	对 High（1）进行设置以将子对象移至新父对象

5. 本体子组件

（1）LinearMover

LinearMover，线性移动对象。按指定的速度沿指定的方向移动对象。设置 Execute 信号时开始移动，重设 Execute 时停止。其属性和信号说明见表 4-38。

表 4-38　LinearMover 属性和信号说明

属　性	说　明
Object	要移动的对象
Direction	对象移动方向
Speed	移动速度
Reference	参考坐标系，可以是 Global、Local 或 Object
ReferenceObject	如果将 Reference 设置为 Object，指定参考对象
信　号	说　明
Execute	设定为 High（1）去开始移动对象

（2）LinearMover2

LinearMover2，移动一个对象到指定位置。其属性和信号说明见表 4-39。

表 4-39　LinearMover2 属性和信号说明

属　　性	说　　明
Object	要移动的对象
Direction	对象移动方向
Distance	移动的距离
Duration	移动的时间
Reference	参考坐标系，可以是 Global、Local 或 Object
ReferenceObject	如果将 Reference 设置为 Object，指定参考对象
信　　号	说　　明
Execute	设定为 High（1）去开始移动对象
Executed	变成 High（1）当移动完成后
Executing	变成 High（1）当移动的时候

（3）Rotator

Rotator，按指定的旋转速度绕轴旋转对象。旋转轴通过 CenterPoint 和 Axis 进行定义。设置 Execute 输入信号时开始运动，重设 Execute 时停止运动。其属性和信号说明见表 4-40。

表 4-40　Rotator 属性和信号说明

属　　性	说　　明
Object	要旋转的对象
CenterPoint	旋转围绕的点
Axis	旋转轴
Speed	旋转速度
Reference	参考坐标系，可以是 Global、Local 或 Object
ReferenceObject	如果将 Reference 设置为 Object，指定相对于 CenterPoint 和 Axis 的对象
信　　号	说　　明
Execute	设定为 High（1）去开始旋转对象

（4）Rotator2

Rotator2，绕着一个轴将对象旋转指定的角度。其属性和信号说明见表 4-41。

（5）PoseMover

PoseMover，将机械装置运动到给定姿态，包含 Mechanism、Pose 和 Duration 等属性。设置 Execute 输入信号时，机械装置的关节值移向给定姿态。达到给定姿态时，设置 Executed 输出信号。其属性和信号说明见表 4-42。

表 4-41　Rotator2 属性和信号说明

属　　性	说　　明
Object	要旋转的对象
CenterPoint	旋转围绕的点
Axis	旋转轴
Angle	旋转的角度
Duration	旋转时间
Reference	参考坐标系，可以是 Global、Local 或 Object
ReferenceObject	如果将 Reference 设置为 Object，指定相对于 CenterPoint 和 Axis 的对象
信　　号	说　　明
Execute	设定为 High（1）去开始旋转对象
Executed	变成 High（1）当旋转完成后
Executing	变成 High（1）当旋转的时候

表 4-42　PoseMover 属性和信号说明

属　　性	说　　明
Mechanism	要进行移动的机械装置
Pose	要移动到的姿势
Duration	机械装置移动到指定姿态的时间
信　　号	说　　明
Execute	设定为 High（1）开始或重新开始移动机械装置
Pause	设定为 High（1）去暂停移动
Cancel	设定为 High（1）取消移动
Executed	变成 High（1）当移动完成后
Executing	变成 High（1）当移动的时候
Paused	变为 High（1）当移动被暂停

（6）JointMover

JointMover，运动机械装置的关节，包含机械装置、一组关节值和执行时间等属性。当设置 Execute 信号时，机械装置的关节向给定的位姿移动。当达到位姿时，将设置 Executed 输出信号，使用 GetCurrent 信号可以重新找回机械装置当前的关节值。其属性和信号说明见表 4-43。

表 4-43 **JointMover 属性和信号说明**

属性	说明
Mechanism	要进行移动的机械装置
Relative	指定 J1-Jx 是否是起始位置的相对值，而非绝对关节值
Duration	机械装置移动到指定姿态的时间
J1-Jx	关节值
信号	说明
GetCurrent	设定为 High（1）去返回当前的关节值
Execute	设定为 High（1）开始或重新开始移动机械装置
Pause	设定为 High（1）去暂停移动
Cancel	设定为 High（1）取消移动
Executed	变成 High（1）当移动完成后
Executing	变成 High（1）当移动的时候
Paused	变为 High（1）当移动被暂停

（7）Positioner

Positioner，设定对象的位置与方向。具有对象、位置和方向属性，设置 Execute 信号时，开始将对象向相对于 Reference 的给定位置移动。完成时设置 Executed 输出信号。其属性与信号说明见表 4-44。

表 4-44 **Positioner 属性与信号说明**

属性	说明
Object	要放置的对象
Position	指定对象要放置到的新位置
Orientation	指定对象的新方向
Reference	指定参考坐标系，可以是 Global、Local 或 Object
ReferenceObject	如果将 Reference 设置为 Object，指定相对于 Position 和 Orientation 的对象
信号	说明
Execute	设定为 High（1）开始设定位置
Executed	当操作完成就变成 High（1）

（8）MoveAlongCurve

MoveAlongCurve，沿几何曲线移动对象（使用常量偏移）。其属性和信号说明见表 4-45。

表 4-45　MoveAlongCurve 属性和信号说明

属　性	说　明
Object	要进行移动的对象
WirePart	包含移动所沿线的部分
Speed	移动速度
KeepOrientation	勾选可保持对象的方向
信　号	说　明
Execute	设定为 High（1）开始或重新开始移动机械装置
Pause	设定为 High（1）去暂停移动
Cancel	设定为 High（1）取消移动
Executed	变成 High（1）当移动完成后
Executing	变成 High（1）当移动的时候
Paused	变为 High（1）当移动被暂停

6. 其他子组件

（1）Queue

Queue，表示 FIFO（first in，first out）队列，可作为组进行操作。当信号 Enqueue 被设置时，在 Back 中的对象将被添加到队列。队列前端对象将显示在 Front 中。当设置 Dequeue 信号时，Front 对象将从队列中移除。如果队列中有多个对象，下一个对象将显示在前端。当设置 Clear 信号时，队列中所有对象将被删除。如果 Transformer 组件以 Queue 组件作为对象，该组件将转换 Queue 组件中的内容而非 Queue 组件本身。其属性和信号说明见表 4-46。

表 4-46　Queue 属性和信号说明

属　性	说　明
Back	指定 Enqueue 的对象
Front	队列的第一个对象
Queue	队列元素的唯一 ID 编号
NumberOfObjects	队列中的对象数目
信　号	说　明
Enqueue	将在 Back 中的对象添加值队列末尾
Dequeue	删除队列中前面的对象
Clear	将队列中所有对象移除
Delete	在工作站和队列中移除 Front 对象
DeleteAll	清除队列和删除所有工作站的对象

(2) ObjectComparer

ObjectComparer，比较 ObjectA 是否与 ObjectB 相同。设定一个数字信号输出比较结果。其属性和信号说明见表 4–47。

表 4–47 ObjectComparer 属性和信号说明

属　性	说　明
ObjectA	要进行对比的组件
ObjectB	要进行对比的组件
信　号	说　明
Output	如果两对象相等则变成 High（1）

(3) GraphicSwitch

GraphicSwitch，通过单击图形中的可见部件或设置重置输入信号在两个部件之间转换。其属性和信号说明见表 4–48。

表 4–48 GraphicSwitch 属性和信号说明

属　性	说　明
PartHigh	在信号为 High 时可见
PartLow	在信号为 Low 时可见
信　号	说　明
Input	输入信号
Output	输出信号

(4) Highlighter

Highlighter，临时将所选对象显示为定义了 RGB 值的高亮色彩。高亮色彩混合了对象的原始色彩，通过 Opacity 进行定义，当信号 Active 被重设，对象恢复原始颜色。其属性和信号说明见表 4–49。

表 4–49 Highlighter 属性和信号说明

属　性	说　明
Object	指定要高亮显示的对象
Color	指定高亮颜色的 RGB 值
Opacity	指定对象原始颜色和高亮颜色混合的程度
信　号	说　明
Active	设定为 High（1）去改变颜色，Low（0）去恢复原始颜色

(5) MoveToViewPoint

MoveToViewPoint，当设置输入信号 Execute 时，在指定时间内移动到选中的视角。当操作完成时，设置输出信号 Executed。其属性和信号说明见表 4–50。

表 4-50 MoveToViewPoint 属性和信号说明

属　性	说　明
ViewPoint	指定要移动到的视角
Time	指定完成操作的时间
信　号	说　明
Execute	设定为 High（1）去开始操作
Executed	当操作完成就变成 High（1）

（6）Logger

Logger，在输出窗口显示信息。其属性和信号说明见表 4-51。

表 4-51 Logger 属性和信号说明

属　性	说　明
Format	字符串，支持变量如 {id:type}，类型可以为 d（double），i（int），s（string），o（object）
Message	信息
Severity	信息级别 0（Information），1（Warning），2（Error）
信　号	说　明
Execute	设定为 High（1）显示信息

（7）SoundPlayer

SoundPlayer，播放声音。当输入信号被设置时播放使用 SoundAsset 指定的声音文件，必须为 .wav 文件。其属性和信号说明见表 4-52。

表 4-52 SoundPlayer 属性和信号说明

属　性	说　明
SoundAsset	指定要播放的声音文件，必须为 .wav 文件
信　号	说　明
Execute	设定为 High（1）播放声音

（8）Random

Random，生成一个随机数。当 Execute 被触发时，生成最大最小值间的任意值。其属性和信号说明见表 4-53。

表 4-53 Random 属性和信号说明

属　性	说　明
Value	在最大和最小值之间的随机数
Min	指定最小值
Max	指定最大值

续表

信　号	说　明
Execute	设定为 High（1）去生成一个新的随机数
Executed	当操作完成就变成 High（1）

（9）StopSimulation

StopSimulation，停止仿真。当设置了输入信号 Execute时停止仿真。其信号说明见表 4–54。

表 4–54　StopSimulation 信号说明

信　号	说　明
Execute	设定为 High（1）停止仿真

（10）TraceTCP

TraceTCP，开启 / 关闭机器人的 TCP 跟踪。其属性和信号说明见表 4–55。

表 4–55　TraceTCP 属性和信号说明

属　性	说　明
Robot	指定跟踪的机器人
信　号	说　明
Enabled	设定为 High（1）去打开 TCP 跟踪
Clear	设定为 High（1）去清空 TCP 跟踪

（11）SimulationEvents

SimulationEvents，在仿真开始和停止时发出脉冲信号。其信号说明见表 4–56。

表 4–56　SimulationEvents 信号说明

信　号	说　明
SimulationStarted	仿真开始时，输出脉冲信号
SimulationStopped	仿真停止时，输出脉冲信号

（12）LightControl

LightControl，控制光源。其属性和信号说明见表 4–57。

表 4–57　LightControl 属性和信号说明

属　性	说　明
Light	指定光源
Color	设置光线颜色
CastShadows	允许光线投射阴影

续表

属　　性	说　　明
AmbientIntensity	设置光线的环境光强
DiffuseIntensity	设置光线的漫射光强
HighlightIntensity	设置光线的反射光强
SpotAngle	设置聚光灯光锥的角度
Range	设置光线的最大范围
信　　号	说　　明
Enabled	启用或禁用光源

“属性与连结”选项卡如图 4-5 所示，用来将各 Smart 子组件的某项属性之间建立关系连结，主要分为“动态属性”和“属性连结”。例如将 A 组件中的某项属性 a1 与 B 组件中的某项属性 b1 建立属性连结，则当 a1 发生变化时 b1 也会随着一起变化。

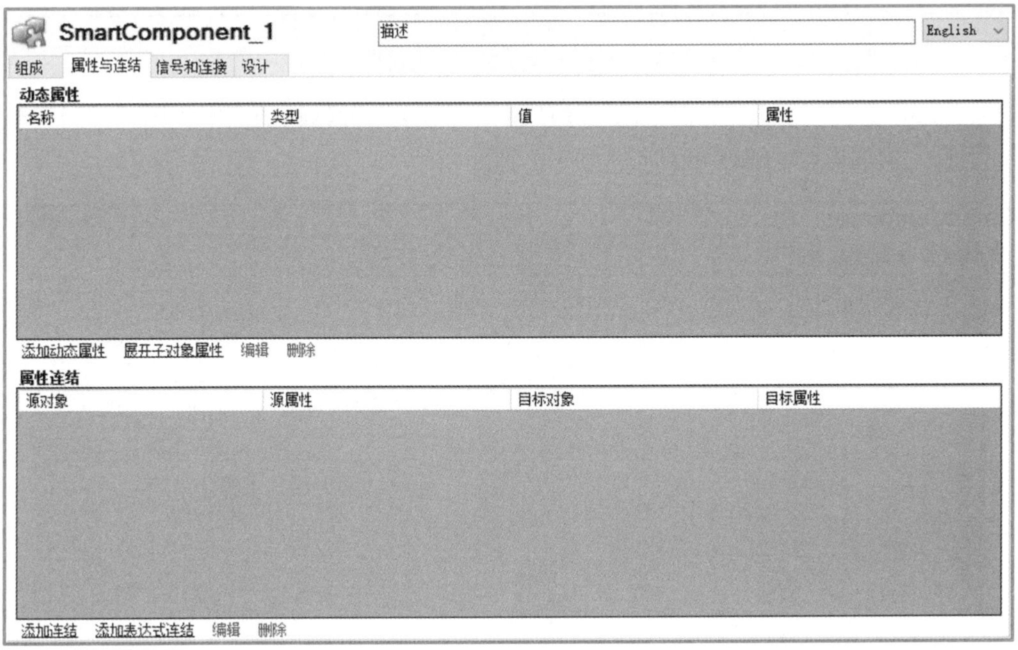

图 4-5　“属性与连结”选项卡

“信号和连接”选项卡如图 4-6 所示，包括 I/O 信号和 I/O 连接两部分。I/O 信号指的是在本工作站中自行创建的数字信号，用于与各个 Smart 子组件进行信号交互。I/O 连接指的是设定创建的 I/O 信号与 Smart 子组件信号的连接关系，和各 Smart 子组件之间的信号连接关系。I/O 信号中单击添加 I/O Signals，可以添加一个或多个 I/O 信号到所选组件，单击 I/O 连接中的添加 I/O Connection，可以创建 I/O 连接。

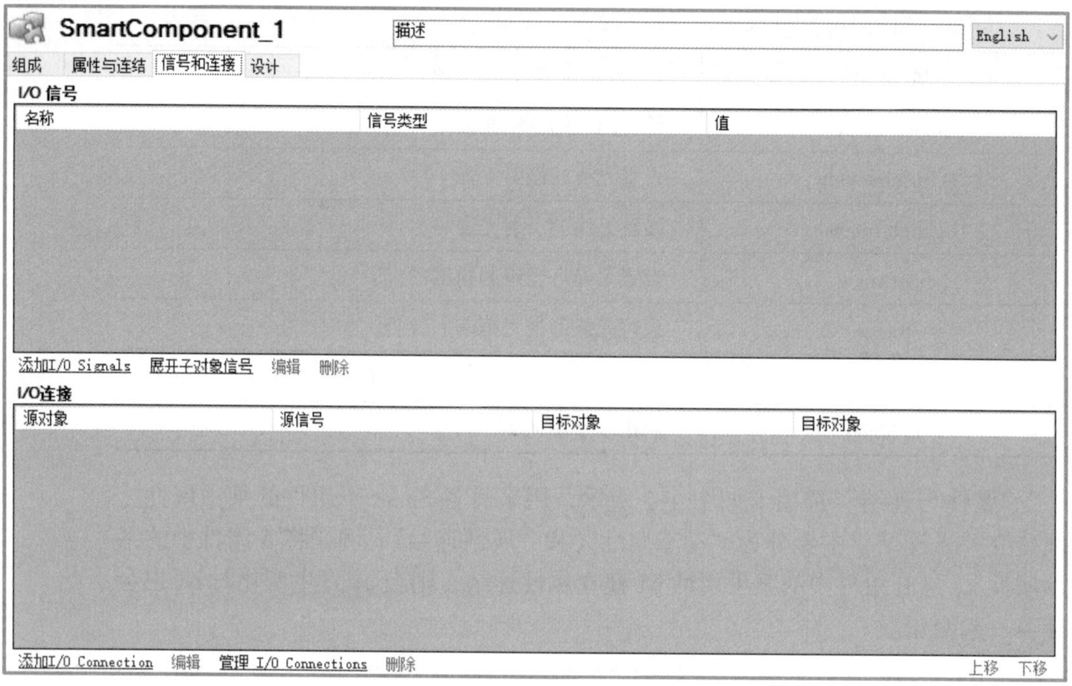

图 4-6　“信号和连接”选项卡界面

“设计”选项卡界面如图 4-7 所示，可显示组件结构的图形视图，包括子组件、内部连接、属性和绑定。

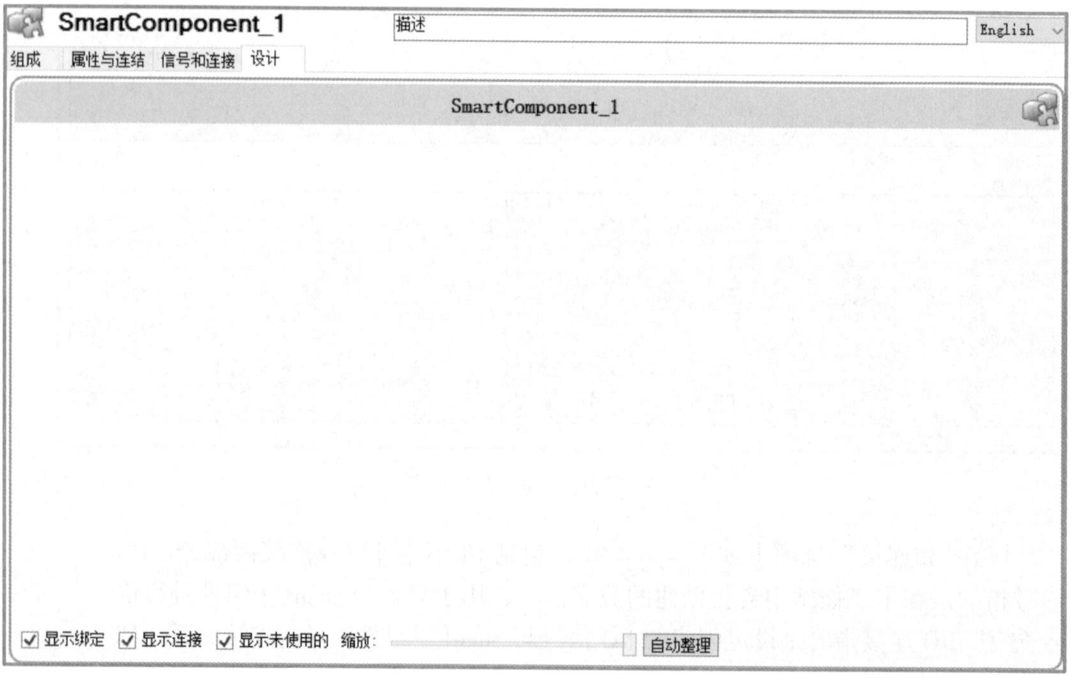

图 4-7　“设计”选项卡界面

任务 1 创建机器人使用工具的安装

任务描述

兰博：在这个工作站中，机器人需要抓取的工具有夹爪、吸盘和笔形工具。这些工具根据使用情况的不同将分别安装在机器人末端的快换接头工具上。

小 R：要实现这些工具间动画的仿真可以使用 Smart 组件的功能。

兰博：怎么做呢？

小 R：好的，这就演示给你。

课件
创建机器人使用工具的安装

微课
用 Smart 组件创建机器人使用工具的安装

任务实施

在 RobotStudio 软件中使用 Smart 组件来实现机器人抓取工具的动态仿真，不同工具间的操作过程是一样的，这里只以用 Smart 组件实现夹爪的夹取和放置为例进行讲述。

1. 添加子组件

① 在进行动态效果创建之前，需要考虑这里的“夹爪”工具要实现夹爪的动作模拟。所以在创建夹爪时，将其设置为“机械装置”。在 RobotStudio 软件中，因为机械装置不作为一个单独部件存在，而无法被拾取，故这里添加一个中间面，并将夹爪安装到中间面上，作为一个部件，以使夹爪能够被拾取。

② 单击“建模”选项卡下的“表面”菜单，选择下拉菜单“表面圆”，系统弹出“创建表面圆形”的设置框，“中心点”选取气缸端面的圆心，如图 4-8 所示，“半径”设置为 20 mm 即可，并将名字命名为“夹爪中间面”。

③ 选中“夹爪”并右击，在弹出的菜单中依次选择“安装到”→“夹爪中间面”，如图 4-9 所示，系统会弹出“是否希望更新夹爪的位置”的提示，此处，选择“否”即可。

④ 单击“建模”选项卡下的“Smart 组件”菜单，系统弹出“Smart Component_1”设置界面。在“组成”选项卡下添加子对象组件，首先考虑要用“快换接头工具”去拾取工具，故需要添加一个“Attacher”组件，其属性中“Parent”设置为“快换接头工具”，如图 4-10 所示。

⑤ 模拟放下工具还需要添加一个“Detacher”组件。另外，为拾取工具，需在快换工具上安装一个线传感器“LineSensor”。当线传感器检测到工具时发出信号，工具即可被拾取。线传感器的“Start”设为在快换接头端面圆心，“End”方向与“Start”方向只在 Z 轴方向不同，这里设置长度约 30 mm 即可，线传感器半径“Radius”设为 2 mm，如图 4-11 所示。需要注意的是，这里的信号 Active 默认为 1 即可。

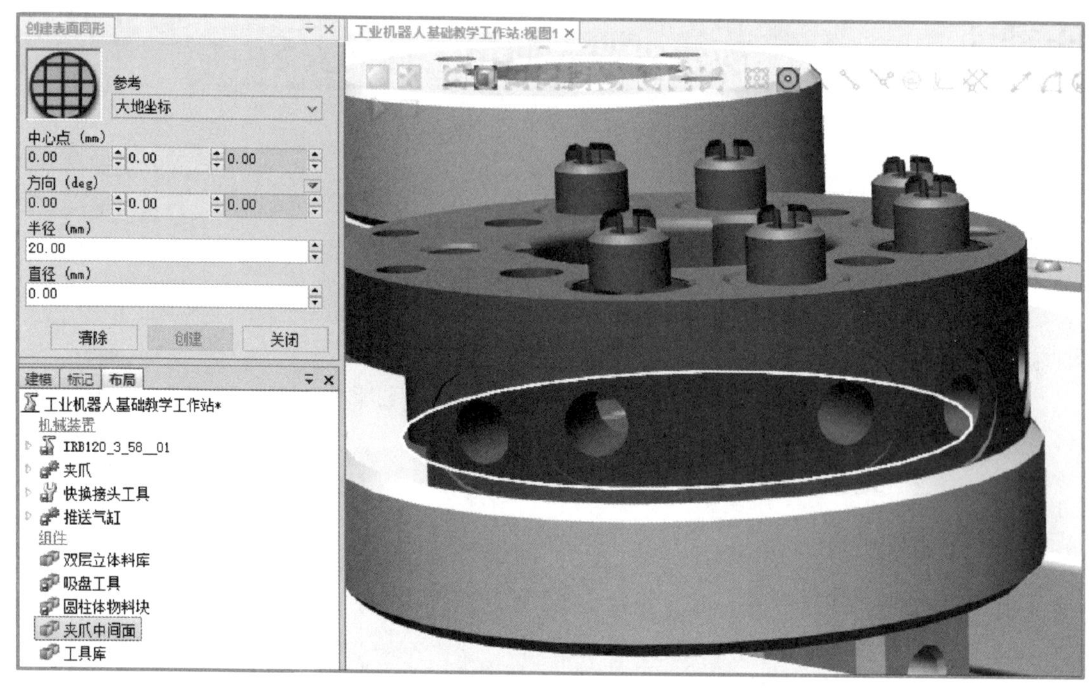

图 4-8　设置夹爪中间面

图 4-9　安装到中间面

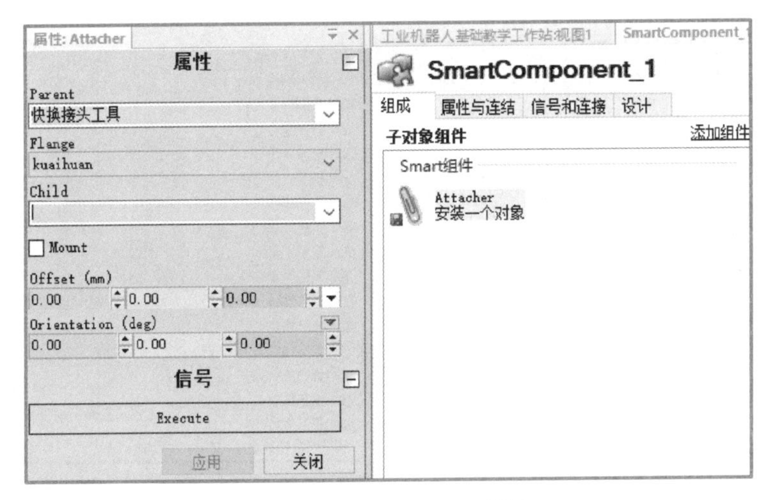

图 4-10　添加 Attacher 组件

图 4-11　设置线传感器

⑥ 线传感器的设置只是为了感应工具的拾取，故这里需要确保“快换接头工具”不被感应到。可选中“快换接头工具”，右击，取消“可由传感器检测”的勾选，如图 4-12 所示。

⑦ 线传感器是用于感应部件的，随着快换接头位置的改变而改变，故应将线传感器安装到快换接头工具上。可选中“LineSensor”，右击，在弹出的菜单中依次选择“安装到”→“快换接头工具”，如图 4-13 所示，并在弹出的选择窗口中，选择不更新“LineSensor”位置。

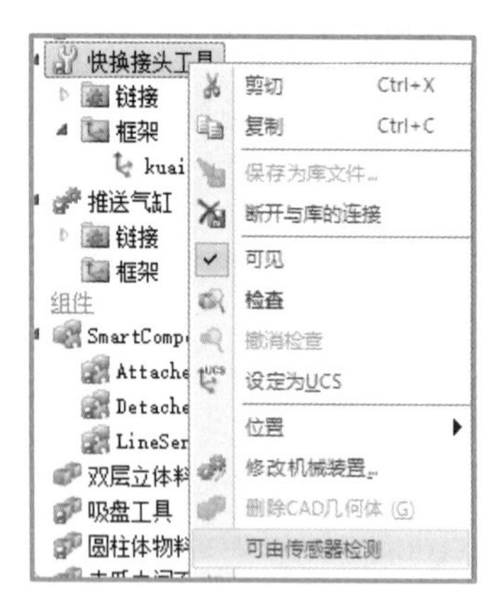

图 4-12　取消“可由传感器检测”勾选

图 4-13　安装线传感器

⑧ 在模拟快换工具拾取与放置夹爪的动画仿真过程中，拾取夹爪是高电平脉冲信号控制，而放置夹爪是低电平脉冲信号控制，故其中有一个高低电平信号的转换。这里需要再添加一个组件“LogicGate［AND］”，属性“Operator”设置为“NOT”。另外，工具的拾取与放置即是信号的一个置位与复位过程，因此需要一个置位与复位的组件“LogicSRLatch”，如图 4-14 所示。

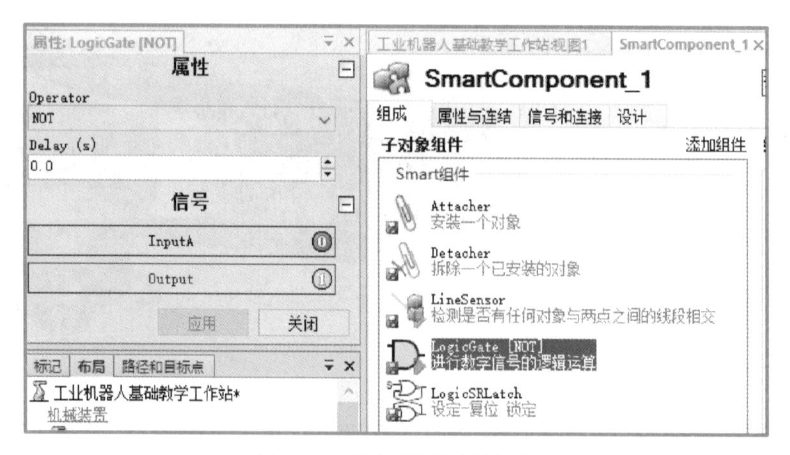

图 4-14　添加逻辑运算组件

⑨ 为方便区分 Smart 组件，将 Smart 组件重命名为“工具拾取与放置”。

2. 创建属性连结

组件添加完成之后，需要建立组件之间的属性连结，这里需要建立以下连结。

① 线传感器感受到的物体即是要安装的对象。

② 要安装的子对象即是要拆除的子对象，故通过“添加连结”选项建立连结如图 4-15 所示。

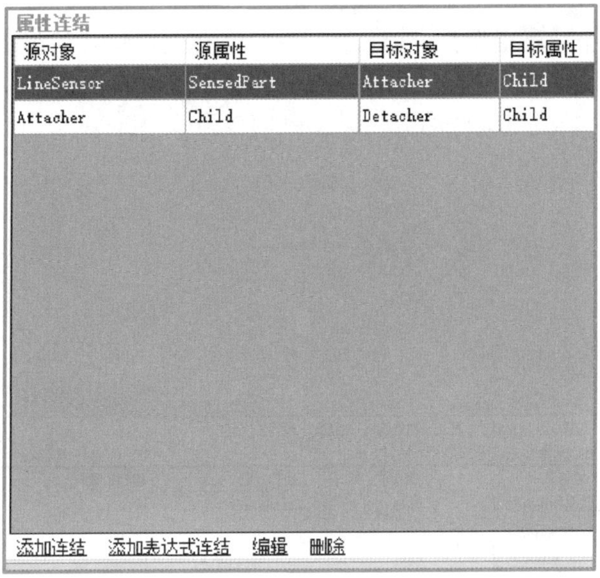

属性连结

源对象	源属性	目标对象	目标属性
LineSensor	SensedPart	Attacher	Child
Attacher	Child	Detacher	Child

添加连结　添加表达式连结　编辑　删除

图 4-15　建立连结

3. 创建信号和连接

信号和连接主要是建立起始和结束时的输入信号、输出信号以及组件之间的信号关联。这里需要创建的 I/O 信号主要有：拾取工具的起始输入信号“Grip”和拾取工具完成的结束输出信号“GripOK”，可通过“添加 I/O Signals”进行创建。

需要建立以下 I/O 连接。

① 起始输入信号“Grip”触发线传感器“LineSensor”的激活。

② 线传感器“LineSensor”的输出触发“Attacher”的执行。

③ 起始输入信号“Grip”信号取反。

④ 取反的输出结果触发“Detacher”的执行。

⑤“Attacher”的执行触发信号的置位。

⑥“Detacher”的执行触发信号的复位。

⑦ 置位信号使信号“GripOK”输出。

可通过“I/O 连接”选项进行信号的连接，具体如图 4-16 所示。

4. Smart 组件的动态模拟运行

Smart 组件的组成、属性连结、信号和连接设置完成后，即可进行动态模拟的运行。

① 利用“手动线性”按钮，将工具快换接头工具移动到夹爪夹取位置，并手动激活信号“Grip”。若线传感器成功感受到夹爪并成功夹取工具，则输出信号“GripOK”，向上移动快换工具，可看到夹爪被成功安装，如图 4-17 所示。

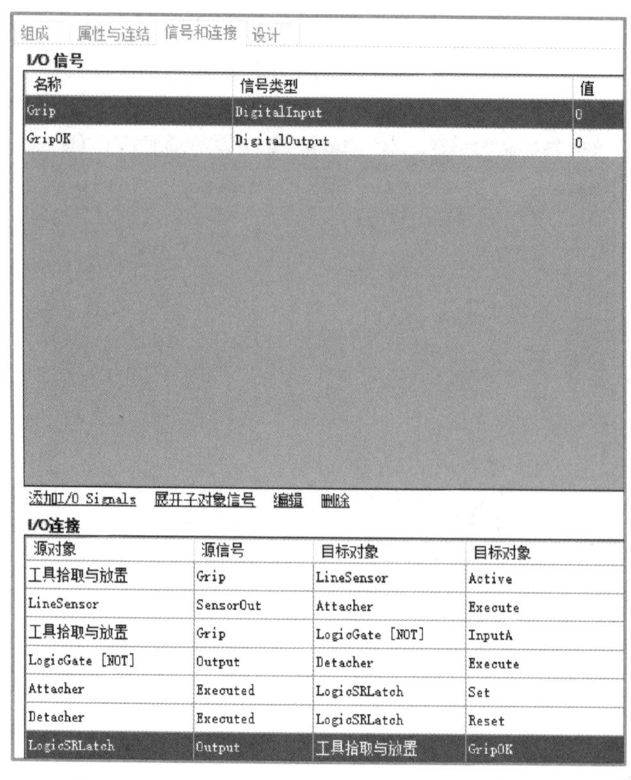

名称	信号类型	值
Grip	DigitalInput	0
GripOK	DigitalOutput	0

源对象	源信号	目标对象	目标对象
工具拾取与放置	Grip	LineSensor	Active
LineSensor	SensorOut	Attacher	Execute
工具拾取与放置	Grip	LogicGate [NOT]	InputA
LogicGate [NOT]	Output	Detacher	Execute
Attacher	Executed	LogicSRLatch	Set
Detacher	Executed	LogicSRLatch	Reset
LogicSRLatch	Output	工具拾取与放置	GripOK

图 4-16　信号和连接

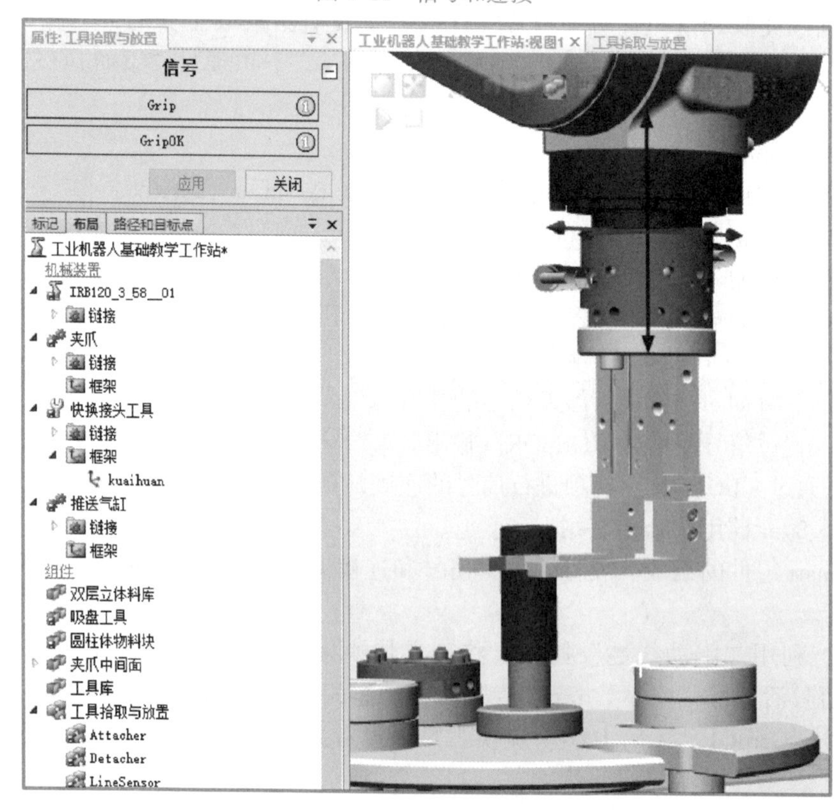

图 4-17　拾取夹爪

② 单击“撤销”功能键，撤销向上移动夹爪的动作，然后手动复位抓取信号“Grip”使夹爪被放下。若成功放下，输出信号“GripOK”也会复位，向上移动机器人，工具没有一起移动，则表示拆除成功，如图4-18所示。

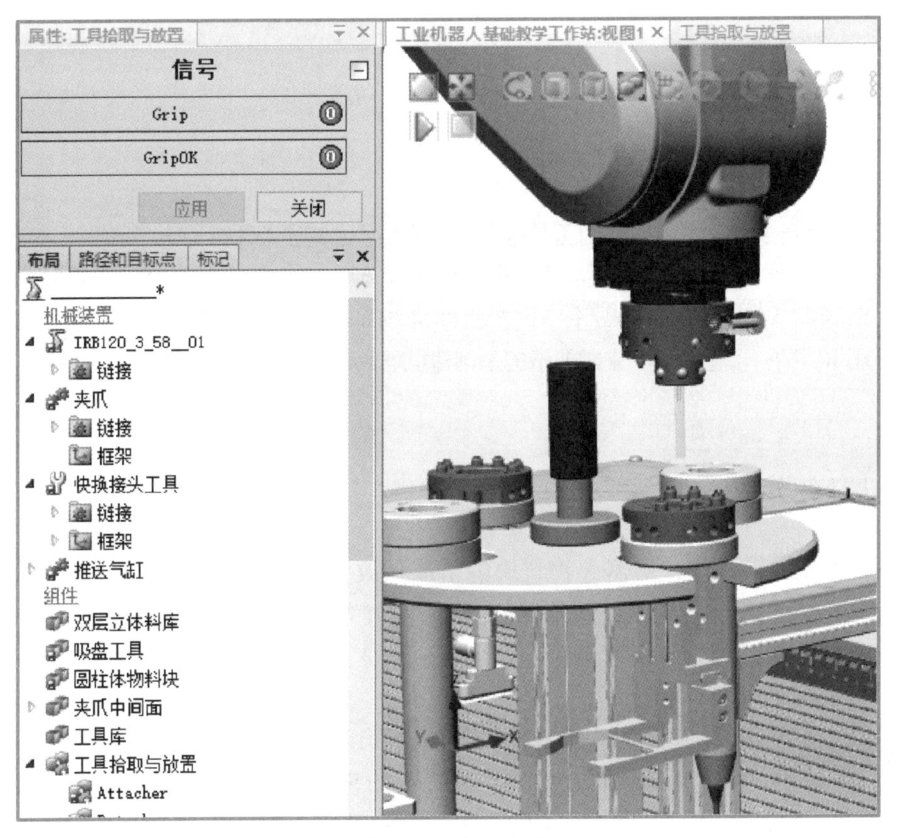

图4-18　放下夹爪

任务回顾

【知识点总结】

1. 创建属性连结的方法；
2. 创建信号和连接的方法。

【思考与练习】

1. 创建机器人安装夹爪时需要建立的I/O连接主要有哪些?
2. 组件LogicGate［AND］的作用是什么?

任务 2 创建机器人物料块的拾取与放置

任务描述

课件

创建机器人物料块的拾取与放置

微课

用 Smart 组件创建机器人物料块的拾取与放置

小 R：兰博，我要考考你！

兰博：好的。

小 R：上次创建机器人使用工具的安装中用到了哪些子组件？

兰博：这个问题嘛，很容易的，用到了“Attacher”组件、“Detacher”组件、“LineSensor”组件、“LogicGate [AND]”组件和“LogicSRLatch”组件。

小 R：嗯，不错。接下来需要做的是创建机器人物料块拾取与放置的 Smart 组件。

任务实施

用 Smart 组件创建机器人物料块的拾取与放置，这里使用的工具是夹爪，需要完成的动态模拟是在机器人快换工具上安装夹爪，将夹爪移动放置物料的位置，夹取物料后闭合，提起置于合适位置，具体操作步骤如下。

1. 添加子组件

① 利用任务 1 完成的“工具拾取与放置”组件，完成夹爪的拾取。

② 新建一个名为“物料块拾取与放置”的 Smart 组件。按照前面任务 1 的方法添加五个组件“Attacher”“Detacher”“LineSensor”“LogicGate”和“LogicSRLatch”。“Attacher”属性中“Parent”设置为“快换接头工具”，如图 4–19（a）所示；“LogicGate”属性中“Operator”设置为“NOT”，如图 4–19（b）所示；“LineSensor”属性中“Start”设在夹爪内部，如图 4–19（c）所示，“End”设为在 $-X$ 方向上，长度约 38 mm 即可，半径设为 1 mm。

2. 创建属性连结

要创建的属性连结主要有两点。

①“LineSensor”检测到的部件即是“Attacher”要安装的子对象。

②“Attacher”要安装的子对象即是“Detacher”要拆除的子对象。

通过单击“添加连结”按钮，完成图 4–20 所示的属性连结。

3. 创建信号和连接

在用夹爪夹取物料的过程中，需要一个让夹爪动作的输入信号“GripObject”和一个夹爪夹取的反馈信号“GripOK”，通过单击“添加 I/O Singals”完成这两个信号的添加，如图 4–21（a）所示。

I/O 信号之间的连接与任务 1 中的信号逻辑连接一致，主要有七点。

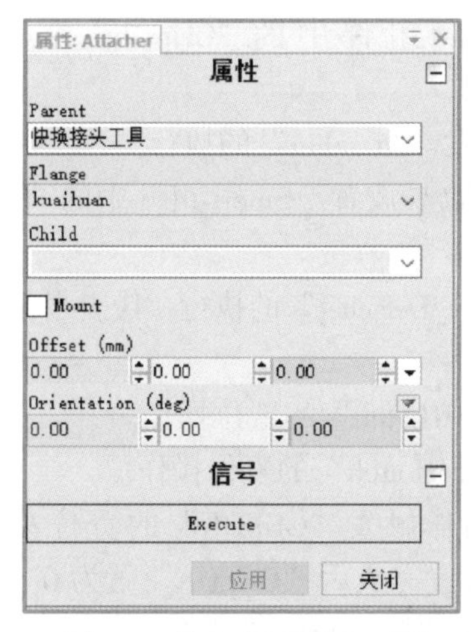

(a) Parent设为“快换接头工具”

(b) Operator设为“NOT”

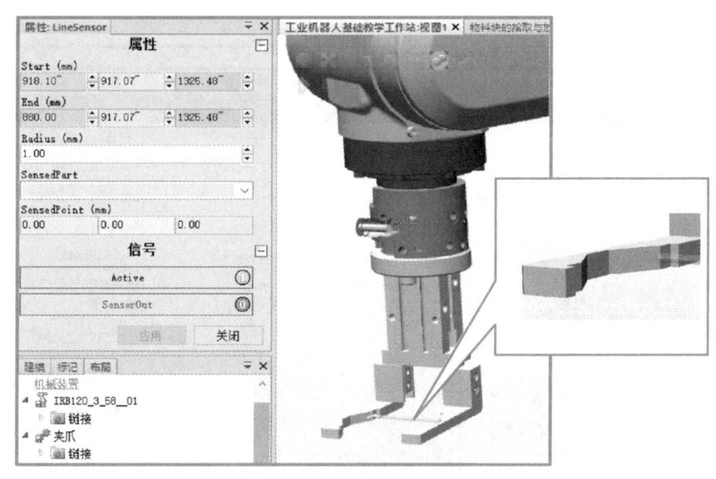

(c) Start设在夹爪内部

图 4-19　设置组件属性

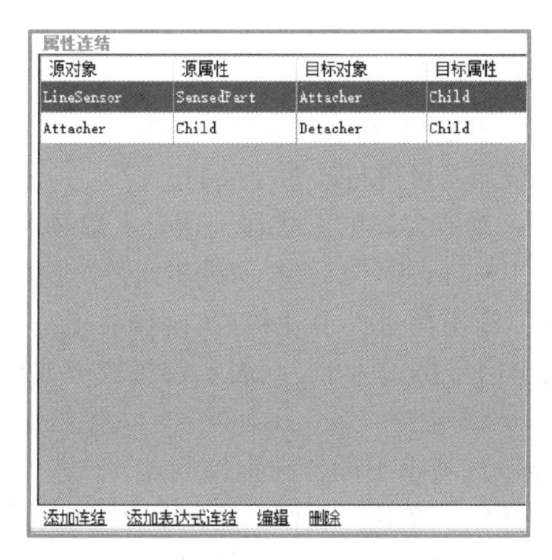

图 4-20　创建属性连结

①“物料块的拾取与放置”Smart组件中的“GripObject”信号触发“LineSensor”的执行。

②“LineSensor”的物料检测输出触发“Attacher”的执行。

③ 物料块被夹取后，“物料块的拾取与放置”Smart组件中的“GripObject”信号利用“LogicGate”非门取反。

④“GripObject”信号取反的输出触发“Detacher”的执行，代表当“GripObject”置为0时放置物料块。

⑤“Attacher”的执行触发使“LogicSRLatch”的置位操作。

⑥“Detacher”的执行触发使“LogicSRLatch”的复位操作。

⑦“LogicSRLatch”的置位/复位动作触发“GripOK”的置位/复位动作，实现当吸取完成“GripOK”置为1，当放置完成后“GripOK”置为0。

以上七点即可循环完成夹爪对物料块的拾取与放置动作，完成后的信号和连接如图4-21（b）所示。

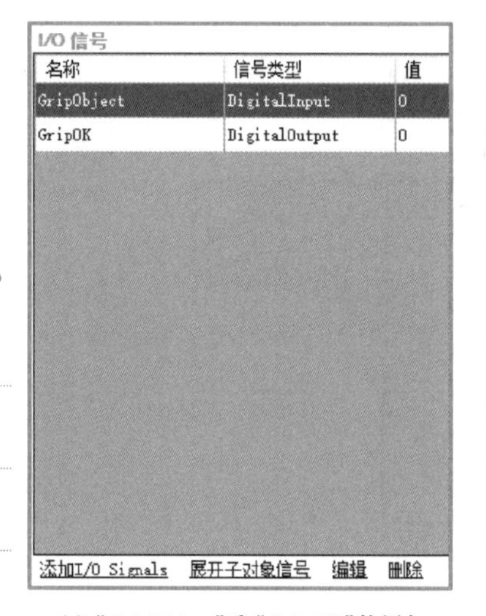
I/O 信号

名称	信号类型	值
GripObject	DigitalInput	0
GripOK	DigitalOutput	0

添加I/O Signals　展开子对象信号　编辑　删除

(a)“GripObject”和“GripOK”的添加

I/O连接

源对象	源信号	目标对象	目标对象
物料块的拾取与放置	GripObject	LineSensor	Active
LineSensor	SensorOut	Attacher	Execute
Attacher	Executed	LogicSRLatch	Set
物料块的拾取与放置	GripObject	LogicGate [NOT]	InputA
LogicGate [NOT]	Output	Detacher	Execute
Detacher	Executed	LogicSRLatch	Reset
LogicSRLatch	Output	物料块的拾取与放置	GripOK

添加I/O Connection　编辑　管理 I/O Connections　删除

(b) 完成后的信号和连接

图 4-21　创建信号和连接

4. Smart 组件的动态模拟运行

Smart 组件设置完成后，可进行动态模拟的运行。

① 将夹爪通过“手动线性”的方式移到适合夹取物料块的位置，然后右击“物料块的拾取与放置”Smart 组件，选择“编辑组件”选项，跳出“GripObject”输入信号和“GripOK”输出信号，手动将“GripObject”输入信号置为1，则同时看到“GripOK”输出信号也置为1，则表示物料块被成功检测到并夹取成功，如图4-22所示。

② 单击“控制器”选项卡下的“虚拟控制器”，进入虚拟控制器界面。选择主界面上的“输入输出”，单击“视图”下的“数字输出”，选中“DO1”，并将“仿真”置为1，如图4-23（a）所示，同时可看到夹爪闭合夹取物料块，如图4-23（b）所示。

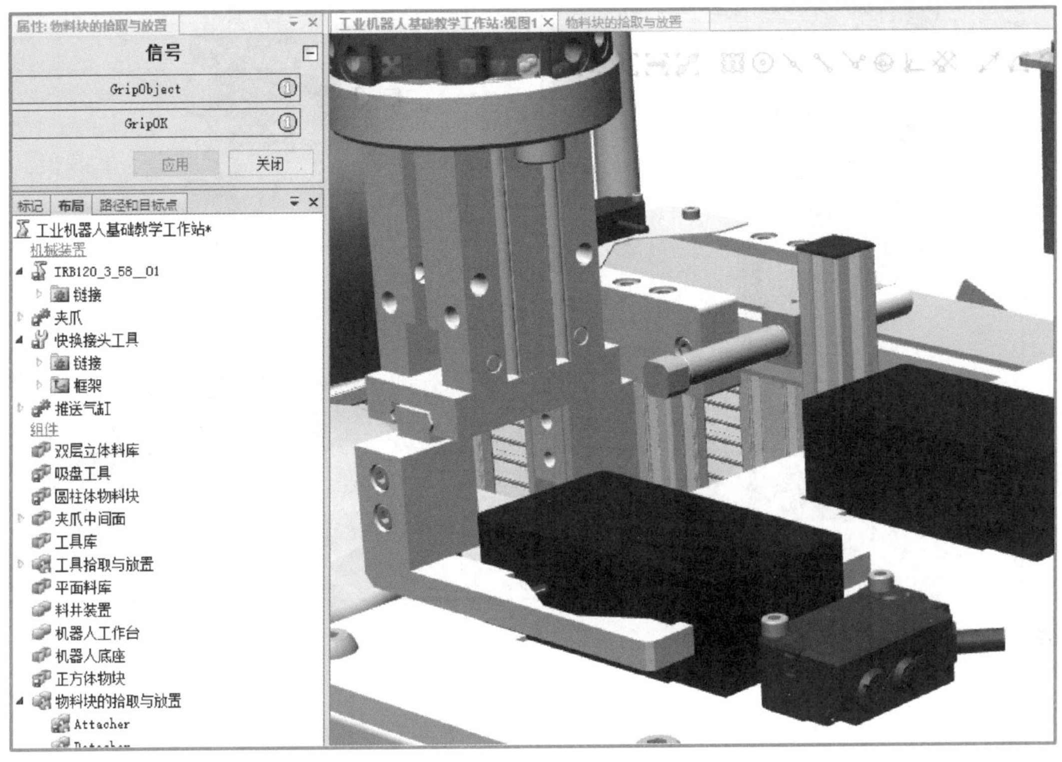

图 4-22　夹取物料块

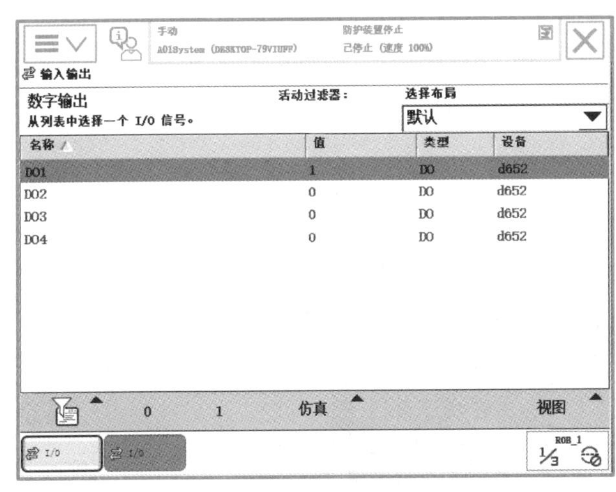

(a)“DO1”置为1

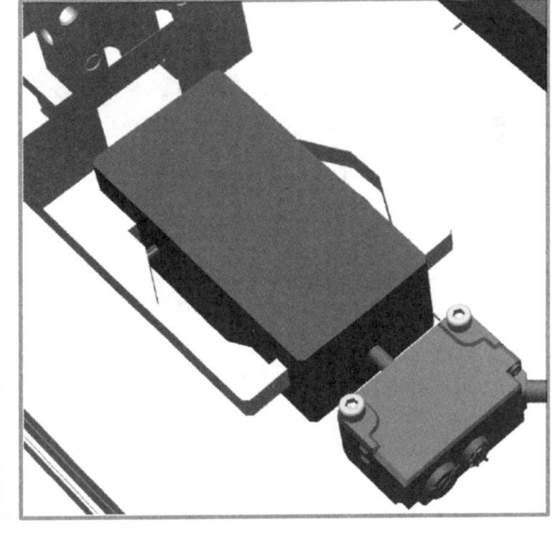

(b) 夹取物料块

图 4-23　闭合夹爪

③ 利用“手动线性”功能，将机器人向上移动，可看到夹爪夹取物料一起向上移动，如图 4-24（a）所示。若将“物料块的拾取与放置”Smart 组件中的“GripObject”信号置为 0，则夹爪松开，放下物料块，如图 4-24（b）所示。

④ 物料块拾取的动态仿真完成后，复位抓取夹爪信号“Grip”，将夹爪从快换接头工具上拆除，然后放置到工具库上指定位置。

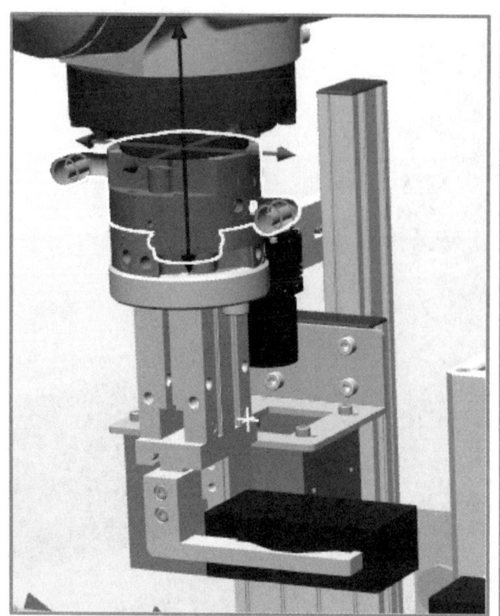

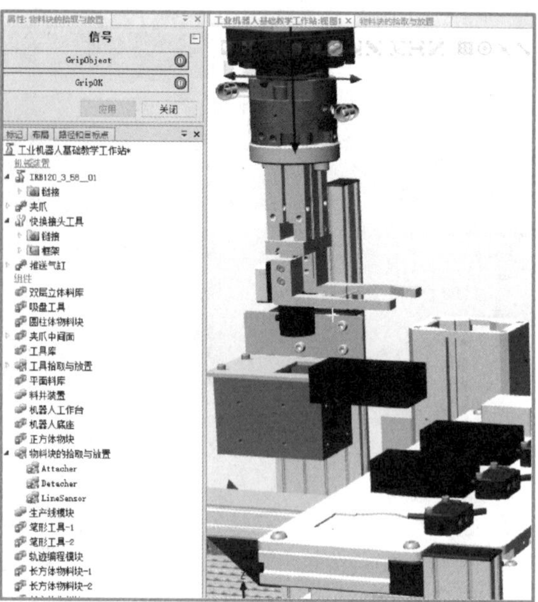

(a) 夹爪夹取物料块上移　　　　(b) 夹爪松开放下物料块

图 4-24　动态模拟

任务回顾

【知识点总结】

1. 创建属性连结的方法；
2. 创建信号和连接的方法。

【思考与练习】

练习创建吸盘在传送带上的物料拾取的 Smart 组件，如图 4-25 所示。

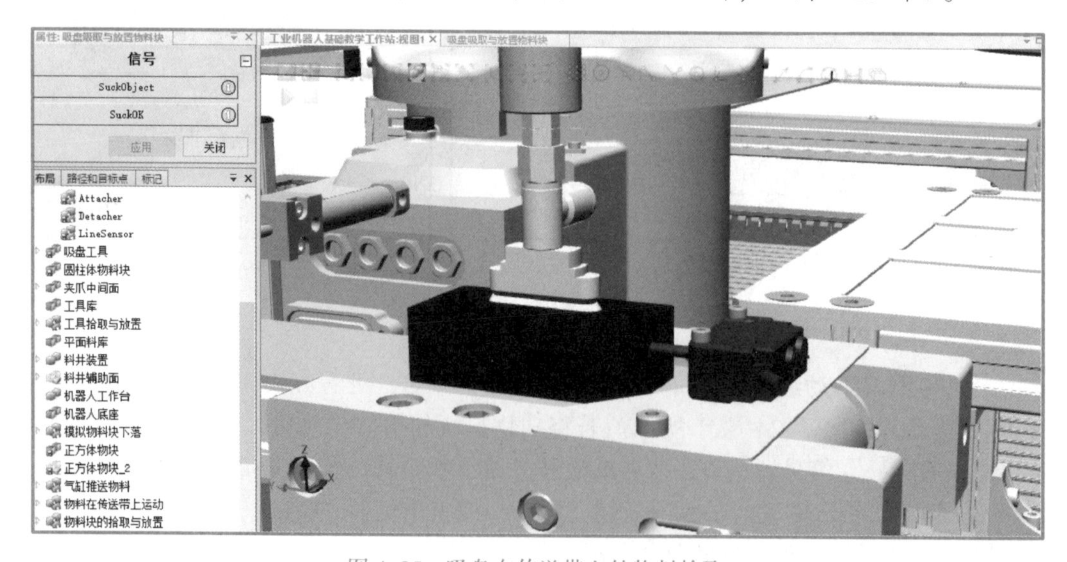

图 4-25　吸盘在传送带上的物料拾取

任务 3 创建机器人物料块在料井内的下落动作

任务描述

兰博：关于物料夹取与放置这类的 Smart 组件我已经掌握得差不多了，我想了解其他的子组件。

小 R：你可以试试创建物料块自由落体运动的 Smart 组件。

兰博：看着跟之前的差不多嘛！

小 R：想想需要什么子组件来完成这个 Smart 组件呢？

课件

创建机器人物料块在料井内的下落动作

微课

用 Smart 组件创建机器人物料块在料井内下落动作

任务实施

用 Smart 组件创建机器人物料块在料井内的下落动作，主要是模拟物料块在重力作用下的一个下落动作。

对模拟的动作进行分析。

① 这里的“下落动作”其实是采用让物料块沿着一条直线运动到某个位置的方式来进行动作模拟，可以添加一个“LinearMover”组件来实现。

② 机器人夹爪张开放下物料块后，在实际环境中是没有信号输出和输入的，这里在进行后面的动作模拟时，可以借助“仿真”按钮来进行，需要添加一个“simulationEvents”组件来实现。

③ 有“simulationEvents”组件，势必会有“LogicSRLatch”组件来配合进行复位和置位。

④ 物料块与传感器接触，传感器检测到输入信号后，开始“下落”，需要“LineSensor”组件来实现。

⑤ 物料块到位后，应有传感器检测是否有物料，并将信号传输给机器人，这里还需要有一个“PlaneSensor”来实现。

⑥ 为了避免夹爪释放物料的动作和物料下落动作之间的冲突，这里要加一个用于延时的组件“LogicGate［NOP］”。

1. 添加子组件

① 新建一个名为“模拟物料块下落”的 Smart 组件。添加五个组件，分别为“LineSensor”“LinearMover”“simulationEvents”“LogicSRLatch”“PlaneSensor”和“LogicGate［NOP］”。在对“LineSensor”属性设置之前，为方便传感器的建立，可先建立一个名为“料井辅助面”的平面，如图 4-26（a）所示。平面建立在料井装置上表面约 10 mm 的距离处（事后不需要显示可进行隐藏），并将此平面安装到“料井装置”。

② 设置“LineSensor”属性，“LineSensor”的起点设置在“料井辅助面”的中心，终点设置在距离起点 $-Z$ 方向 170 mm 处，半径设为 1 mm，如图 4-26（b）所示。“LineSensor”安装到“料井辅助面”上且不更改现有位置，为只进行物料的检测，“料井辅助面”和“料井装置”均设为不可由传感器检测。

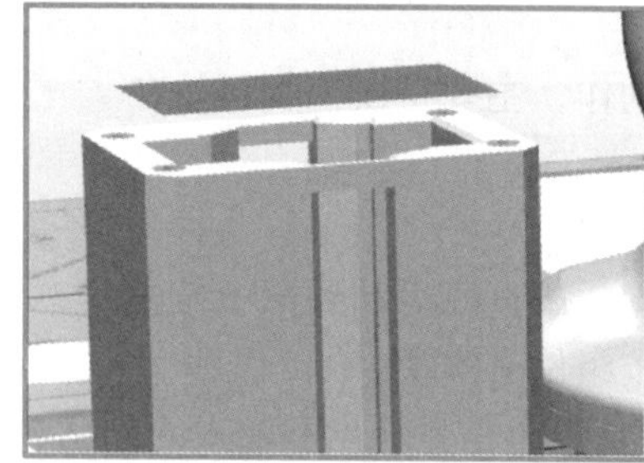

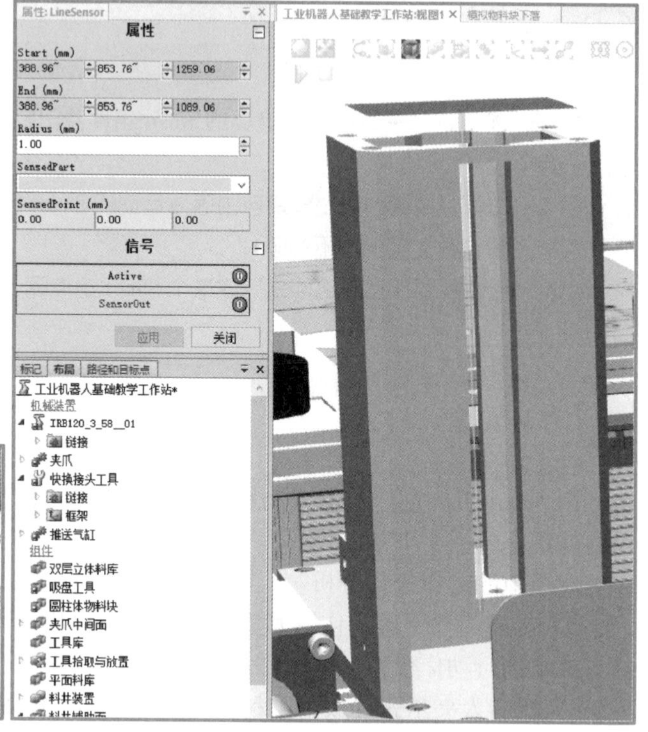

(a) 建立“料井辅助面”平面　　(b) 设置“LineSensor”属性

图 4-26　添加“LineSensor”组件

③“LinearMover”组件属性设置为在 $-Z$ 方向上运动，“Speed”设为 200 mm/s，如图 4-27（a）所示。

④ 设置“PlaneSensor”的属性，原始平面可任意选择料井底部的一个角上，如图 4-27（b）所示。两个坐标轴分别设为 X 方向距离为 57，Y 方向距离为 62，将此组件安装到“料井装置”。

⑤ 设置“LogicGate［NOP］”的属性，将“Operator”设置为“NOP”，然后将“Delay”延时时间设置为 0.5 s，单击“应用”按钮，如图 4-28 所示。

2. 创建属性连结

组件之间的属性连结，即为线传感器检测到的部件（做线性运动的物体），添加属性连结如图 4-29（a）所示。

3. 创建信号和连接

物体下落到料井底部后，底部的传感器会输出一个信号给机器人，便于机器人给 PLC 发出信号，使推送气缸推出物料到传送带上，故应添加一个物料块到位输出信号“Object_InPOS”，如图 4-29（b）所示。

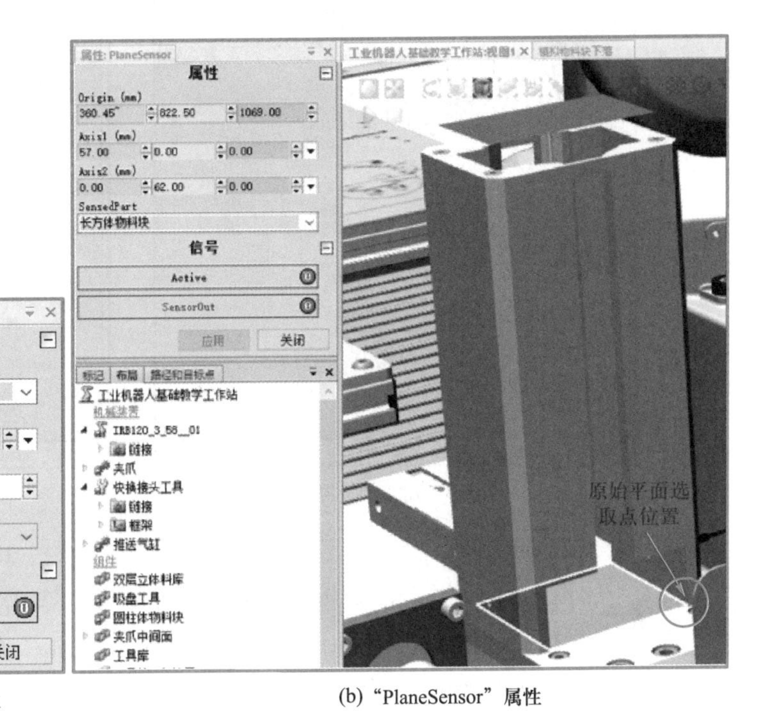

(a) “Linear Mover” 属性　　(b) “PlaneSensor” 属性

图 4–27　设置 “LinearMover” 与 “PlaneSensor” 属性

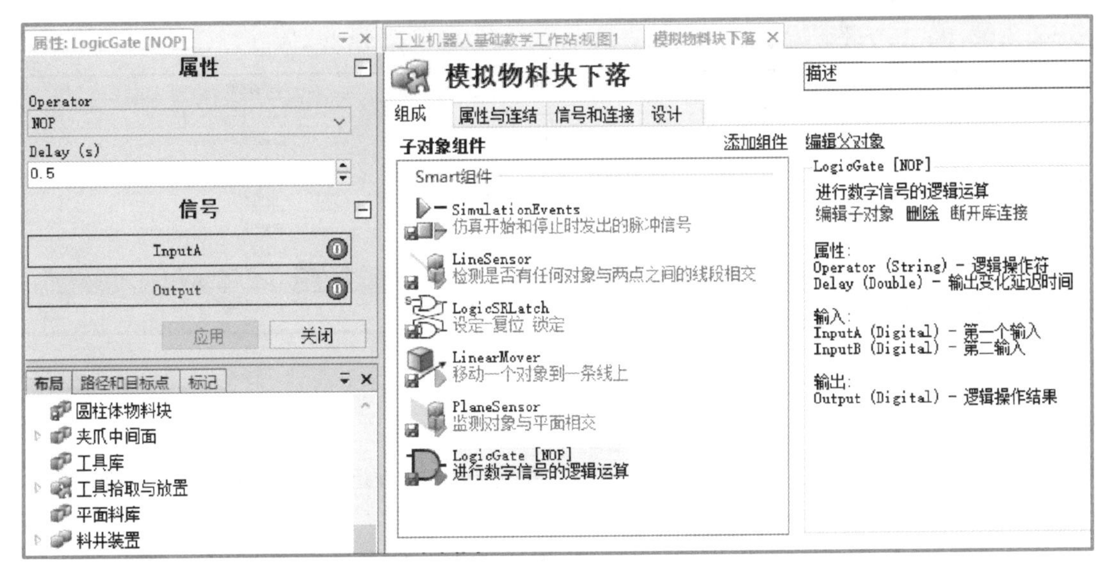

图 4–28　设置延时

五个组件之间主要有以下连接。

① 仿真开始发出的脉冲信号为 “LogicSRLatch” 置位信号。

② 仿真停止发出的脉冲信号为 “LogicSRLatch” 复位信号。

③ “LogicSRLatch” 的输出信号触发 “LineSensor” 的激活。

④ “LineSensor” 的输出信号触发 “LogicGate [NOP]” 延时。

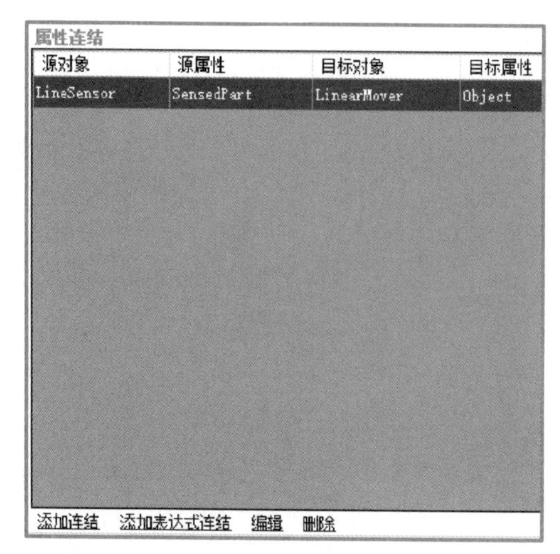

(a) 添加属性连结

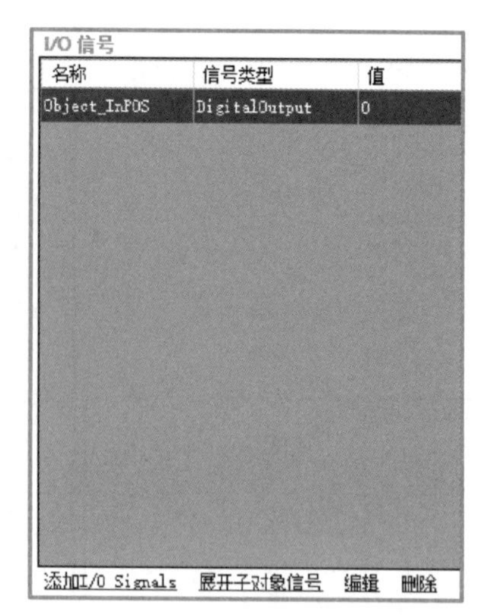

(b) I/O信号创建

图 4–29　属性连结与 I/O 信号创建

⑤“LogicGate［NOP］”延时完成输出信号触发“LinearMover”的执行。

⑥“LogicSRLatch”的输出信号触发“PlaneSensor”的激活。

⑦“PlaneSensor”的输出信号，表示物料块到位，则“模拟物料块下落”的“Object_InPOS”信号输出。

具体的 I/O 连接如图 4–30 所示。

I/O连接

源对象	源信号	目标对象	目标对象
SimulationEvents	SimulationStarted	LogicSRLatch	Set
SimulationEvents	SimulationStopped	LogicSRLatch	Reset
LogicSRLatch	Output	LineSensor	Active
LineSensor	SensorOut	LogicGate [NOP]	InputA
LogicGate [NOP]	Output	LinearMover	Execute
LogicSRLatch	Output	PlaneSensor	Active
PlaneSensor	SensorOut	模拟物料块下落	Object_InPOS

添加I/O Connection　编辑　管理 I/O Connections　删除　　上移　下移

图 4–30　I/O 连接

4. Smart 组件的动态模拟运行

Smart 组件设置完成后，可对之前做过的设置进行模拟仿真运行，看结果是否符合预期，具体步骤如下。

① 将任意一块物料通过“放置”的方式放置到料井上方，如图 4–31（a）所示。

② 右击“模拟物料块下落”Smart 组件，选择“编辑组件”可预备查看信号是否输出，如图 4–31（b）所示。

③ 在进行仿真之前，进行仿真设定。单击“仿真”选项卡下的“仿真设定”菜单，在弹出的“仿真设定”设置框中，只勾选“模拟物料块下落”，“运行模式”选择“单个周期”，如图 4–32 所示。

(a) 物料“放置”

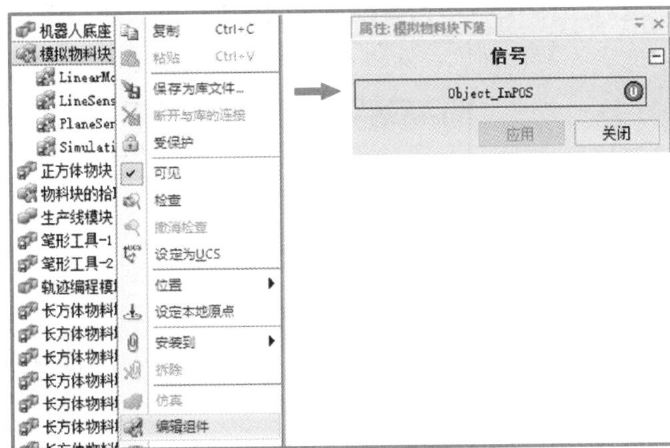

(b) 预备查看信号是否输出

图 4-31　模拟仿真准备

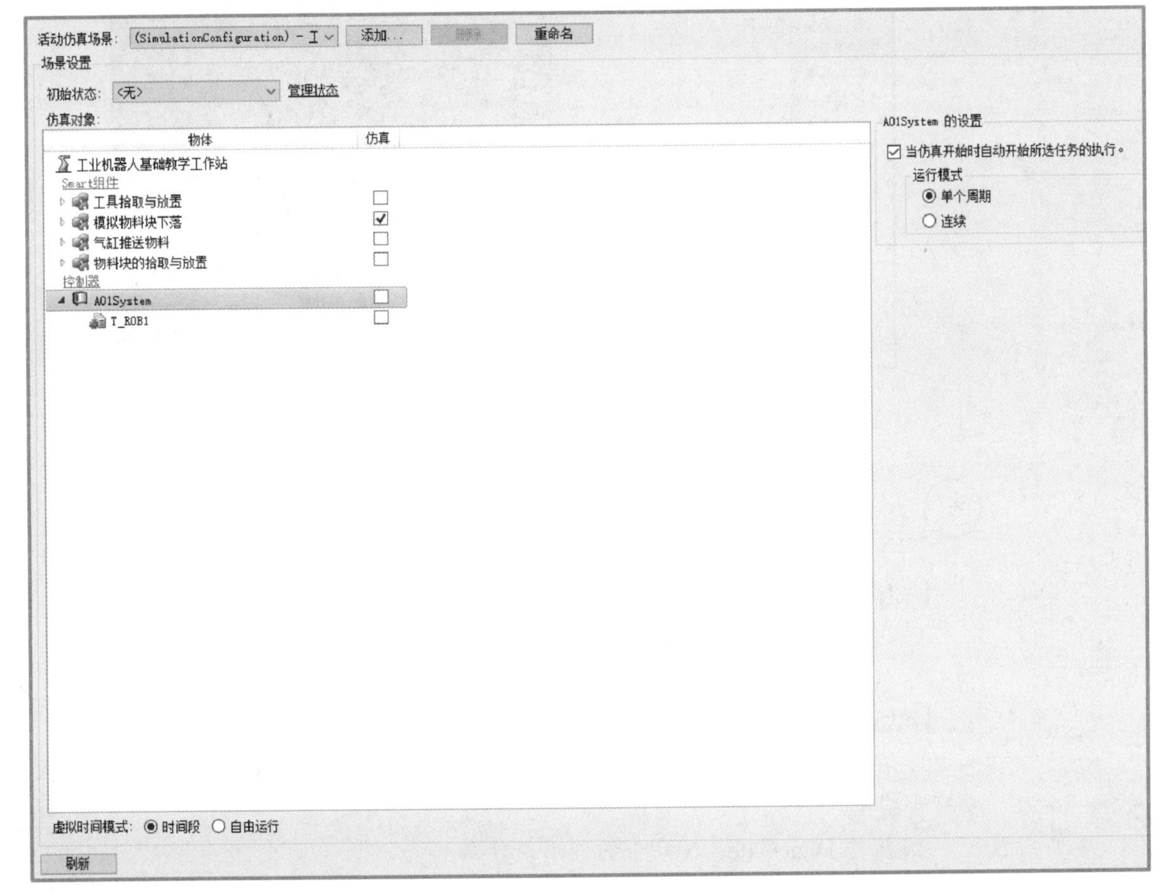

图 4-32　进行仿真设定

④ 再单击“仿真”选项卡下的“播放”按钮，可看到物料块从起始位置等待 0.5 s 后沿直线运动到料井底部，且“Object_InPOS”输出信号置位，表示物料块已到位，如图 4–33 所示。

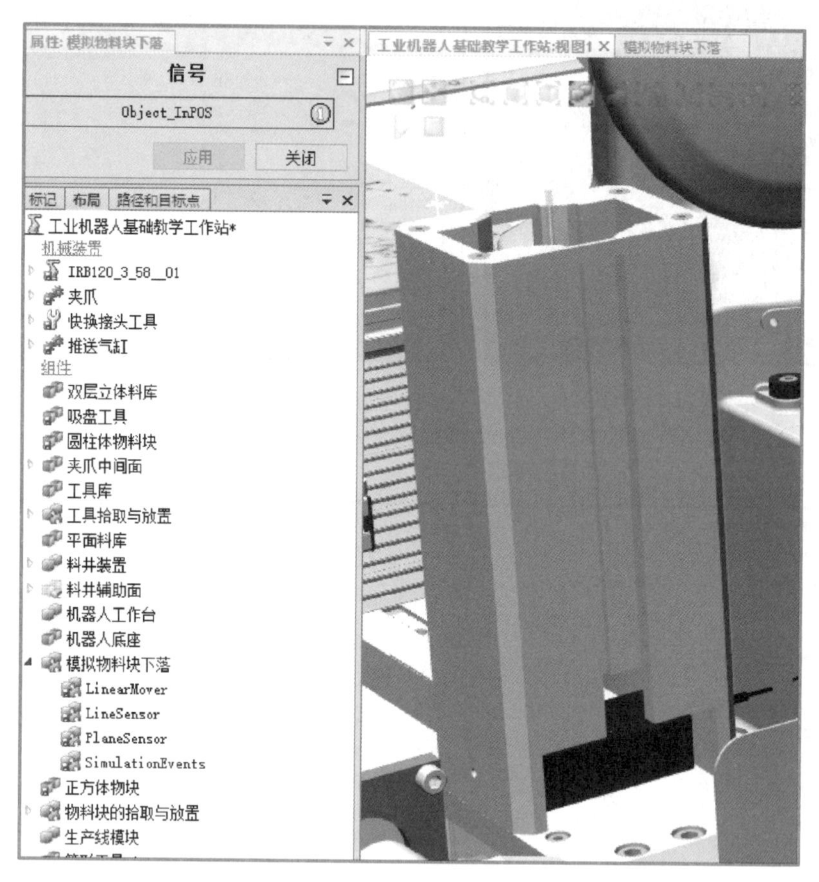

图 4–33　物料块到位

任务回顾

【知识点总结】

1. 创建属性连结的方法；
2. 创建信号和连接的方法。

【思考与练习】

1. 在用 Smart 组件创建物料块在料井内的下落动作时需要建立的 I/O 连接主要有哪些?

2. 组件 LogicGate［NOP］的作用是什么?

任务 4 实现气缸对物料块的推送

任务描述

小 R：在创建物料块自由落体用到的关键子组件是什么？

兰博：这难不住我，当然是“LinearMover”子组件了。

小 R：“LinearMover”子组件可以用在物体移动距离不固定的组件上，配合传感器实现检测物体移动到位。那么如果物体移动的是固定的距离呢？使用这种方法就不够准确。

兰博：哦，我知道啦，可以使用“LinearMover2”这个子组件。

课件

实现气缸对物料块的推送

微课

用 Smart 组件实现气缸对物料块的推送

任务实施

1. 添加子组件

在用 Smart 组件实现气缸对物料块的推送前，进行以下方案分析。

① 气缸推送物料的过程在实际中是用 PLC 程序进行控制的，不涉及机器人与气缸间直接的信号输入与输出，这样在进行运动状态模拟的时候可以采用“仿真”菜单来完成，需要的子组件就是“SimulationEvents”和“LogicSRLatch”。

② 物料被推出的过程即是物料做直线运动的一个过程，可以通过子组件“LinearMover2”来实现，即规定物料块沿直线运动的距离。

③ 若要物料块做直线运动，应当有一个事件来触发，这里可以选用物料块下落到底部时，底部的“PlaneSensor”检测到来进行触发。

④ 气缸推杆的“伸出”与“缩回”动作是输出信号 DO4 的置位与复位过程，届时需要通过编写程序来配合完成运动的模拟。

按照上述的分析，创建组件的步骤如下。

① 创建一个名为“气缸推送物料”的 Smart 组件，添加“SimulationEvents”“LogicSRLatch”“LinearMover2”“PlaneSensor”四个组件，如图 4–34（a）所示。

②“PlaneSensor”的属性设置为“Origin”在料井底部一角点，轴一和轴二距离分别设置为 57 和 62，为区别“模拟物料块下落”Smart 组件中的“PlaneSensor”位置，这里将“PlaneSensor”位置在 +*Z* 轴方向移动 3 mm，具体位置如图 4–34（b）所示。

③“LinearMover2”的属性中，“Direction”方向设置为在 –*X* 方向上移动，“Distance”距离根据物料块距离传送带位置设置为 98.5 mm，如图 4–34（c）所示。

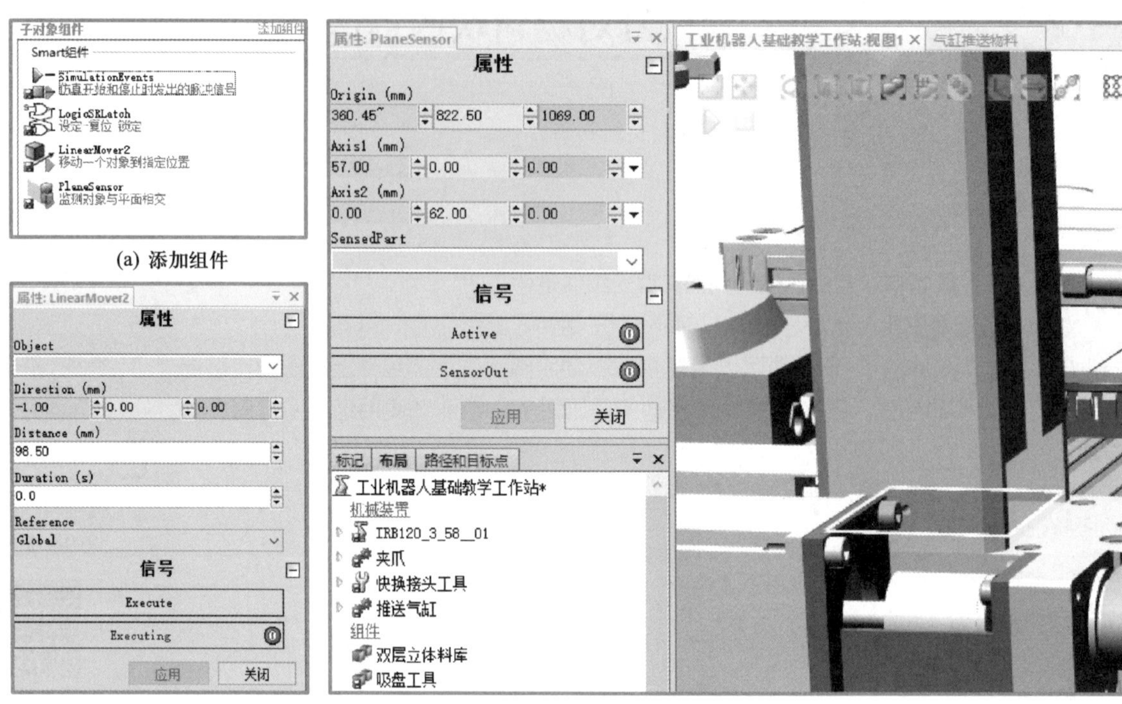

(a) 添加组件

(c) “LinearMover 2” 属性设置

(b) “PlaneSensor” 属性设置

图 4-34 创建组件

2. 创建属性连结

以上四个子组件之间的连接主要是“PlaneSensor”检测到的物体即是“LinearMover2”执行运动的物体，创建的属性连结如图 4-35 所示。

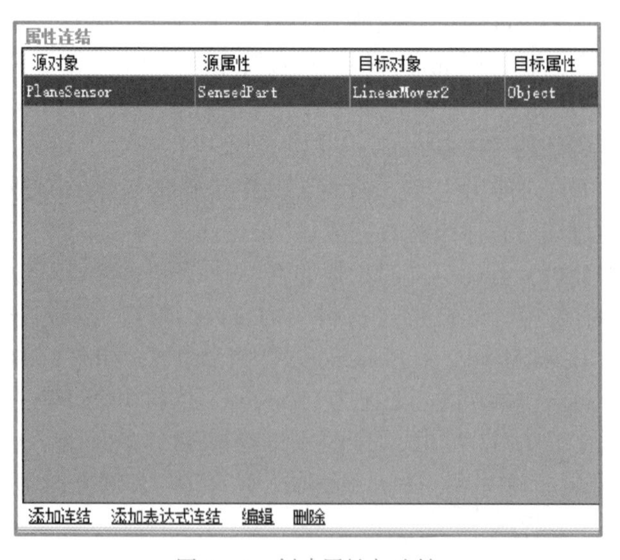

图 4-35 创建属性与连结

3. 创建信号和连接

“气缸推送物料”Smart 组件中没有相关的输入信号与输出信号，I/O 信号一栏不需要填写，I/O 连接主要包含以下四点。

①“LogicSrLatch”的输出触发“PlaneSensor”传感器的激活。此步需要注意传感器的激活不能使用脉冲信号，也就是说不能使用“SimulationEvents”组件来激活。

②“SimulationEvents”仿真开始发出的脉冲信号为“LogicSrLatch”的置位信号。

③“SimulationEvents”仿真停止发出的脉冲信号为“LogicSrLatch”的复位信号。

④“PlaneSensor”一检测到物体，有信号输出时，激活“LinearMover2”的执行。

操作步骤为：在“信号和连接”选项卡下，建立 I/O 连接，如图 4-36 所示。

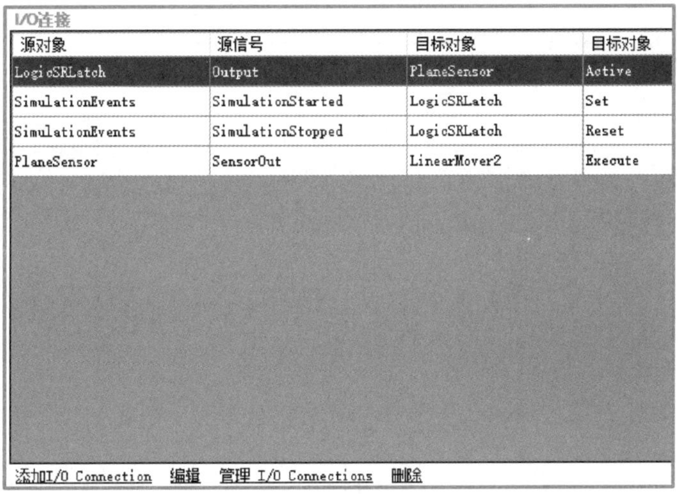

I/O连接

源对象	源信号	目标对象	目标对象
LogicSRLatch	Output	PlaneSensor	Active
SimulationEvents	SimulationStarted	LogicSRLatch	Set
SimulationEvents	SimulationStopped	LogicSRLatch	Reset
PlaneSensor	SensorOut	LinearMover2	Execute

添加I/O Connection　编辑　管理 I/O Connections　删除

图 4-36　I/O 连接

4. Smart 组件的动态模拟运行

Smart 组件的动态模拟运行具体操作步骤如下。

① 要模拟推送气缸的动作，需要创建程序。在“控制器”选项卡下选择“示教器”菜单下的“虚拟控制器”，进入虚拟控制界面，设置为“手动减速模式”，如图 4-37（a）所示。

② 依次单击“主界面菜单”→“程序编辑器”→新建“main”例行程序，在 main 中编辑气缸动作的程序，如图 4-37（b）所示。

③ 选择“仿真”选项卡下的“仿真设定”菜单，系统弹出“仿真设定”设置框。这里为省去物料块的重新放置，将“模拟物料块下落”和“气缸推送物料”Smart 组件一起勾选，控制器中的“A01System”和“T_ROB1”也一同勾选，并将“T_ROB1”的进入点设置为“main”程序，如图 4-38 所示。

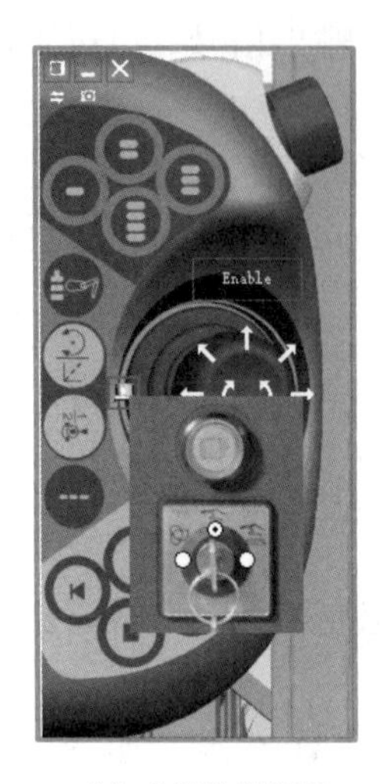

(a) 虚拟控制界面

手动　　A01System (DESKTOP-79VIUFF)　　防护装置停止　　已停止 (速度 100%)

NewProgramName - T_ROB1/MainModule/main

任务与程序　　模块　　例行程序

```
2   PROC main()
3→    WaitTime 1;
4     Set DO4;
5     WaitTime 0.3;
6     Reset DO4;
7   ENDPROC
```

添加指令　　编辑　　调试　　修改位置　　显示声明

(b) 编辑程序

图 4-37　创建程序

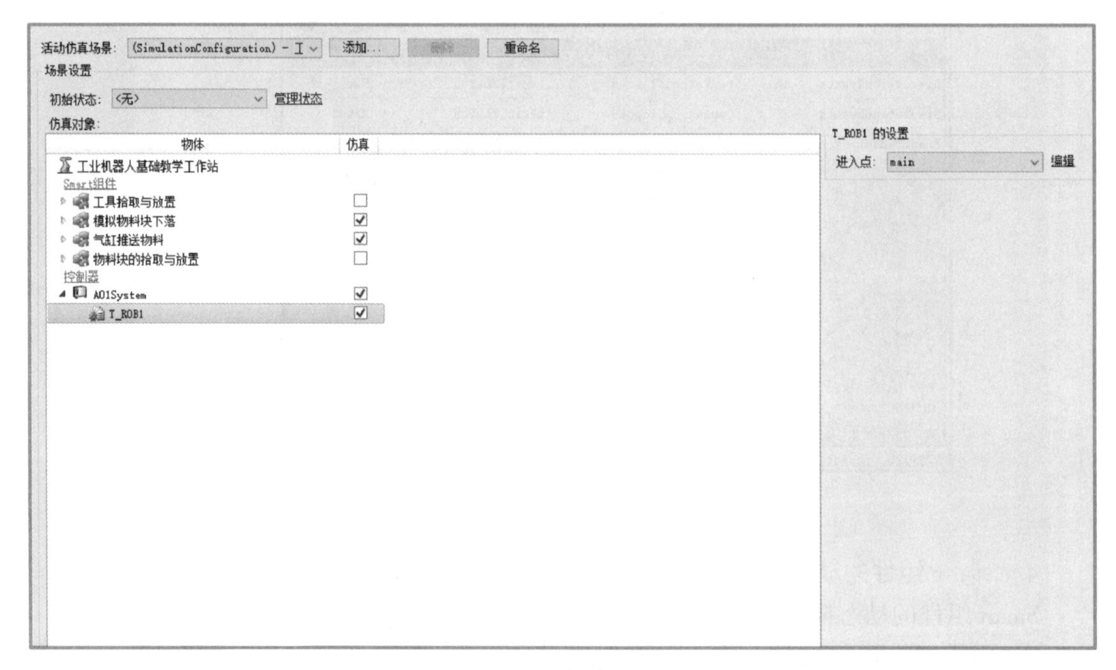

图 4-38　仿真设定

④ 设置完成后，关闭“仿真设定”设置框，单击“仿真”选项卡下的“播放”按钮，可看到物料块下落至料井，并由气缸推出至传送带上，如图 4-39 所示。

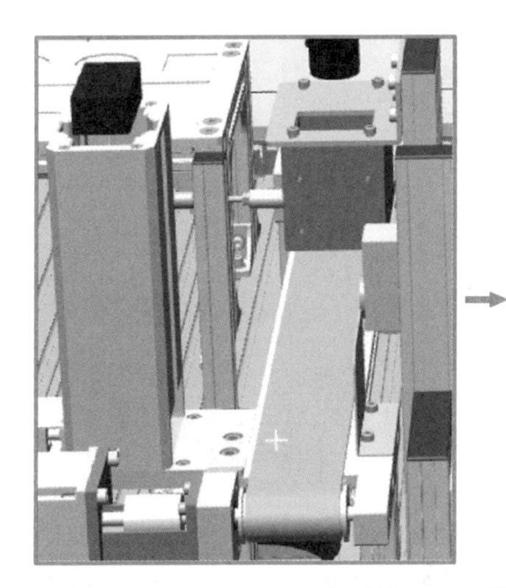

图 4-39　模拟仿真运动

任务回顾

【知识点总结】

1. 创建属性连结的方法；
2. 创建信号和连接的方法。

【思考与练习】

练习创建物料块在传送带上运动的 Smart 组件，如图 4-40 所示。

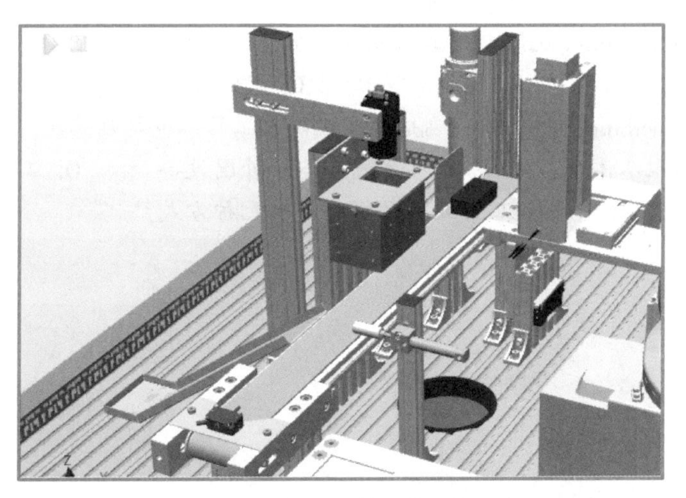

图 4-40　物料块在传送带上的运动

项目总结（见图 4–41）

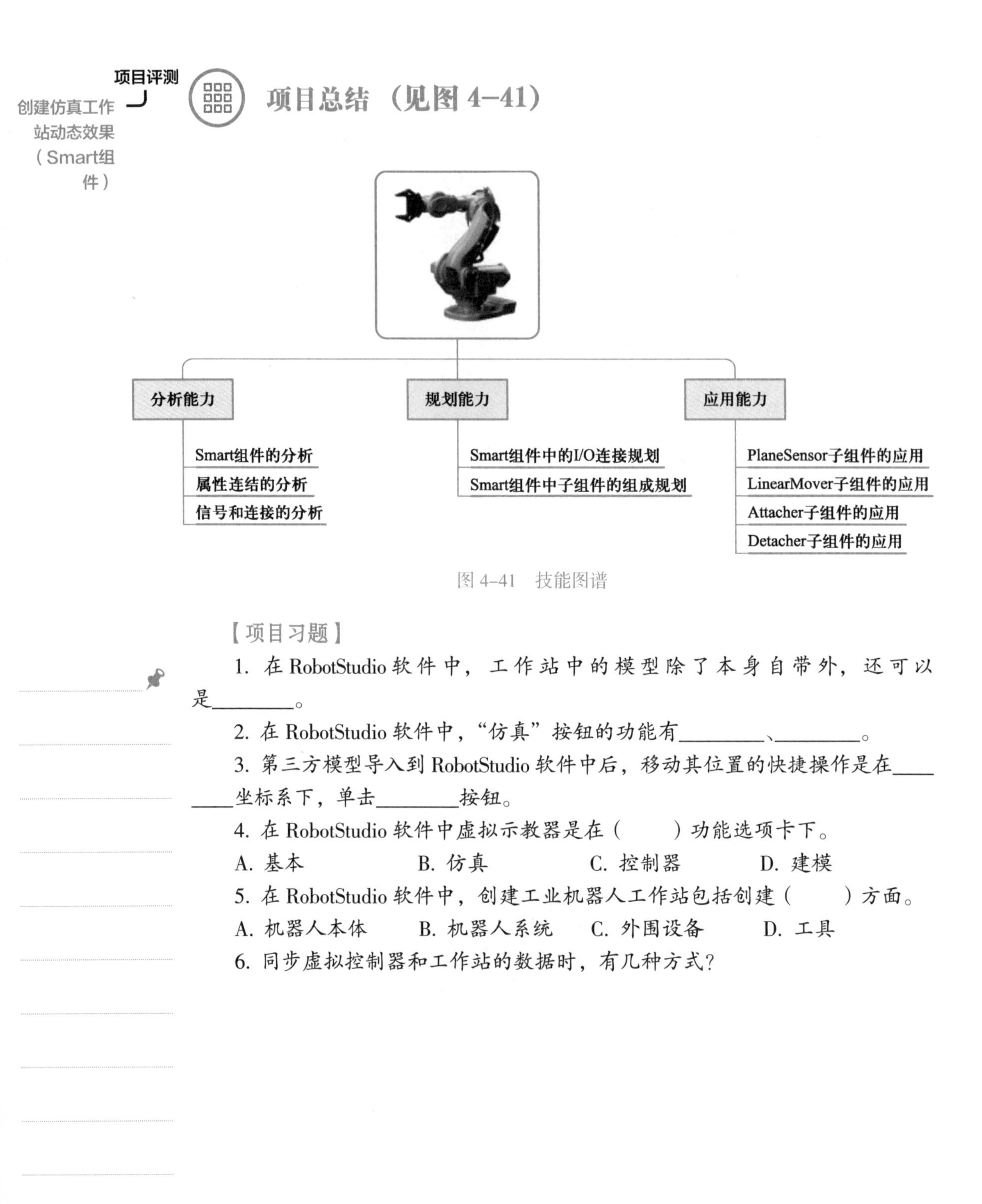

图 4–41　技能图谱

【项目习题】

1. 在 RobotStudio 软件中，工作站中的模型除了本身自带外，还可以是________。

2. 在 RobotStudio 软件中，“仿真”按钮的功能有________、________。

3. 第三方模型导入到 RobotStudio 软件中后，移动其位置的快捷操作是在________坐标系下，单击________按钮。

4. 在 RobotStudio 软件中虚拟示教器是在（　　）功能选项卡下。

A. 基本　　B. 仿真　　C. 控制器　　D. 建模

5. 在 RobotStudio 软件中，创建工业机器人工作站包括创建（　　）方面。

A. 机器人本体　　B. 机器人系统　　C. 外围设备　　D. 工具

6. 同步虚拟控制器和工作站的数据时，有几种方式？

仿真工作站逻辑的连接与程序的编辑

兰博：我发现 Smart组件完成后，都是单独动作，怎么才能将它们连接起来完整动作呢？

小 R：为方便你理解工作站的动作流程请看下面这个图（见图 5-1）。

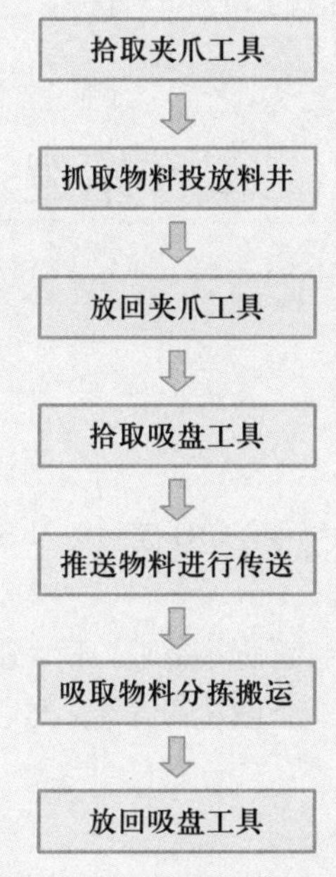

图 5-1　工作站动作流程图

兰博：这样就明白啦！

本项目的知识图谱如图 5-2 所示。

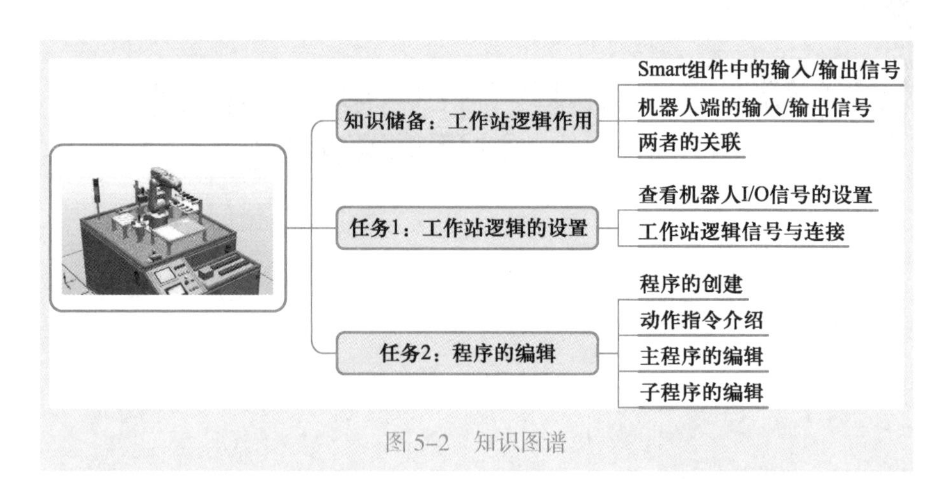

图 5-2　知识图谱

知识储备

课件 工作站逻辑作用

工作站逻辑的设置即为：将 Smart 组件中的输入 / 输出信号与机器人端的输入 / 输出信号进行信号的关联。Smart 组件中输出信号作为机器人端的输入信号，机器人端的输出信号作为 Smart 组件中的输入信号，此处可以将 Smart 组件当成是一个与机器人进行 I/O 通信的 PLC 来看待。

任务 1　工作站逻辑的设置

课件 工作站逻辑的设置

微课 工作站逻辑的设置

任务描述

小 R：这次任务是将之前创建的 I/O 信号以及 Smart 组件的 I/O 信号通过工作站逻辑连接起来。

兰博：创建过那么多信号，都记不得啦，有点乱！

小 R：别急，让我们回顾一下创建的信号，然后将它们连起来。

任务实施

1. 查看机器人 I/O 信号的设置

首先在机器人系统中进行 I/O 信号的配置，设定出使用到的 I/O 信号，具体的设定方法这里不过多叙述。

查看机器人 I/O 信号的步骤如下。

在“控制器”功能选项卡下，单击“配置编辑器”，选择“I/O System”，然后双击“Signal”，就可以查看到工作站系统中的I/O信号，如图5-3所示。分配给d652的I/O信号是工作站中涉及的已经定义的I/O信号。

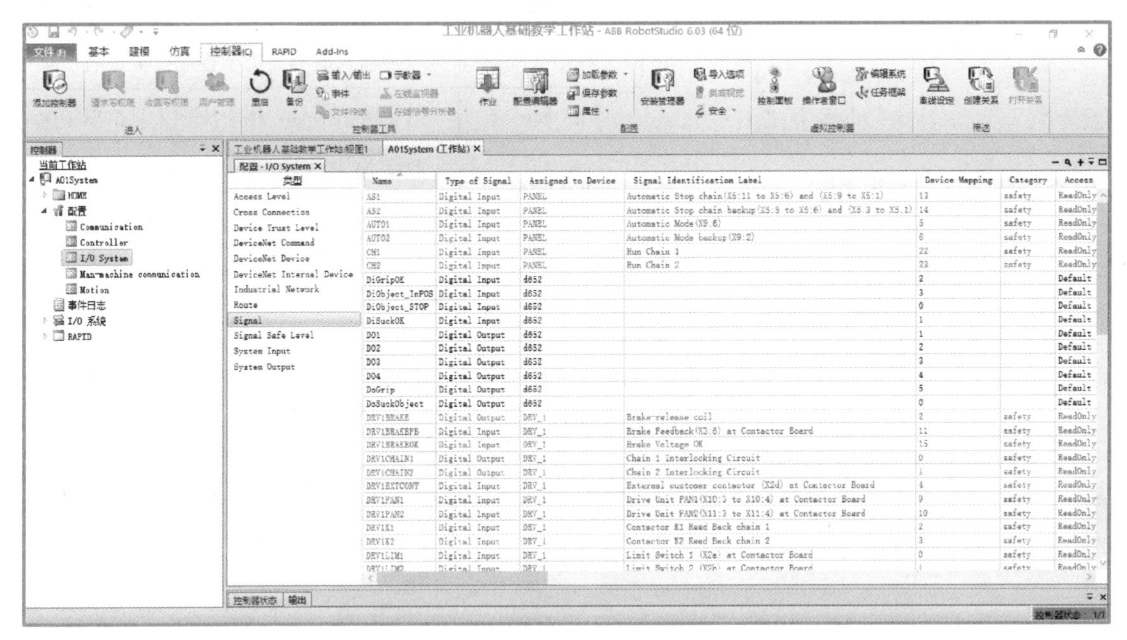

图5-3 工作站系统中的I/O信号

已定义的机器人I/O信号说明见表5-1。

表5-1 机器人I/O信号说明

信号名称	描述说明
DiGripOK	数字输入信号，用于反馈工具的拾取和放置
DiObject_STOP	数字输入信号，用作物料块到位信号
DiSuckOK	数字输入信号，用于反馈吸盘吸取和放置
DiObject_InPOS	数字输入信号，用作物料从料井中下落到位信号
DO1	数字输出信号，用于控制夹爪机械装置夹取放下长方体
DO2	数字输出信号，用于控制夹爪夹取放下正方体
DO3	数字输出信号，用于控制夹爪夹取放下圆柱体
DO4	数字输出信号，用于控制气缸推送动作
DoSuckObject	数字输出信号，用于控制吸盘吸取放置物料
DoGrip	数字输出信号，用于控制工具的拾取与放置

工作站 Smart 组件中定义的 I/O 信号说明见表 5-2。

表 5-2　Smart 组件中 I/O 信号说明

Smart 组件	信号名称	描述说明
工具拾取与放置	Grip	数字输入信号，用于控制拾取放置工具
	GripOK	数字输出信号，用于反馈工具拾取情况
模拟物料块下落	Object_InPOS	数字输出信号，用于反馈料井中物料的下落到位情况
物料在传送带上运动	Object_STOP	数字输出信号，用于反馈传送带末端物料到位情况
物料块的拾取与放置	GripObject	数字输入信号，用于控制夹爪拾取物料
	GripOK	数字输出信号，用于反馈夹爪拾取物料的情况
吸盘吸取与放置物料块	SuckObject	数字输入信号，用于控制吸盘吸取物料
	SuckOK	数字输出信号，用于反馈吸盘吸取物料的情况

2. 工作站逻辑信号与连接

确认机器人 I/O 信号定义完成后，设定工作站逻辑，将 Smart 组件与机器人端的信号进行连接。具体操作步骤如下。

① 在“仿真”功能选项卡中单击“仿真逻辑”，然后选择“工作站逻辑”进入到工作站逻辑设定界面，如图 5-4 所示。

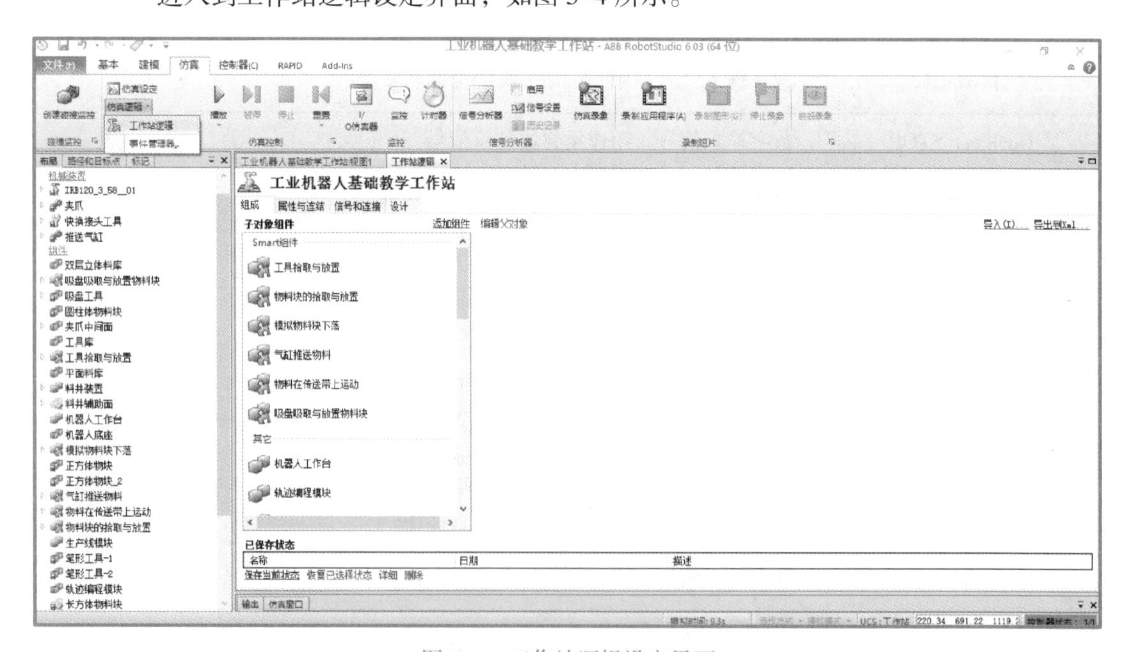

图 5-4　工作站逻辑设定界面

② 选择“信号和连接”选项，单击“添加 I/O Connection”，创建 I/O 连接，如图 5-5 所示。

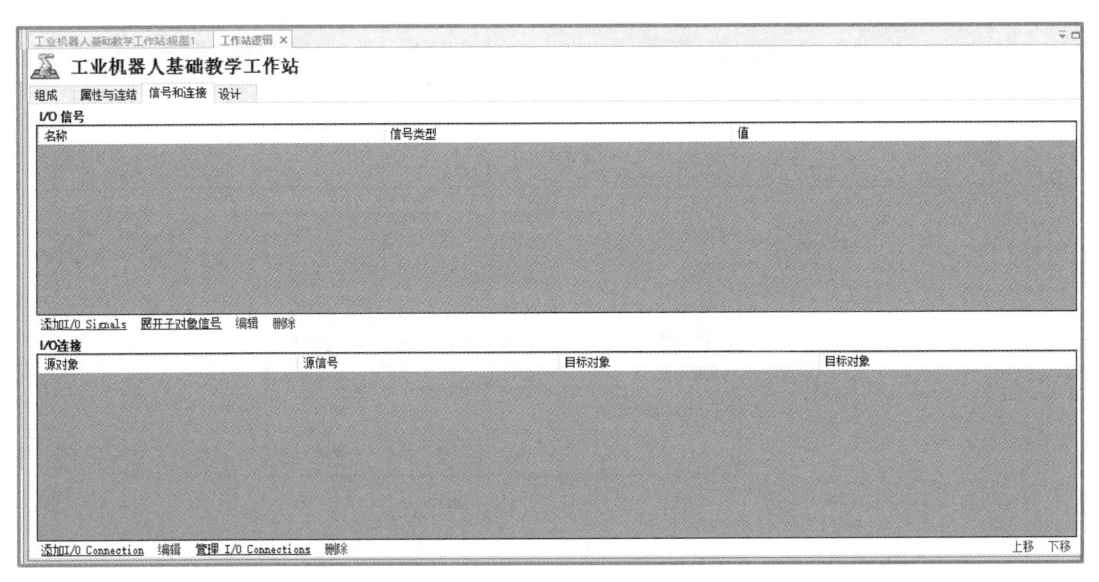

图 5-5 信号与连接界面

③ 首先进行机器人端的 I/O 信号与 Smart 组件的信号连接，将机器人端的输出信号作为 Smart 组件中的输入信号。如图 5-6 所示，机器人控制工具拾取的数字输出信号 DoGrip 与“工具拾取与放置”组件中的数字输入信号 Grip 相关联；控制吸盘动作的数字输出信号 DoSuckObject 与“吸盘吸取与放置物料块”组件中的数字输入信号 SuckObject 连接。

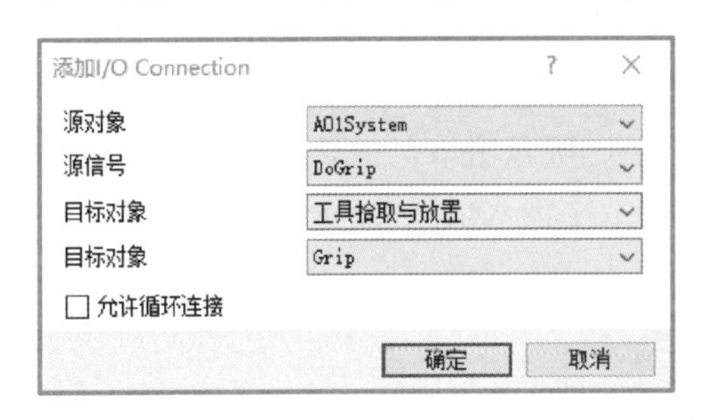

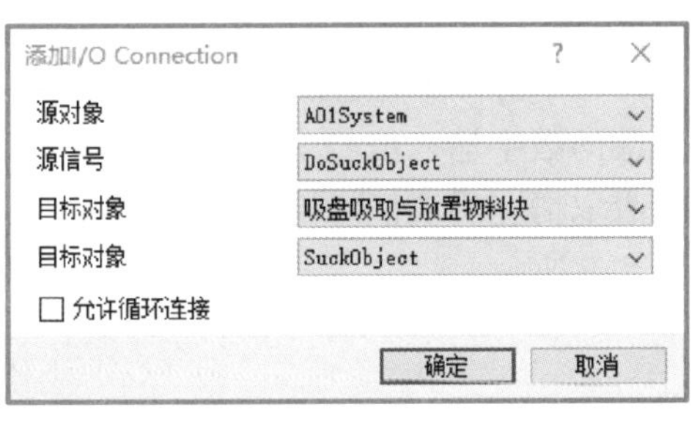

图 5-6 信号和连接

④ 如图 5-7 所示，机器人用于控制夹爪拾取长方体、正方体和圆柱体物料的数字输出信号 DO1、DO2、DO3 都与“物料块的拾取与放置中”组件中的数字输入信号 GripObject 相关联。

⑤ 接下来将 Smart 组件的信号与机器人端的 I/O 信号相关联，Smart 组件中输出信号作为机器人端的输入信号。如图 5-8 所示，“工具拾取与放置”组件中的拾取情况反馈信号 GripOK 与机器人端数字输入信号 DiGripOK 相关联；“模拟物料块下落”组件中的物料到位反馈信号 Object_InPOS 与机器人端数字输入信号 DiObject_InPOS 相关联。

图 5-7　信号和连接

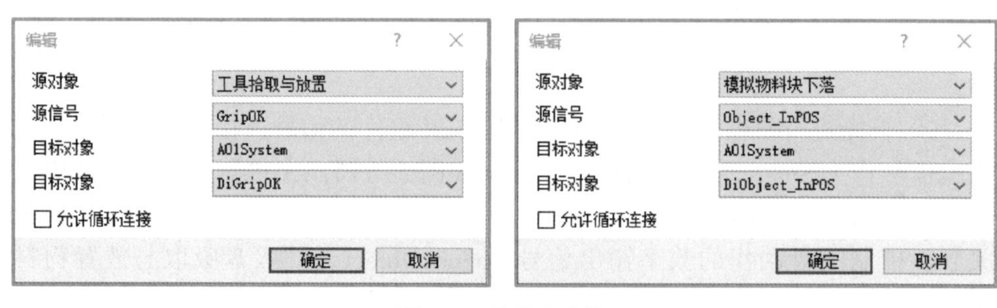

图 5-8　信号和连接

⑥“物料在传送带上运动”组件中的物料到位反馈信号 Object_STOP 与机器人端的数字输入信号 DiObject_STOP 相关联；“吸盘吸取与放置物料块“组件中的吸取情况反馈信号 SuckOK 与机器人端的数字输入信号 DiSuckOK 相关联，如图 5-9 所示。

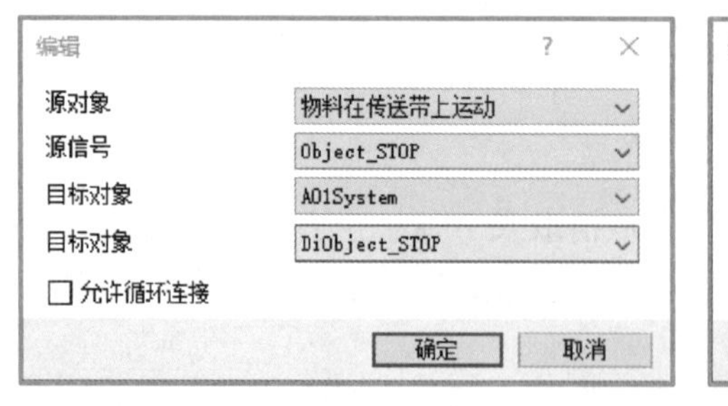

图 5-9　信号和连接

⑦ 如图 5-10 所示，将所有涉及的机器人端和 Smart 组件的信号进行了关联操作，使两者之间建立了关系。在运行程序时，信号之间可以进行通信，完成所有动态的仿真效果。

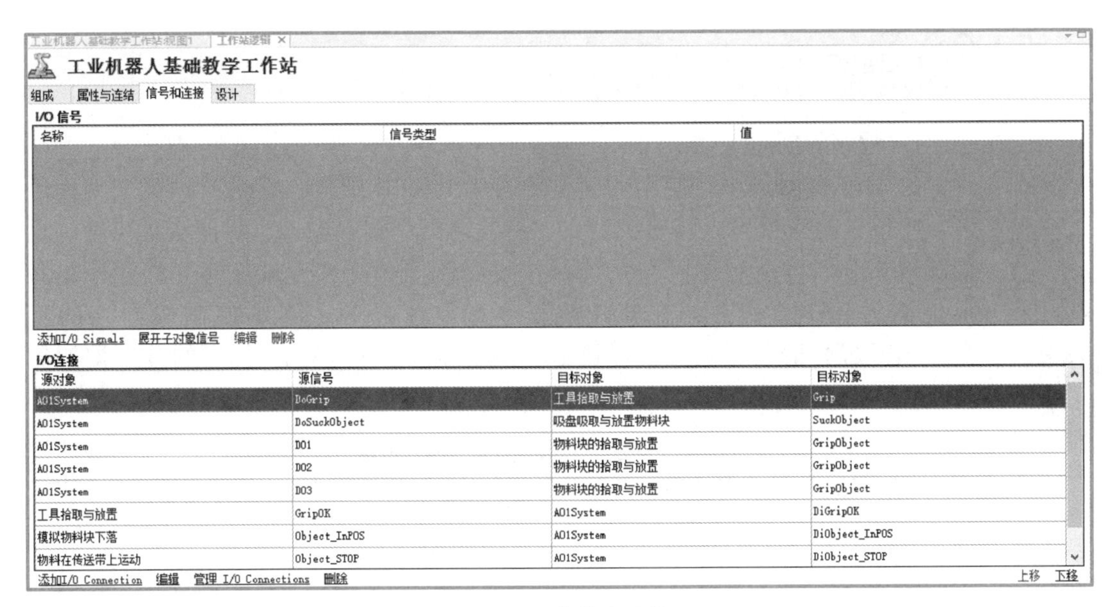

图 5-10　信号和连接

任务回顾

【知识点总结】

1. 工作站逻辑连接的步骤；

2. Smart 组件中的输入与工作站的输入输出信号的关联。

【思考与练习】

1. 控制吸盘动作的数字输出信号 DoSuckObject 与“吸盘吸取与放置物料块”组件中的________信号________连接。

2. “物料在传送带上运动”组件中的物料到位反馈信号________与机器人端的数字输入信号________相关联。

任务 2　程序的编辑

任务描述

课件
程序的编辑

小 R：现在进行到最后的关键步骤，编辑机器人程序。

兰博：编程应该很复杂吧？

小 R：这个程序很简单，只需添加常用的指令，调用子程序就可以完成啦！

兰博：看来我要详细了解一下啦。

知识学习

1. 程序的创建

微课
创建 RAPID 程序

在 ABB 机器人中，使用的编程语言为 RAPID 语言，它是一种英文编程语言，所包含的指令可以移动机器人、设置输出、读取输入，还能实现决策、重复其他指令、构造程序、与系统操作员交流等功能。通过其建立的程序，通常也称为 RAPID 程序，在 RAPID 程序中，包含了一连串控制机器人的指令，执行这些指令可以实现对机器人的控制操作，RAPID 程序的基本构架见表 5-3。

表 5-3 RAPID 程序基本架构

RAPID 程序			
程序模块 1	程序模块 2	程序模块 3	系统模块
程序数据	程序数据	……	程序数据
主程序 main	例行程序	……	例行程序
例行程序	中断程序	……	中断程序
中断程序	功能	……	功能
功能		……	

RAPID 程序的架构主要有以下几个特点。

① RAPID 程序是由程序模块与系统模块组成。一般地，只通过新建程序模块来构建机器人程序，而系统模块多用于系统方面的控制。

② 可以根据不同的用途创建多个程序模块，如专门用于主程序的程序模块、用于位置计算的程序模块、用于存放数据的程序模块，这样便于归类管理不同用途的例行程序与数据。

③ 每一个程序模块包含了程序数据、例行程序、中断程序和功能四种对象，但并非每一个模块中都有这四种对象，程序模块之间的数据、例行程序、中断程序和功能都是可以相互调用的。

④ 在 RAPID 程序中，只有一个主程序 main，存在于任意一个程序模块中，并且是作为整个 RAPID 程序执行的起点。

创建 RAPID 程序的操作方法如下。

① 单击示教器主界面的“程序编辑器”菜单，打开程序编辑器，接着会弹出“不存在程序，是否需要新建或加载现有程序？”，这里选择“取消”即可，如图 5-11（b）所示。

② 再选择“文件”菜单下的“新建模块”，在弹出的对话框中选择“是”以新建程序模块。通过“ABC…”进行模块名称设定，然后单击“确定”按钮创建程序模块“Module1”，如图 5-11（b）所示。

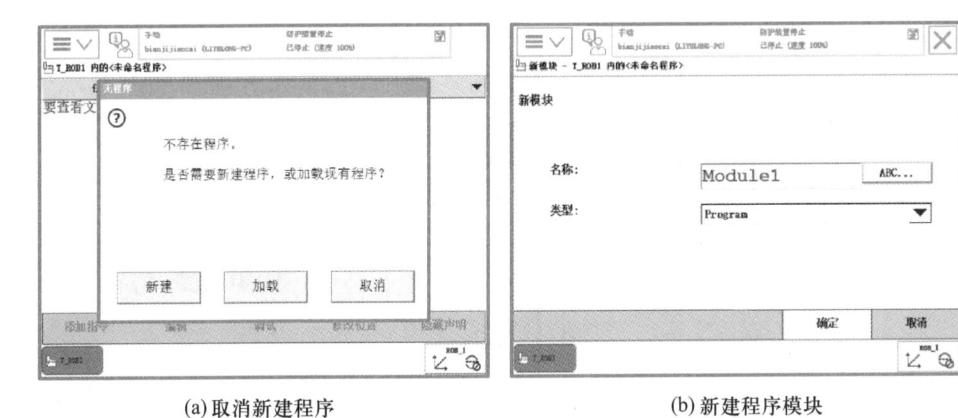

(a) 取消新建程序　　(b) 新建程序模块

图 5-11　取消新建程序并新建程序模块

微课

程序的修改

③ 选中“Module1”，然后单击“显示模块”按钮，进入程序模块界面，单击“例行程序”选项卡，并选择“文件”下的“新建例行程序”，以新建一个主程序“main”，如图 5-12（a）所示。

④ 根据以上的步骤建立回起始点程序 rHome、初始化程序 rInitAll 和 rMoveRoutine 程序，如图 5-12 所示。

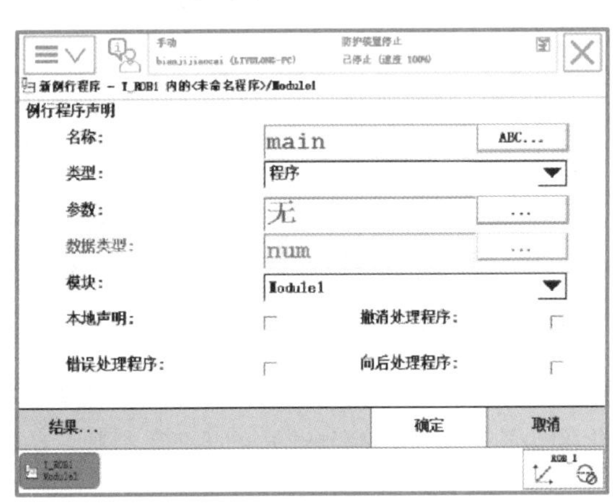

(a) 新建“main”

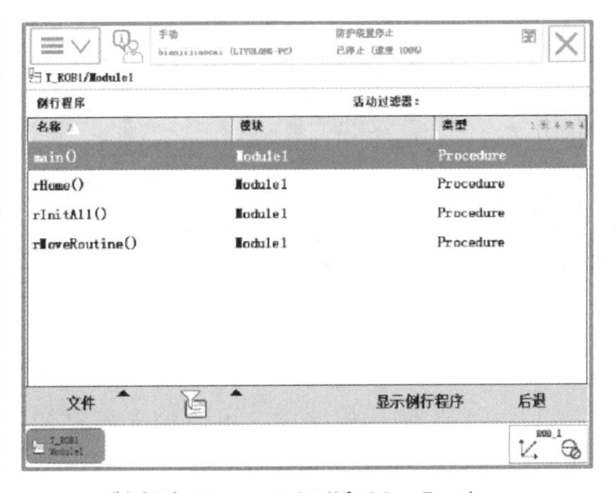

(b) 新建rHome、rInitAll和rMoveRoutine

图 5-12　新建程序

⑤ 返回主菜单，确认已选择并使用的工具坐标系和工件坐标系，再返回程序列表，进入 rHome 程序中，单击“添加指令”，在弹出的指令列表中选择“MoveJ”指令，如图 5-13（a）所示。

⑥ 再次单击“添加指令”按钮，关闭指令列表，双击“*”进入指令参数修改界面，通过新建或选择对应的参数数据，设定轨迹点名称、速度、转弯半径等数据，如图 5-13（b）所示。

⑦ 选择合适的动作模式，将机器人移至相应的位置，作为机器人的空闲点或 Home 点，然后选择该指令行，单击“修改位置”按钮，将机器人的当前位置记录下来，如图 5-14 所示。

(a) 添加指令

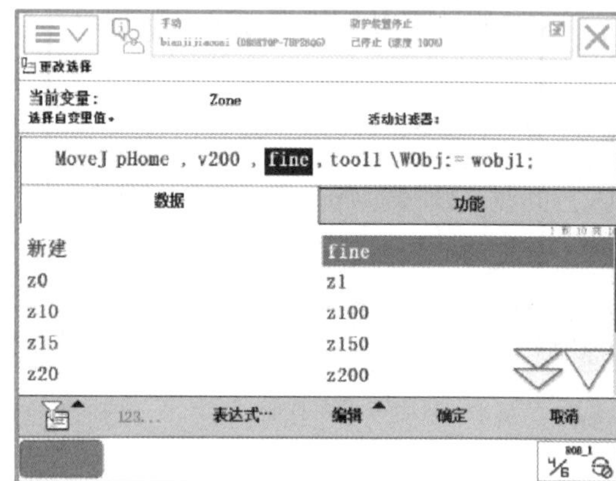

(b) 设置各项参数

图 5-13　添加指令并设置各项参数

微课
示教器简介

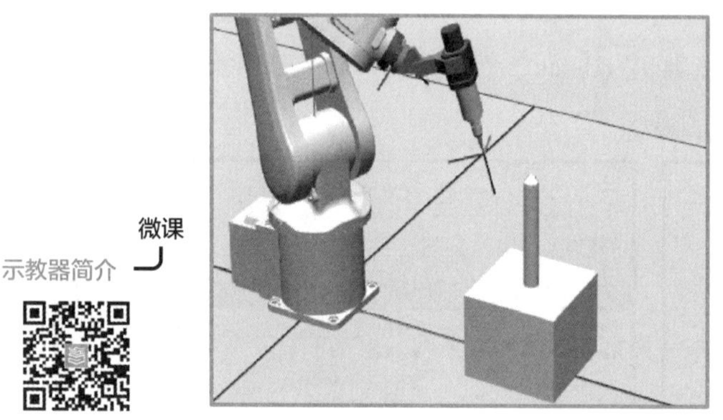

图 5-14　修改 Home 点的位置

⑧ 然后按照上述添加指令的方法，完成程序 rInitAll 的指令添加。通常在此例行程序中，可以加入需要初始化的内容，比如速度参数、加速度参数、I/O 复位等，如图 5-15（a）所示。

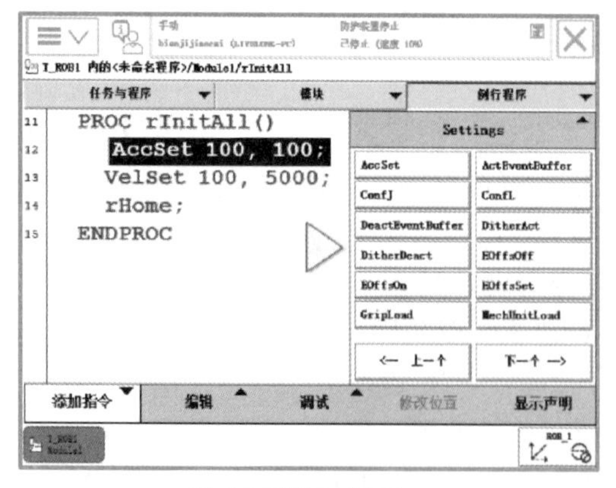

(a) rInitAll的指令添加

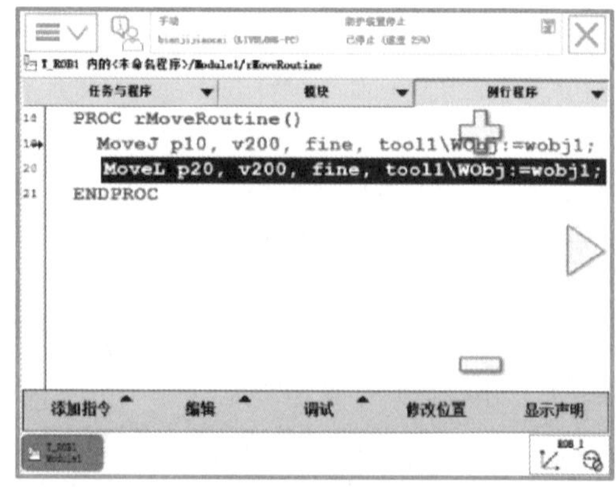

(b) rMoveRoutine的指令添加

图 5-15　程序编辑

⑨ 接着在例行程序 rMoveRoutine 中添加从 P10 点直线运动到 P20 点的程序指令，如图 5-15（b）所示。

⑩ 然后在 main 主程序中，利用调用指令 ProcCall 调用初始化程序 rInitAll，并编写相应程序“如果输入信号 di1 为 1，则执行 rMoveRoutine 程序并返回至起始点”。编写过程中注意：为了将初始化程序隔离开，使用 WHILE 指令，并在最后防止系统 CPU过负荷，添加 WaitTime 0.3 s 程序行，编写完成的程序如图 5-16（a）所示。

⑪ 程序编写完成后，单击“调试”下的“检查程序”选项，用以检查程序是否有错误，如图 5-16（b）所示。如无误，则通过“调试”按钮下的“PP 移至 main”选项及使能键与启动键运行程序。

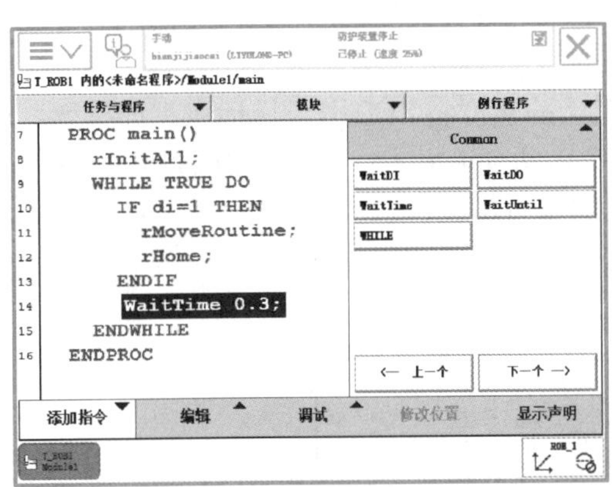

(a) 编写完的程序

(b) 检查

图 5-16　完成程序编辑并检查

2. 动作指令介绍

所谓动作指令，是指以指定的移动速度和移动方法使机器人向作业空间内的指定位置进行移动的控制语句。

ABB 机器人在空间中的运动主要有关节运动（MoveJ）、线性运动（MoveL）、圆弧运动（MoveC）和绝对位置运动（MoveAbsJ）四种方式。

（1）关节运动指令 MoveJ

关节运动是指机器人从起始点以最快的路径移动到目标点，这是时间最快也是最优化的轨迹路径。最快的路径不一定是直线，由于机器人做回转运动，且所有轴的运动都是同时开始和结束，所以机器人的运动轨迹无法精确地预测，如图 5-17 所示。这种轨迹的不确定性也限制了这种运动方式只适合于机器人在空间大范围移动且中间没有任何遮挡物的情况。所以机器人在调试以及试运行时，应该在阻挡物体附近降低速度来测试机器人的移动特

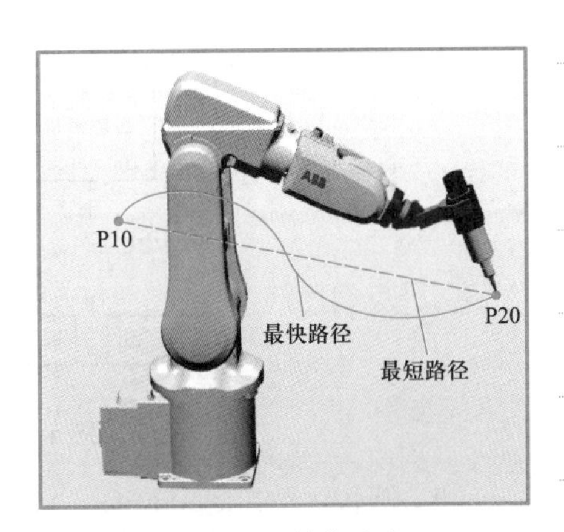

图 5-17　关节运动

性，否则可能发生碰撞由此造成部件、工具或机器人损伤的后果。

关节运动指令语句形式如图 5-18 所示。

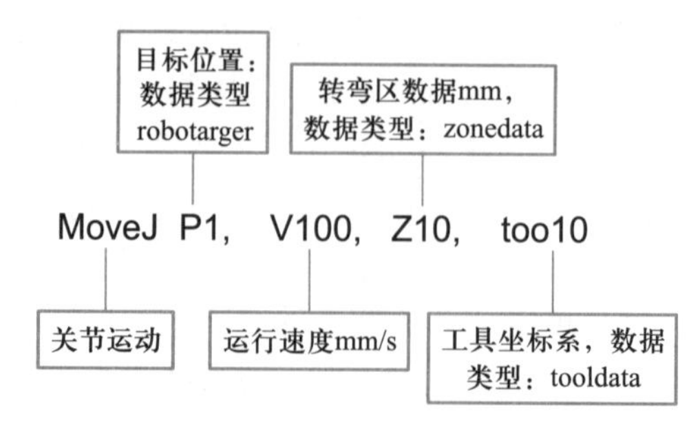

图 5-18 关节运动指令

（2）线性运动指令 MoveL

微课 MoveL 指令的添加与应用

线性运动是机器人沿一条直线以定义的速度将 TCP 引至目标点，如图 5-19 所示。机器人从 P10 点以直线运动方式移动到 P20 点，从 P20 点移动到 P30 点也是以直线运动方式。机器人的运动状态是可控的，运动路径保持唯一，只是在运动过程中有可能出现死点，常用于机器人在工作状态的移动。

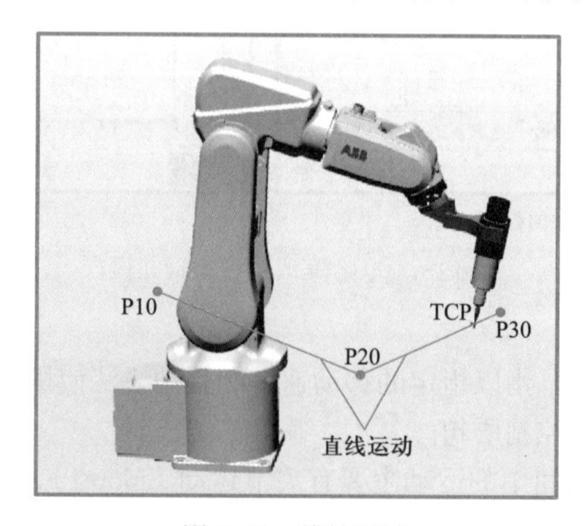

图 5-19 线性运动

线性指令运动语句形式如图 5-20 所示。

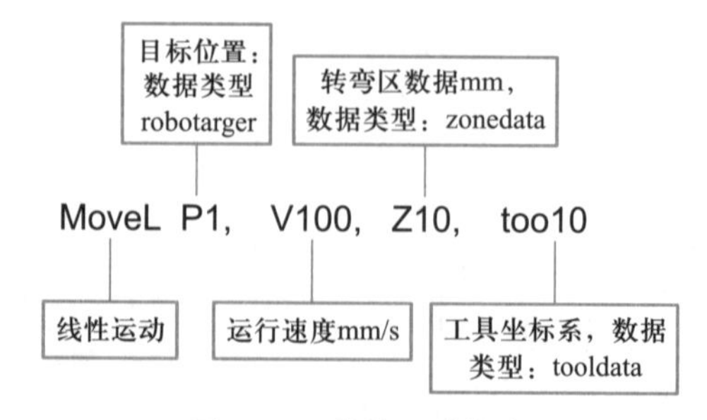

图 5-20 线性运动指令

（3）圆弧运动指令 MoveC

圆弧运动是机器人沿弧形轨道以定义的速度将 TCP 移动至目标点，如图

5–21 所示，弧形轨道是通过起始点、中间点和目标点进行定义的。上一条指令以精确定位方式到达的目标点可以作为起始点，中间点是圆弧所经历的中间点，对于中间点来说，X、Y 和 Z 起决定性作用。起始点、中间点和目标点在空间的一个平面上，为了使控制部分准确地确定这个平面，三个点之间离得越远越好。

在圆弧运动中，机器人运动状态可控，运动路径保持唯一，常用于机器人在工作状态的移动。限制是机器人不可能通过一个 MoveC 指令完成一个圆。

圆弧运动的指令形式如图 5–22 所示。

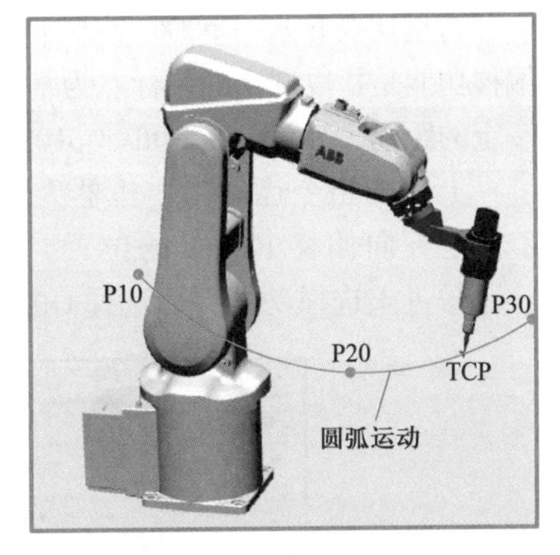

图 5–21　圆弧运动

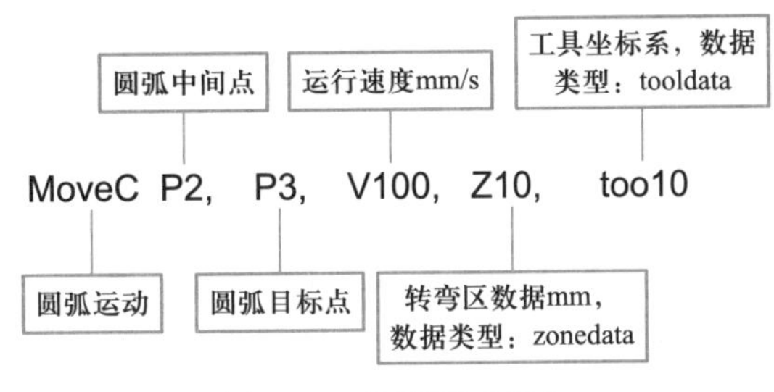

图 5–22　圆弧运动指令

（4）绝对位置运动指令 MoveAbsJ

绝对位置运动指令是机器人以单轴运行的方式运动至目标点，运动状态完全不可控，需要避免在正常生产中使用此指令，常用于检查机器人零点位置。MoveAbsJ 与另外三个运动指令较为直接的区别在于，MoveJ、MoveL 和 MoveC 运动指令储存的 TCP 点针对相应坐标系上的空间位置，而 MoveAbsJ 储存的是机器人六轴的关节角度。例如图 5–23（a）所示为 MoveJ 运动指令的储存值，可以看出 MoveJ 储存的是 x、y、z 三轴的值。图 5–23（b）所示为 MoveAbsJ 的储存值，而 MoveAbsJ 储存的则是六个轴的角度。不同的储存方式也决定了指令不同的用途。

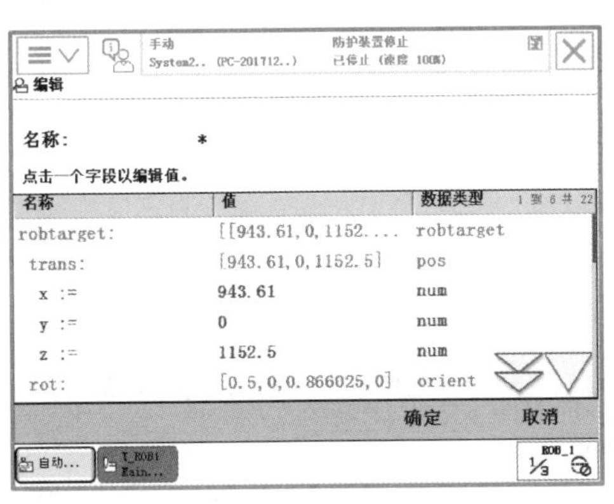

(a) MoveJ的储存值

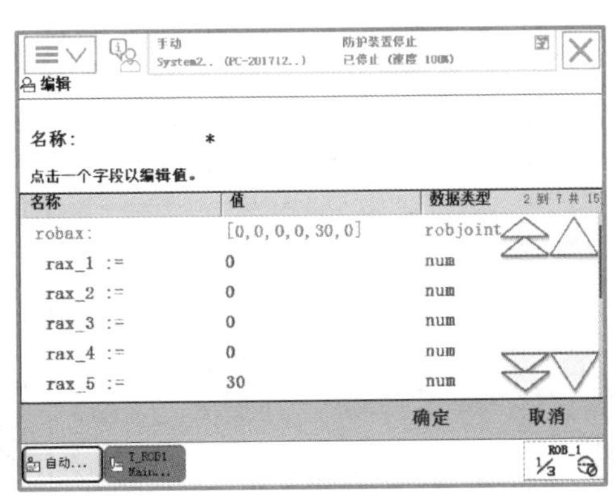

(b) MoveAbsJ的储存值

图 5–23　MoveJ 与 MoveAbsJ 运动指令储存值的区别

（5）Offs 偏移指令

这里还要介绍一下 Offs 偏移指令，它并不属于动作指令，需要在后期选择。Offs 偏移功能是指以选定的目标点为基准，沿着选定工件坐标系的 *X*、*Y*、*Z* 轴方向偏移一定的距离，如：MoveL Offs（p10，0，0，10），v200，z50，tool0\Wobj：=Wobj1；

上述的指令运动为：机器人 TCP 移动至以 P10 点为基准点，沿着 Wobj1 的 *Z* 轴正方向偏移 10 mm 的位置。添加这一条运动指令，如图 5-24 所示，单击“*”号进入选择功能界面选择 Offs 偏移指令进行编辑。

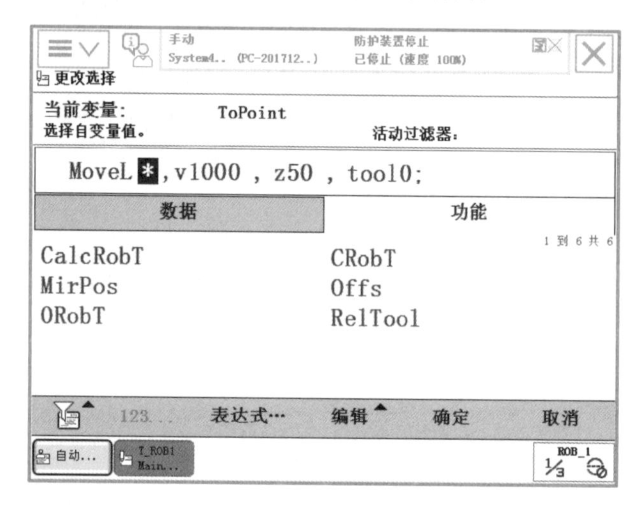

图 5-24　Offs 偏移指令的添加

（6）调用指令

实现主程序调用子程序的功能，主要是使用例行程序调用指令 ProcCall。通过调用对应的例行程序，当机器人执行到对应程序时，就会执行对应例行程序里的程序。一般在程序中指令比较多的情况，通过建立对应的例行程序，再使用 ProcCall 指令实现调用，有利于方便管理。

在例行程序添加指令中找到 ProcCall 指令如图 5-25（a）所示。选择需要调用的程序如图 5-25（b）所示。

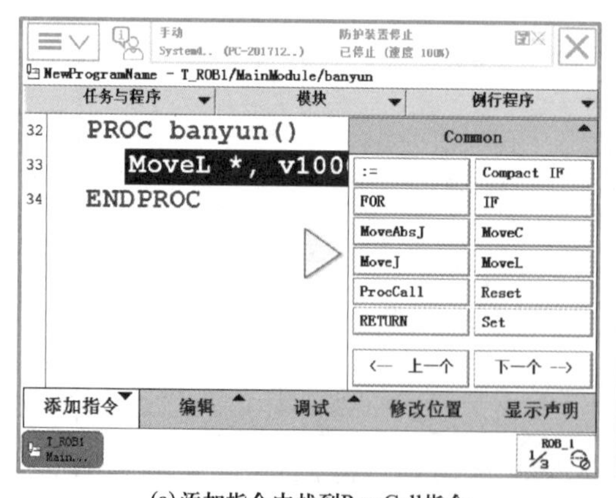

(a) 添加指令中找到ProcCall指令

(b) 选择需要调用的程序

图 5-25　ProcCall 指令的使用

任务实施

① 新建初始化例行程序 rInitAll，如图 5-26 所示，目的是使机器人在每次运行之前，将所有信号和初始位置进行复位。

② 新建机器人抓取夹爪的例行程序 rzjz，如图 5-27 所示。

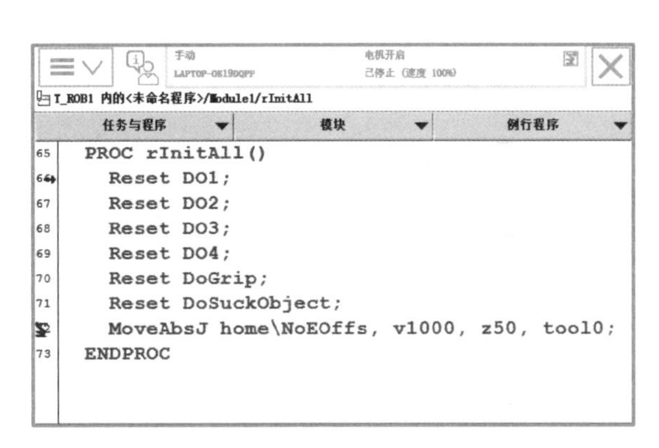

图 5-26 新建初始化例行程序 rInitAll

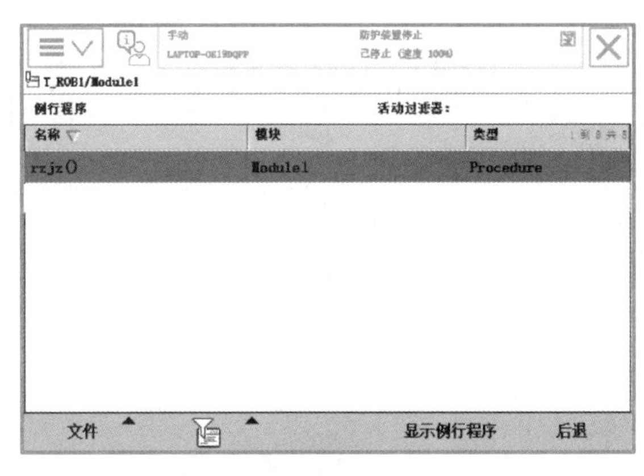

图 5-27 新建抓取夹爪例行程序 rzjz

③ 依据如图 5-28 所示规划的抓取夹爪的轨迹路径，完成机器人抓取夹爪的程序，如图 5-29 所示。

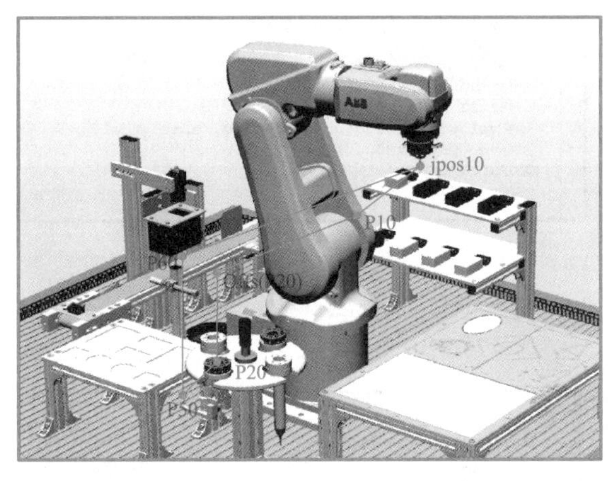

图 5-28 抓取夹爪路径

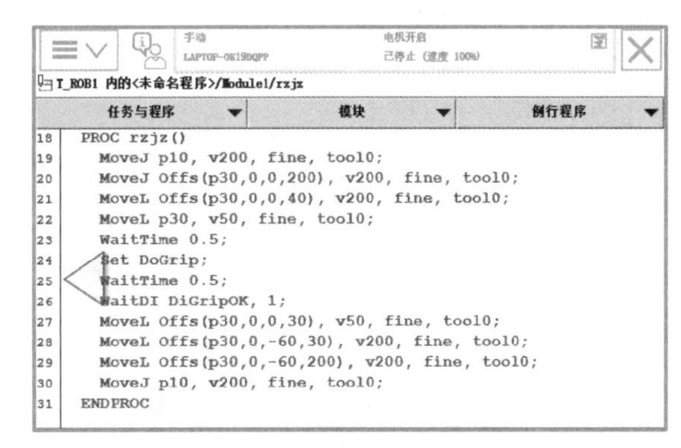

图 5-29 机器人抓取夹爪程序

④ 依据图 5-30 所示规划的放置夹爪的轨迹路径，新建例行程序 rfjz，完成机器人放置夹爪的程序，如图 5-31 所示。

⑤ 依据图 5-32 所示规划的抓取吸盘的轨迹路径，新建例行程序 rzxp，完成机器人抓取吸盘的程序，如图 5-33 所示。

⑥ 依据图 5-34 所示规划的放置吸盘的轨迹路径，新建例行程序 rfxp，完成机器人放置吸盘的程序，如图 5-35 所示。

⑦ 依据图 5-36 所示规划的未成品搬运的轨迹路径，新建例行程序 rwcpby，完成机器人未成品搬运的程序。

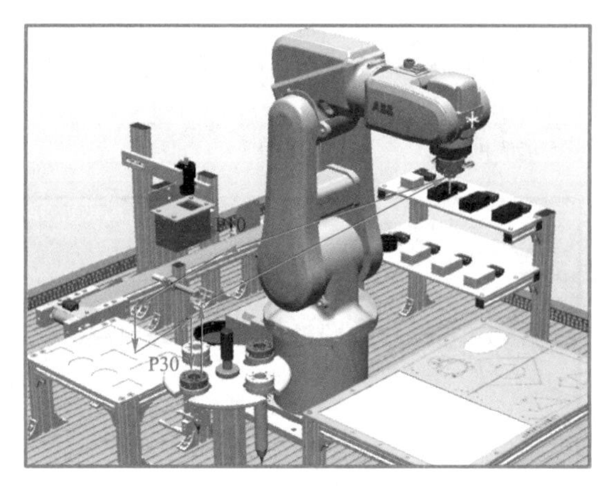

图 5-30　放置夹爪路径

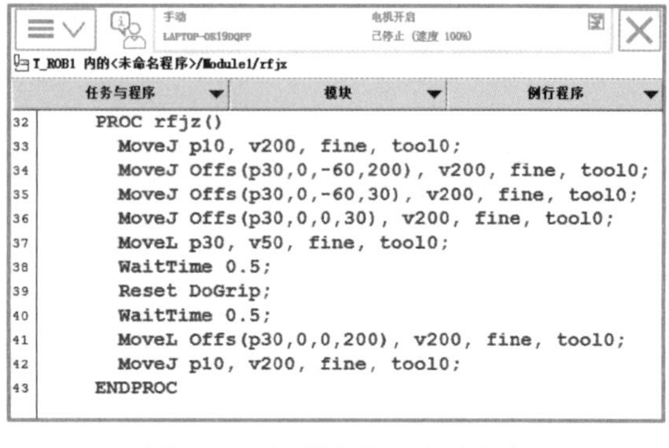


```
32    PROC rfjz()
33      MoveJ p10, v200, fine, tool0;
34      MoveJ Offs(p30,0,-60,200), v200, fine, tool0;
35      MoveJ Offs(p30,0,-60,30), v200, fine, tool0;
36      MoveJ Offs(p30,0,0,30), v200, fine, tool0;
37      MoveL p30, v50, fine, tool0;
38      WaitTime 0.5;
39      Reset DoGrip;
40      WaitTime 0.5;
41      MoveL Offs(p30,0,0,200), v200, fine, tool0;
42      MoveJ p10, v200, fine, tool0;
43    ENDPROC
```

图 5-31　机器人放置夹爪程序

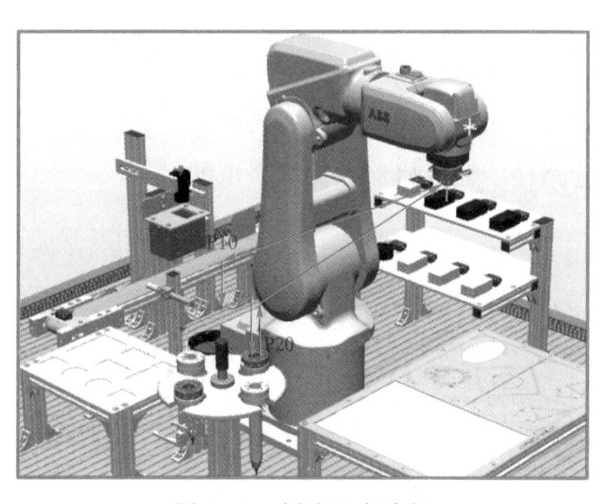

图 5-32　抓取吸盘路径

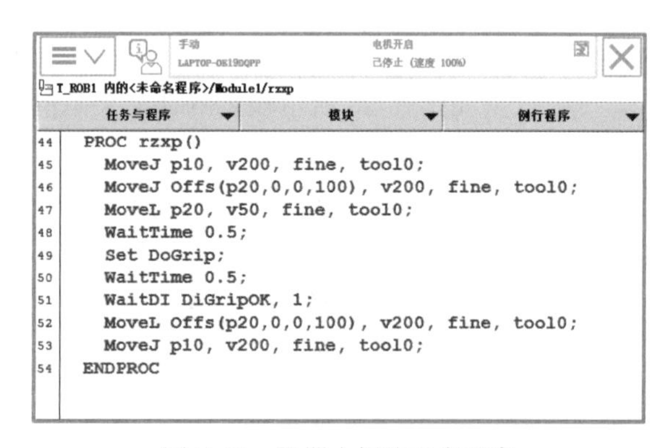


```
44  PROC rzxp()
45    MoveJ p10, v200, fine, tool0;
46    MoveJ Offs(p20,0,0,100), v200, fine, tool0;
47    MoveL p20, v50, fine, tool0;
48    WaitTime 0.5;
49    Set DoGrip;
50    WaitTime 0.5;
51    WaitDI DiGripOK, 1;
52    MoveL Offs(p20,0,0,100), v200, fine, tool0;
53    MoveJ p10, v200, fine, tool0;
54  ENDPROC
```

图 5-33　机器人抓取吸盘程序

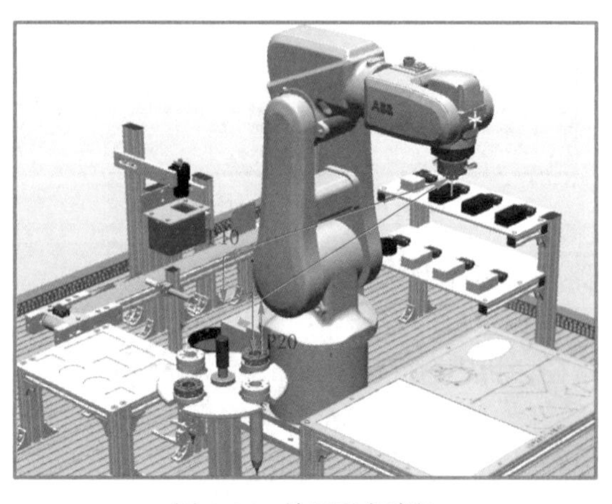

图 5-34　放置吸盘路径

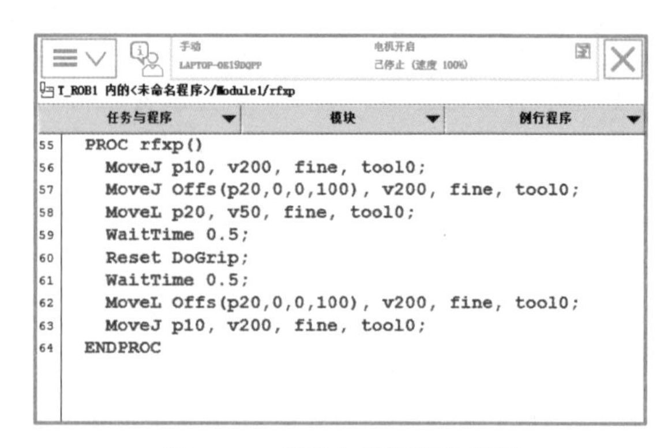


```
55  PROC rfxp()
56    MoveJ p10, v200, fine, tool0;
57    MoveJ Offs(p20,0,0,100), v200, fine, tool0;
58    MoveL p20, v50, fine, tool0;
59    WaitTime 0.5;
60    Reset DoGrip;
61    WaitTime 0.5;
62    MoveL Offs(p20,0,0,100), v200, fine, tool0;
63    MoveJ p10, v200, fine, tool0;
64  ENDPROC
```

图 5-35　机器人放置吸盘程序

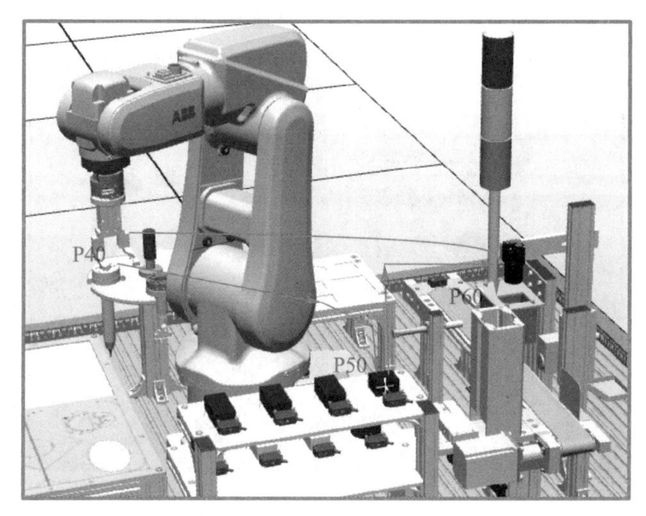

图 5-36　未成品搬运路径

```
PROC rwcpby()
MoveAbsJ home10\NoEOffs,v200,fine,tool0;// 机器人回原点
MoveJ p40,v200,fine,tool0;// 机器人中间点
MoveJ Offs(p50,0,0,50),v200,fine,tool0;// 夹爪接近点 1
MoveL Offs(p50,0,0,20),v50,fine,tool0;// 夹爪接近点 2
MoveL p50,v30,fine,tool0;// 夹爪夹取点
WaitTime 0.5;
Set DO2;// 控制夹爪机械装置夹取正方体
WaitTime 0.5;// 延时确认夹取完成
MoveL Offs(p50,0,0,50),v200,fine,tool0;
MoveL Offs(p50,0,-100,70),v200,fine,tool0;// 返回至接近点
MoveJ Offs(p60,0,0,30),v200,fine,tool0;// 料井上方点
MoveL p60,v40,fine,tool0;// 放置正方体点
Reset DO2;// 释放夹取的正方形物料
MoveL Offs(p60,0,0,60),v200,fine,tool0;// 料井上方一点
WaitDI DiObject_InPOS,1;// 等待物料从料井中下落到位
Set DO4;// 置位推料气缸
WaitTime 1.5;// 延时确认物料推出
Reset DO4;// 复位推料气缸
MoveJ p40,v200,fine,tool0;// 机器人中间点
MoveAbsJ home10\NoEOffs,v200,fine,tool0;// 机器人回原点
ENDPROC
```

⑧ 依据图 5-37 所示规划的成品搬运的轨迹路径，新建例行程序“rcpby”，完成机器人成品搬运的程序。

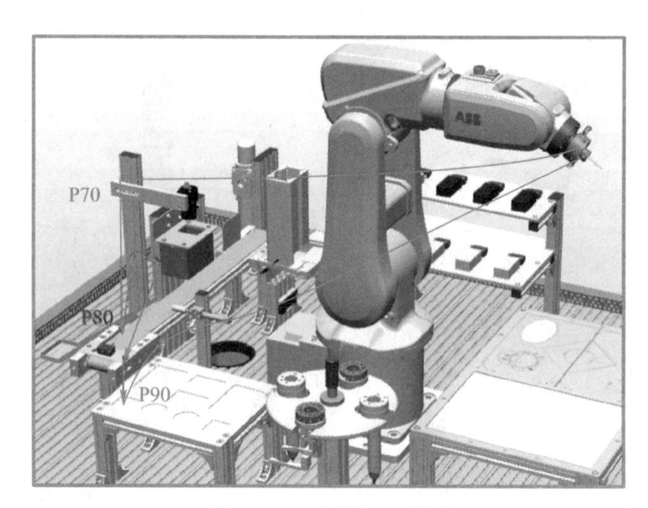

图 5-37　成品搬运路径

```
PROC rcpby()
MoveJ p70, v200, fine, tool0;// 传送带上方一点
MoveJ Offs(p80, 0, 0, 30), v200, fine, tool0;// 正方体物料上方点
MoveL p80, v40, fine, tool0;// 吸取正方体点
WaitTime 0.5;
Set DoSuckObject;// 控制吸盘吸取物料
WaitTime 0.5;
WaitDI DiSuckOK, 1;// 等待吸取完成
MoveL Offs(p80, 0, 0, 30), v200, fine, tool0;
MoveJ p70, v200, fine, tool0;
MoveJ Offs(p90, 0, 0, 40), v200, fine, tool0;// 平面料盘上方一点
MoveL p90, v40, fine, tool0;// 放置点
Reset DoSuckObject;// 控制吸盘释放物料
WaitTime 0.5;// 延时确认
MoveL Offs(p90, 0, 0, 60), v200, fine, tool0;
MoveJ p100, v200, fine, tool0;
ENDPROC
```

微课
主程序的编辑

⑨ 主程序的编辑只需按照工作站的工作流程将编辑好的子程序一一调用，如图 5-38 所示。

⑩ 以上程序已经编辑完成，查看方式为：单击“RAPID”功能选项卡，然后在“控制器”窗口依次展开“RAPID”→“T_ROB1”，双击“Moudle1”，程序内容如图 5-39 所示。

下面可以进行仿真运行，查看流水线搬运的全部动态仿真效果，具体操作步骤如下。

① 单击“仿真”功能选项卡中的“仿真设定”，将全部的 Smart 组件和程序任务都勾选上，如图 5-40 所示。

```
手动                          电机开启
LAPTOP-OBI9DQFP               已停止 (速度 100%)
T_ROB1 内的<未命名程序>/Module1/main
任务与程序          模块          例行程序
96   PROC main()
97     rInitAll;
98       rzjz;
99       rwcpby;
100      rfjz;
101      rzxp;
102      rcpby;
103      rfxp;
104      WaitTime 0.2;
105        ENDPROC
```

图 5-38　主程序

```
工业机器人基础教学工作站 - ABB RobotStudio 6.03 (64 位)
文件(F)  基本  建模  仿真  控制器(C)  RAPID  Add-Ins
同步  格式  大纲视图  Snippet  指令  转到行  main  查找/替换  应用  RAPID 任务  运行模式  程序  请节机器人目标  所选任务  自动  步入  跳出  跳过  停止  检查程序  程序指针  断点  RAPID 分析工具
进入  编辑  插入  查找  控制器  测试和调试

控制器  文件
当前工作站
  A01System
    HOME
    配置
    事件日志
    I/O 系统
    RAPID
      T_ROB1
        程序模块
          CalibData
          Module1
            main
            rcpby
            rfjz
            rfxp
            rInitAll
            rwcpby
            rzjz
            rzxp
        系统模块
          BASE
          user

工业机器人基础教学工作站:视图1   A01System (工作站)
T_ROB1/Module1
82         MoveL Offs(p50,0,-100,70), v200, fine, tool0;
83         MoveJ Offs(p60,0,0,30), v200, fine, tool0;
84         MoveL p60, v40, fine, tool0;
85         Reset DO2;
86         MoveL Offs(p60,0,0,60), v200, fine, tool0;
87         WaitDI DiObject_InPOS, 1;
88         Set DO4;
89         WaitTime 1.5;
90         Reset DO4;
91         MoveJ p40, v200, fine, tool0;
92         MoveAbsJ home10\NoEOffs, v200, fine, tool0;
93     ENDPROC
94     PROC main()
95         rInitAll;
96             rzjz;
97             rwcpby;
98             rfjz;
99             rzxp;
100            rcpby;
101            rfxp;
102            WaitTime 0.2;
103        ENDPROC
104    PROC rcpby()
105        MoveJ p70, v200, fine, tool0;
106        MoveJ Offs(p80,0,0,30), v200, fine, tool0;
107        MoveL p80, v40, fine, tool0;
108        WaitTime 0.5;
109        Set DoSuckObject;
110        WaitTime 0.5;
111        WaitDI DiSuckOK, 1;

控制器状态  输出  RAPID Watch  仿真窗口  RAPID调用堆栈  RAPID断点  搜索结果
```

图 5-39　程序内容

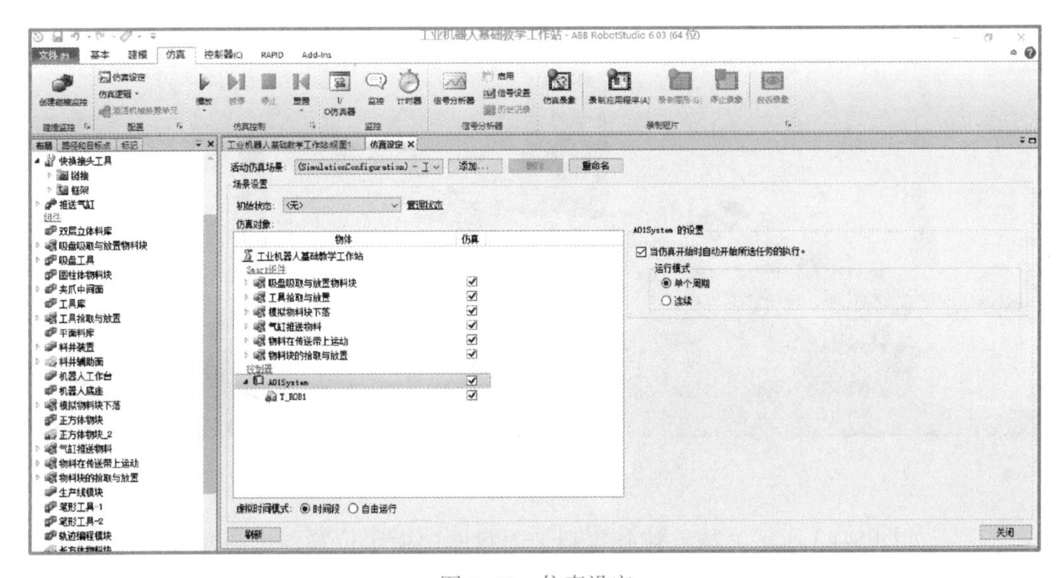

图 5-40　仿真设定

② 关闭“仿真设定”界面，单击“播放”按钮，机器人开始自动运行 main 主程序中的程序，进行仿真。图 5-41 所示为机器人夹爪在双层料库中夹取正方体物料。

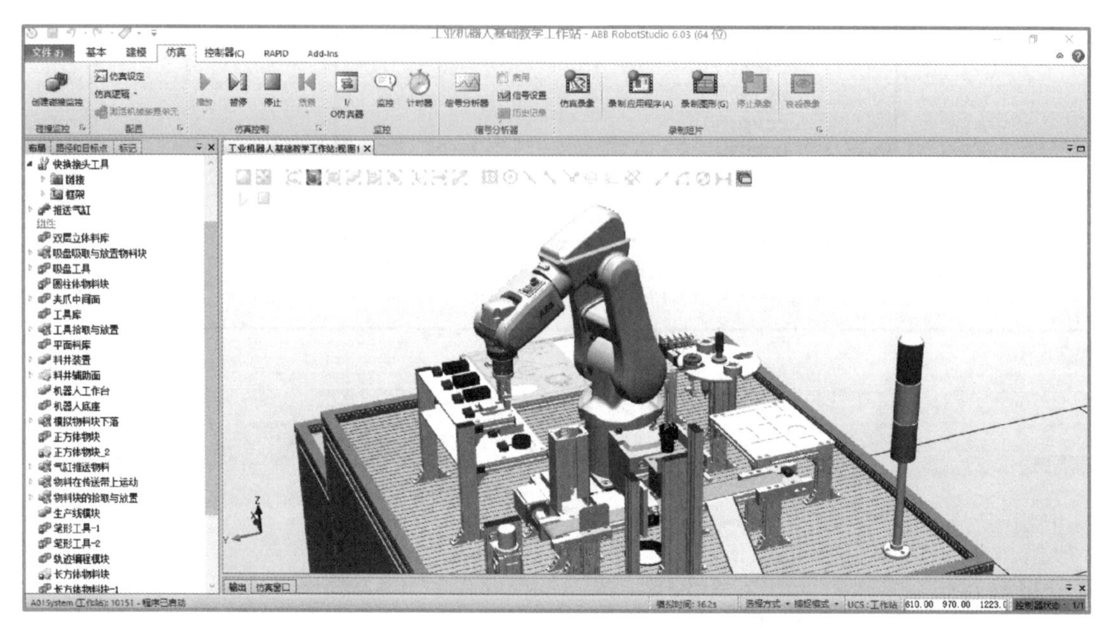

图 5-41　夹取物料

如图 5-42 所示，机器人向料井中投放物料，物料沿料井下落。

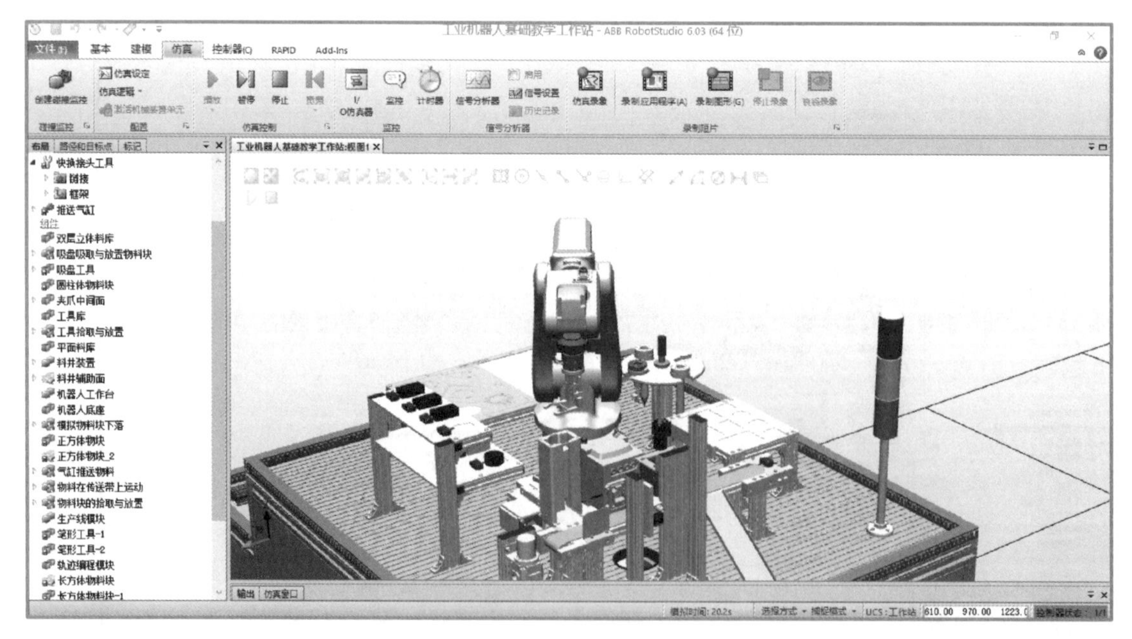

图 5-42　投放物料

如图 5-43 所示，物料被放置到平面料库中指定位置，机器人将吸盘放回工具库。

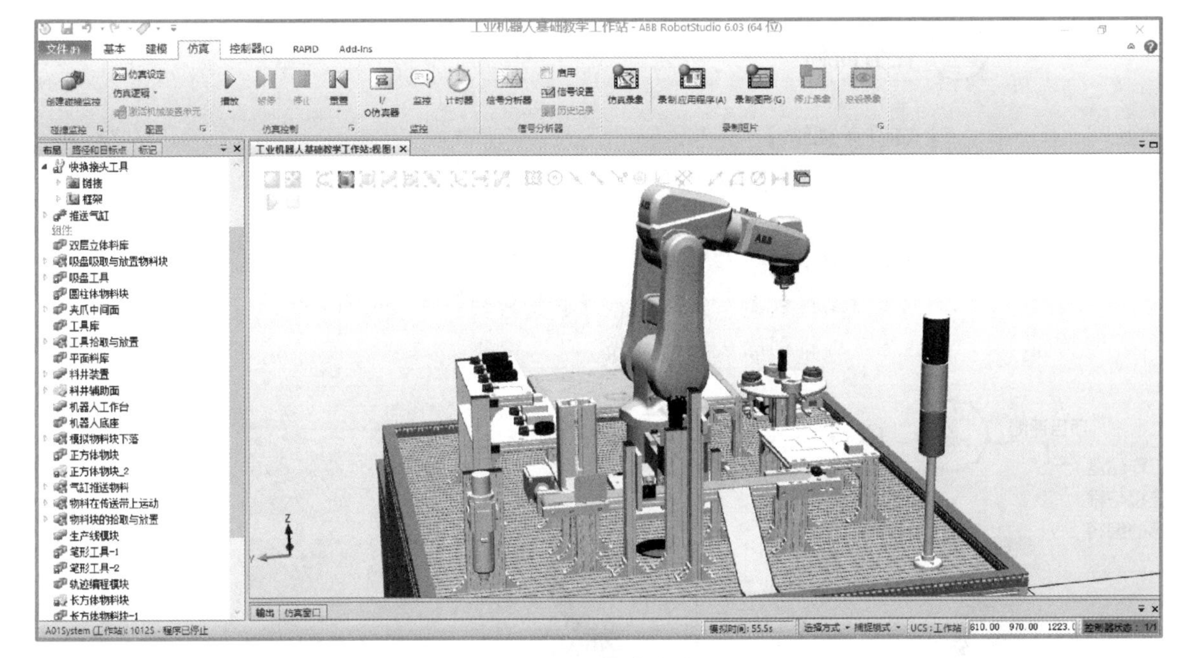

图 5-43　仿真完成

仿真结束后，可以单击“重置”中的“复位”，将所有的部件恢复到仿真之前的状态。至此，已经完成了工作站流水线搬运的动画效果仿真制作，可以利用“文件”功能选项卡中的“共享”中的“打包”功能，将制作完成的工作站进行打包并与他人分享，如图 5-44 所示。

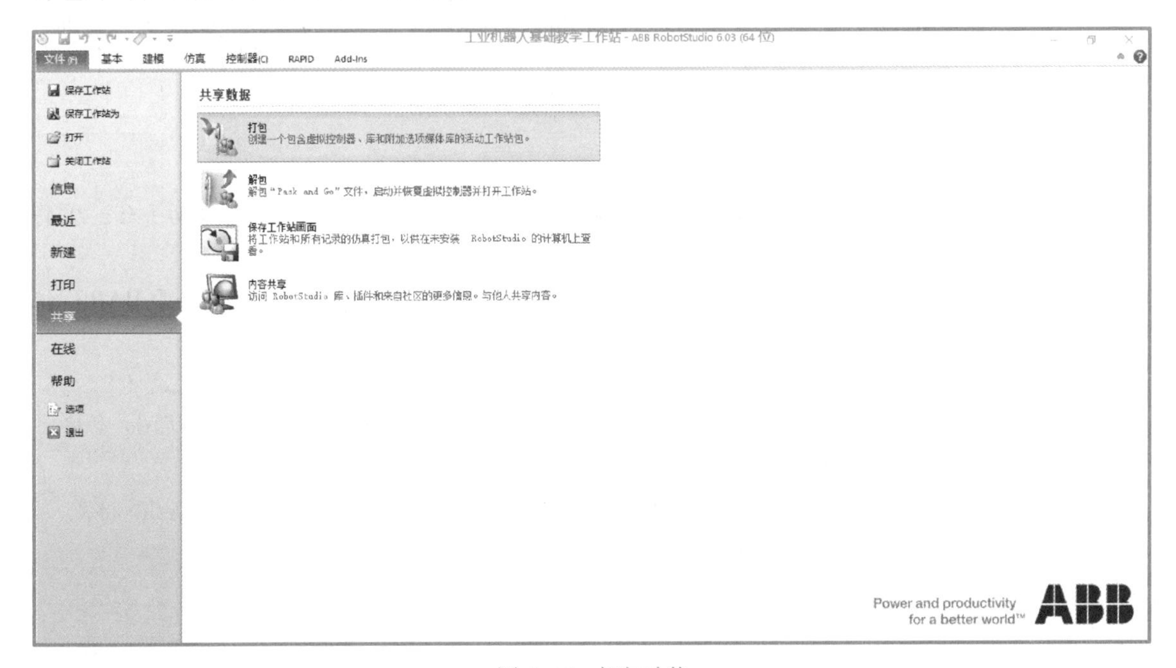

图 5-44　打包功能

任务回顾

【知识点总结】

1. 程序动作指令的应用；
2. 等待指令的运用。

【思考与练习】

1. 如何编辑机器人使用吸盘吸取物料到料井处的程序？
2. 练习编辑剔除废料的程序。

项目评测

仿真工作站逻辑的连接与程序的编辑

项目总结（见图 5–45）

图 5–45　技能图谱

【项目习题】

1. 在 RobotStudio 软件中，为保证虚拟控制器中的数据与工作站一致，需将虚拟控制器与工作站数据进行 ________ 操作。

2. “RAPID” 功能选项卡，包含 ________、________ 以及用于 RAPID 编程的其他控件。

3. 导入模型到 RobotStudio 软件中时，浏览几何体的快捷操作模式是（　　）。

A. Ctrl+L　　B. Ctrl+G　　C. Ctrl+H　　D. Ctrl+ 空格

4. 将 RobotStudio 软件中的第三方模型保存为库文件的格式是（　　）。

A. step 格式　　B. stl 格式　　C. iges 格式　　D. rslib 格式

5. 机器人工作站程序编辑的步骤是怎样的？

机器人工作站简单离线轨迹编程

项目引入

小 R：从这个项目开始我们的学习重心就要转移到离线编程的应用上来。下面我给你出个难题，请看这张图片（见图 6-1）。

图 6-1　机器人钢板

兰博：这是什么，皮影吗？

小 R：不是的，这是一块钢板经过激光切割切出来的图形，这些轨迹都是由机器人完成的，是不是很精细。

兰博：那还挺复杂的，这需要示教很多点，有直线，又有圆弧。

小 R：别忘了我的强大功能，我可以自动生成路径哦！

本项目的知识图谱如图 6-2 所示。

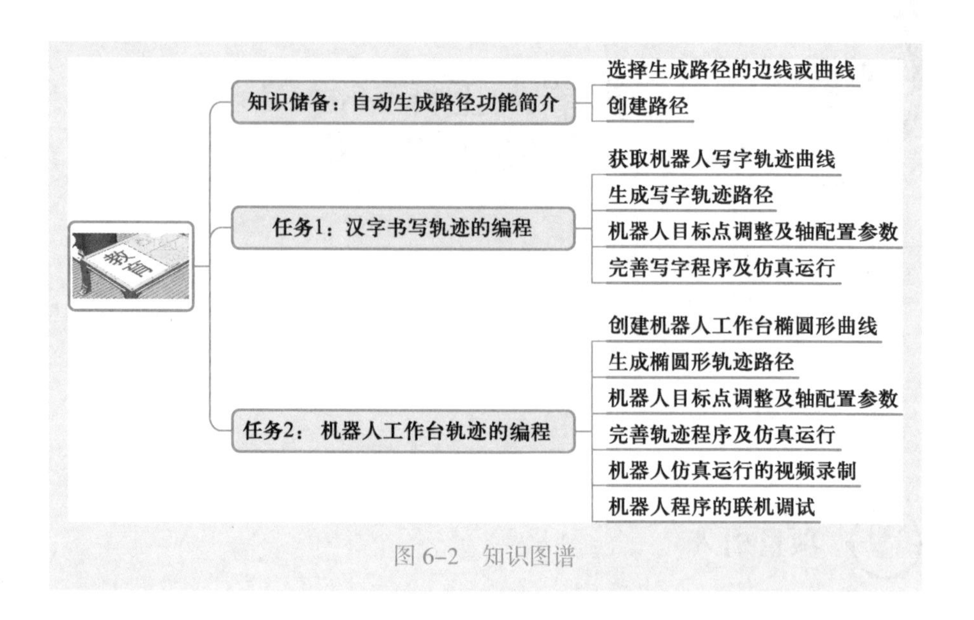

图 6-2 知识图谱

知识储备

课件 自动生成路径功能简介

在对复杂轨迹路径进行规划时，在线编程做起来会比离线编程烦琐，并且修改起来较麻烦，这时离线编程的作用就显得尤为重要。RobotStudio 不仅能够进行示教编程，还可以通过自动生成路径功能捕捉模型表面生成轨迹程序，如图 6-3 所示。

在“基本”选项卡中的“路径”选项下打开“自动路径”的功能选项。在图 6-4 中选择边线或曲线，然后选择参考面并设置好参数后单击创建会自动创建一个完整的路径，不需再去单个点的示教。如图 6-5 所示。

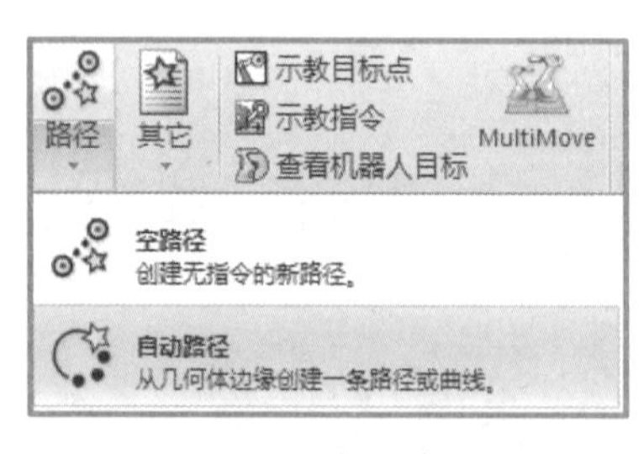

图 6-3 自动路径

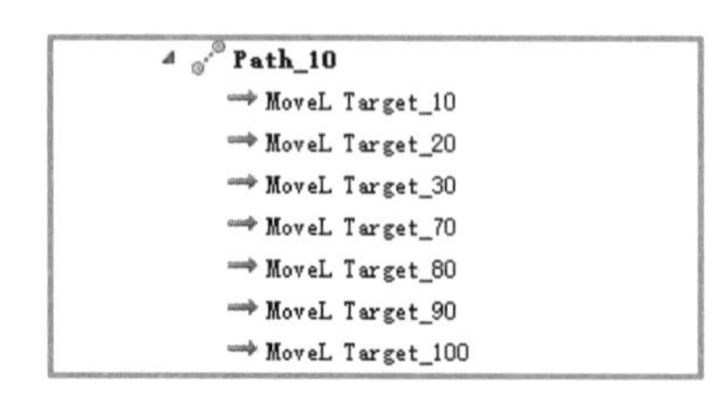

图 6-4 创建的路径

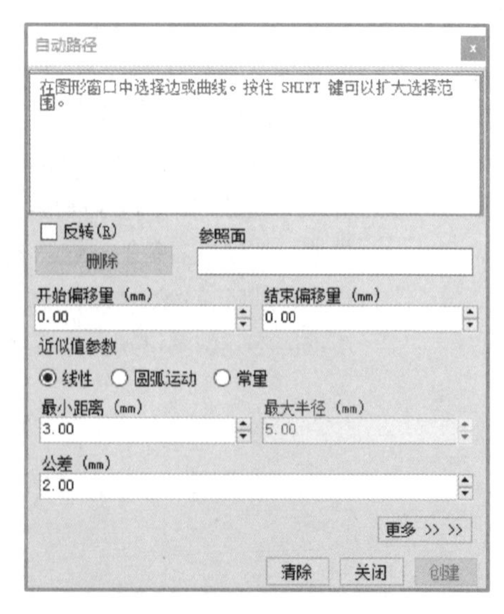

图 6-5 自动路径创建窗口

任务 1 汉字书写轨迹的编程

任务描述

兰博：我需要制作“教育”（见图 6-6）两个字的轨迹，不需要做什么激光切割之类，只需要机器人用笔形工具将它写在白纸上即可。

小 R：小菜一碟，我会将整个任务划分成获取机器人写字轨迹曲线、生成写字轨迹路径、机器人目标点调整及轴配置参数、完善写字程序及仿真运行四部分，相信你可以快速地掌握。

图 6-6 “教育”字体模板

课件

汉字书写轨迹的编程

微课

创建汉字书写轨迹程序

任务实施

本次的任务是要求完成写字离线轨迹编程，在这之前需要一些前期的准备工作。

1. 前期准备工作

（1）文字模板的导入

在创建机器人写字轨迹程序之前，由于 RobotStudio 软件不方便制作，可采用第三方三维软件预先制作成相应的文字模型，模型边框即为 A4 纸尺寸大小（210 mm × 297 mm），再将其另存为 SAT 格式。这里以图 6-7（a）所示的文字为例讲述机器人轨迹程序的创建过程。

文字模板保存成功后，将此文字模板，通过“基本”选项卡下的“导入几何体”将其导入到 RobotStudio 软件中，如图 6-7（b）所示。

然后通过“放置”→“一个点”的方式，再经过适当调整将文字模型置于“轨迹编程模块”的适当位置，如图 6-8 所示。

（2）笔形工具的创建与安装

创建机器人写字轨迹采用的是笔形工具，在用此工具进行轨迹离线编程之前，需要进行工具的创建，步骤如下。

① 首先选中“笔形工具 -2”，右击选择“断开与库的连接”选项，并将工具重新定位到“0，0，0”位置，如图 6-9（a）所示。

② 由于笔形工具是安装到快换接头工具上的，为保证安装效果的正确性，重新设置工具的本地原点，使其距离工具端面 +*Z* 轴方向为 22 mm，如图 6-9（b）所示。

(a) 文字模型

(b) 导入软件

图 6-7　文字模型并导入软件

图 6-8　文字模板位置

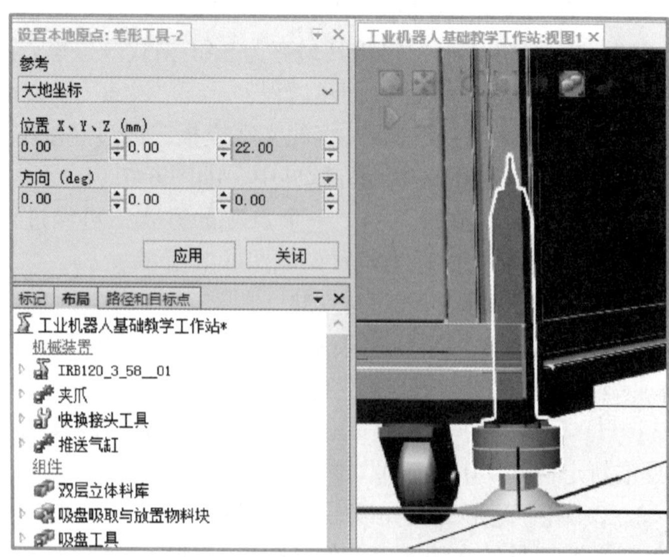

(a) 工具重新定位

(b) 重新设置工具的本地原点

图 6-9　修改本地原点

③ 单击“基本”选项卡下的“框架”选项，系统弹出框架设置框，将框架原点设置在笔形工具尖点，设置完成后，单击“创建”按钮，框架即创建完成，框架的名称设置为“Bi_TCP”如图 6–10 所示。

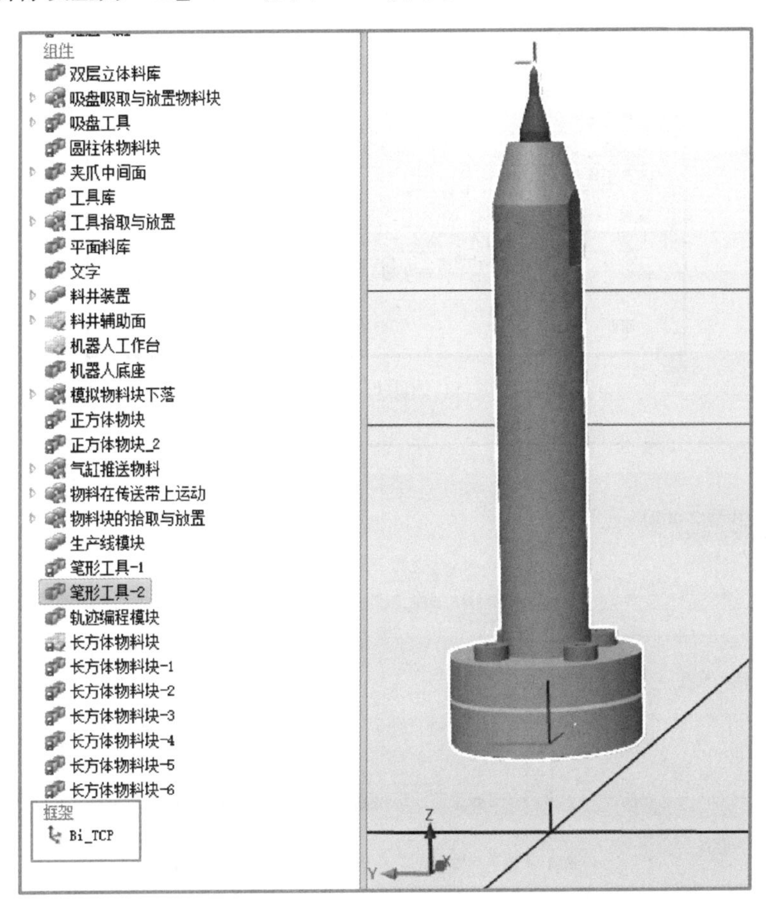

图 6–10　创建框架

④ 单击“建模”选项卡下的“创建工具”菜单，系统弹出图 6–11 所示的“创建工具”设置框，工具名称设为“BiTOOL”，选择“使用已有部件”，并在下面的选择框中选择“笔形工具 –2”，输入相应的重量和重心位置，单击“下一个”按钮。

⑤ 系统弹出 TCP 信息的设置窗口，如图 6–12（a）所示。TCP 设置为“BiTCP”，相应的框架选择上面设置的“Bi_TCP”，再单击右向箭头，“BiTOOL”的 TCP 即被加入右边方框中，单击“完成”按钮，完成工具的设置，如图 6–12（b）所示。

⑥ 最后将工具“BiTOOL”安装到机器人上。可以在“布局”栏选中工具“BiTOOL”，按住鼠标左键直接拖动到机器人“IRB120_3_58_01”上，松开左键，系统弹出选择框，选择“是”更改工具的位置。也可以选中“BiTOOL”，单击右键，选择下拉菜单“安装到”，选择机器人“IRB120_3_58_01”，同样更改工具的位置，安装完成后如图 6–13 所示。

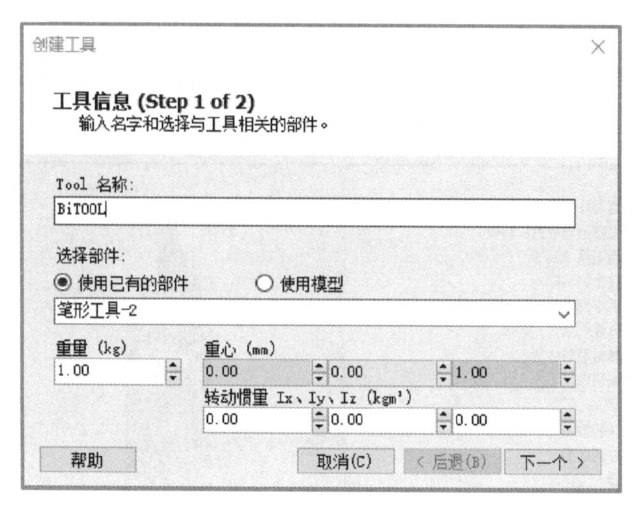

图 6-11 创建工具设置框

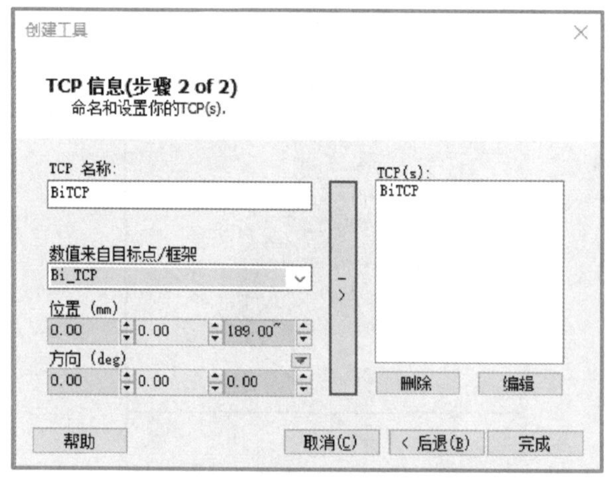

(a) TCP信息设置

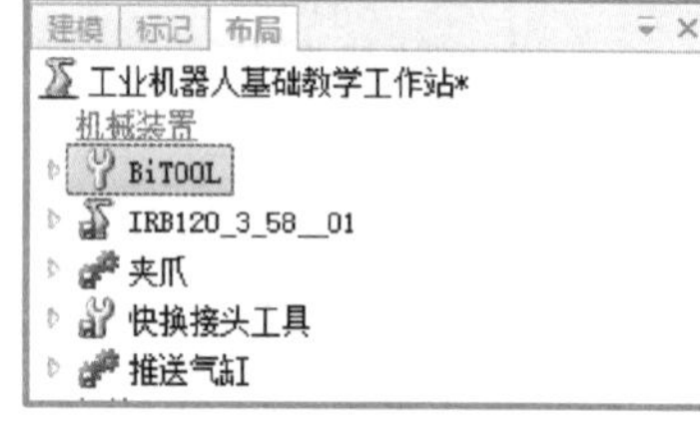

(b) 设置完成

图 6-12 设置工具

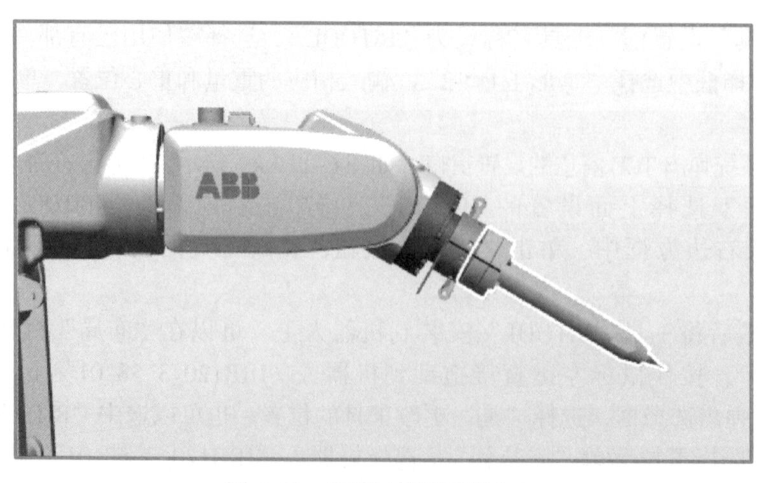

图 6-13 安装工具到机器人上

2. 任务实施过程

（1）获取机器人写字轨迹曲线

若要完成文字“教育”的离线轨迹编程，需要先获取其轨迹曲线，具体步骤如下。

① 单击“建模”选项卡下的“表面边界”菜单，弹出“在表面周围创建边界”的设置框，选择的表面为文字所在的表面，如图 6–14 所示。

图 6–14 选择文字所在表面

② 选择完成后单击“创建”按钮，曲线即获取完成，按照上面的方法，将两个文字的曲线全部生成，如图 6–15 所示。

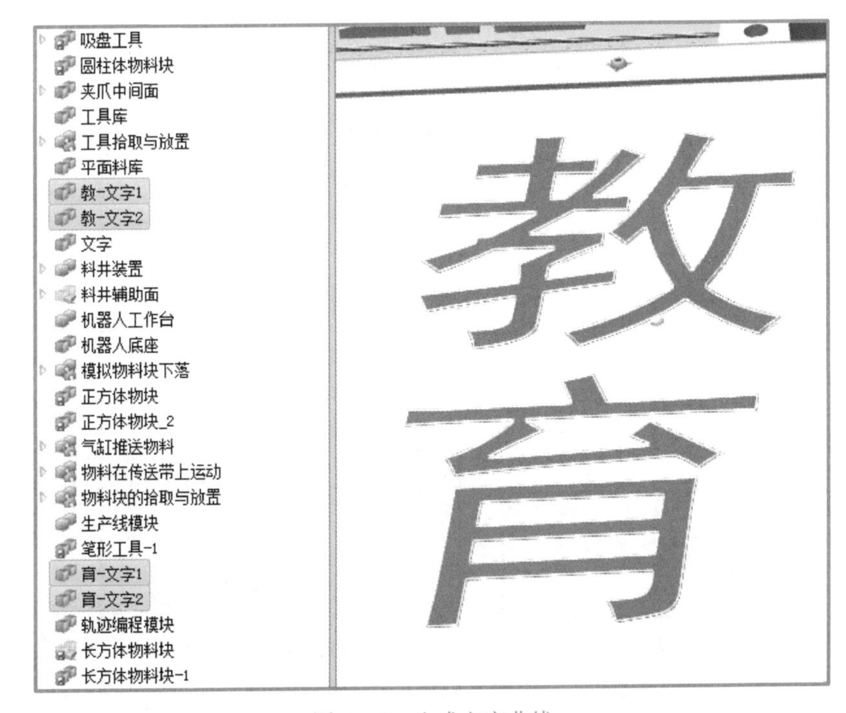

图 6–15 生成文字曲线

（2）生成写字轨迹路径

接下来根据生成的曲线自动生成机器人的运行轨迹。在生成轨迹之前，需要先确定好机器人的工具坐标系和工件坐标系，在“基本”选项卡的“设置”一栏中进行设置，这里工件坐标系选择之前设置过的“Workobject_2”，工具坐标系选择前面设置的“BiTCP”，如图 6–17（a）所示。

生成轨迹路径的步骤如下。

① 先开启捕捉“曲线”，选中“教 – 文字 1”的曲线，如图 6–16 所示。

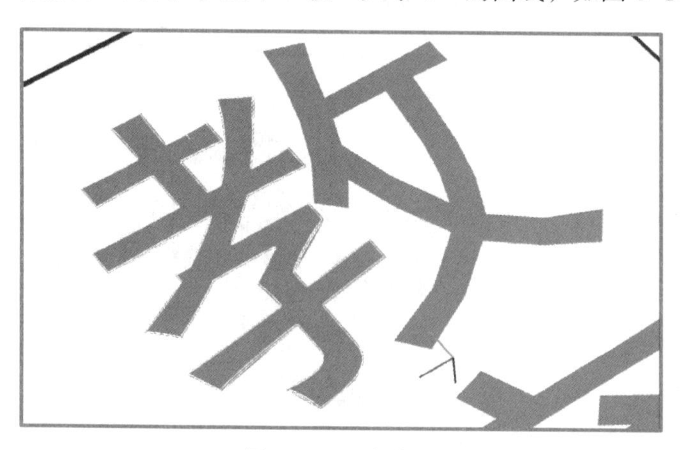

图 6–16　选中曲线

② 再在“基本”选项卡中选择“路径”下的“自动路径”，弹出自动路径设置框，如图 6–17（b）所示，且上面所选择的曲线自动显示在拾取边线的框中。

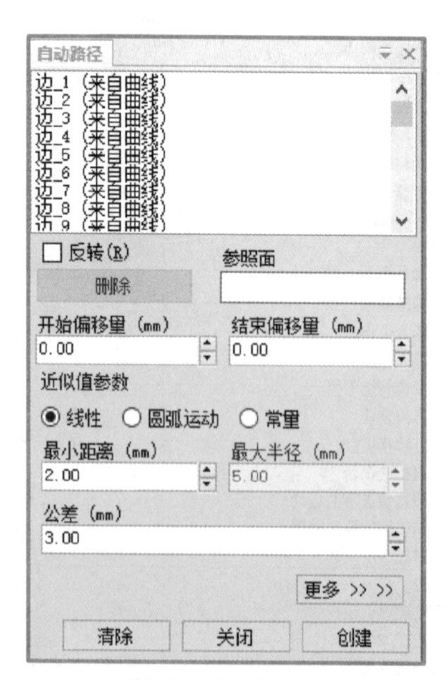

(a) 确定坐标系　　(b) 自动路径设置框

图 6–17　确定坐标系及自动路径设置框

③ 点开“选择平面”，参照面选择文字所在的平面，“开始偏移量”和“结束偏移量”均不设置，近似值参数选择“线性”，最小距离选择“2.00”，公差选择“1”。然后设置指令的结构，将其设置为“MOVEL* V200 fine BiTCP\Wobj：=Workobject_2”，如图 6-18 所示。

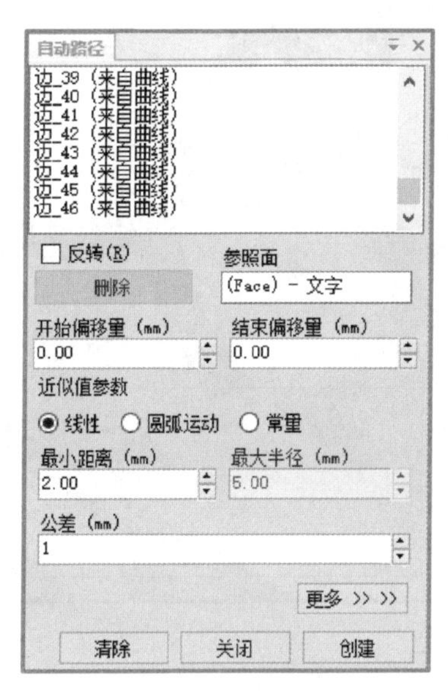

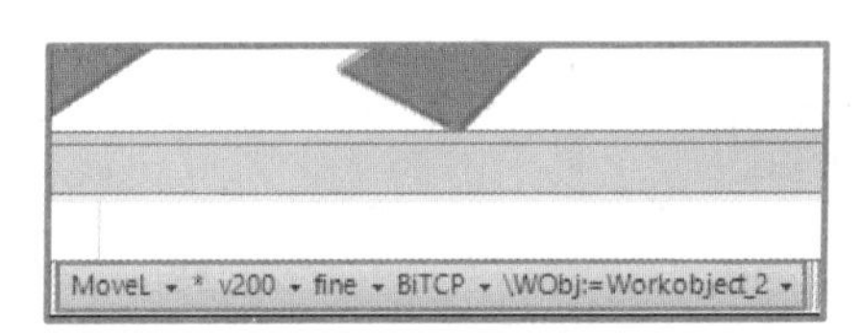

图 6-18 设置自动路径及指令格式

在“自动路径”设置框中，各参数的含义见表 6-1。

表 6-1 自动路径参数

选　　项	用 途 说 明
线性	为每个目标生成线性指令，圆弧作为分段线性处理
圆弧运动	在圆弧特征处生成圆弧指令，在线性特征处生成线性指令
常量	生成具有恒定间隔距离的点
信　　号	说　　明
最小距离	设置两个生成点之间的最小距离，即小于该最小距离的点将被过滤掉
最大半径	在将圆弧视为直线前，确定圆的半径大小，直线视为半径无限大的圆
公差	设置生成点所允许的几何描述的最大偏差

近似值的参数类型需要根据不同的曲线特征进行选择。通常情况下选择“圆弧运动”，这样在处理曲线时，线性部分则执行线性运动，圆弧部分则执行圆弧运动，不规则曲线部分则执行分段式的线性运动，而“线性运动”和“常量”都是固定的模式，即全部按照选定的模式对曲线进行处理，使用不当则会产生大量的多余点位或者路径精度不满足工艺要求。

④ 然后单击“创建”按钮，自动生成机器人的路径 Path_10，如图 6-19 所示。

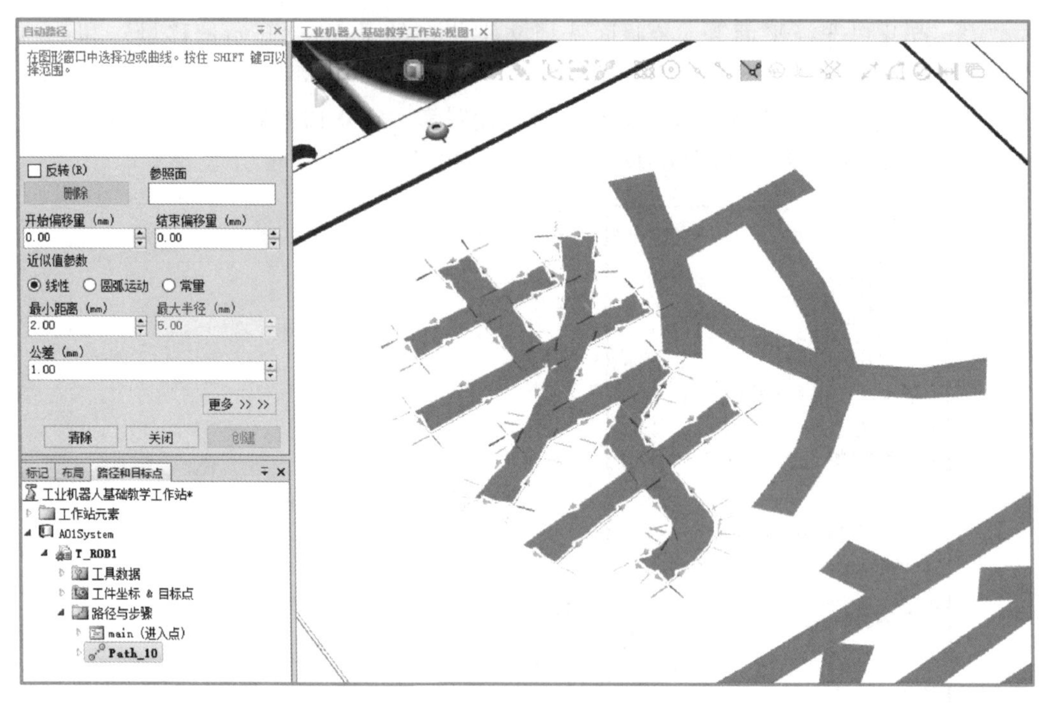

图 6-19　生成路径

⑤ 按照上面的操作，完成文字其他部分的路径生成，如图 6-20 所示。

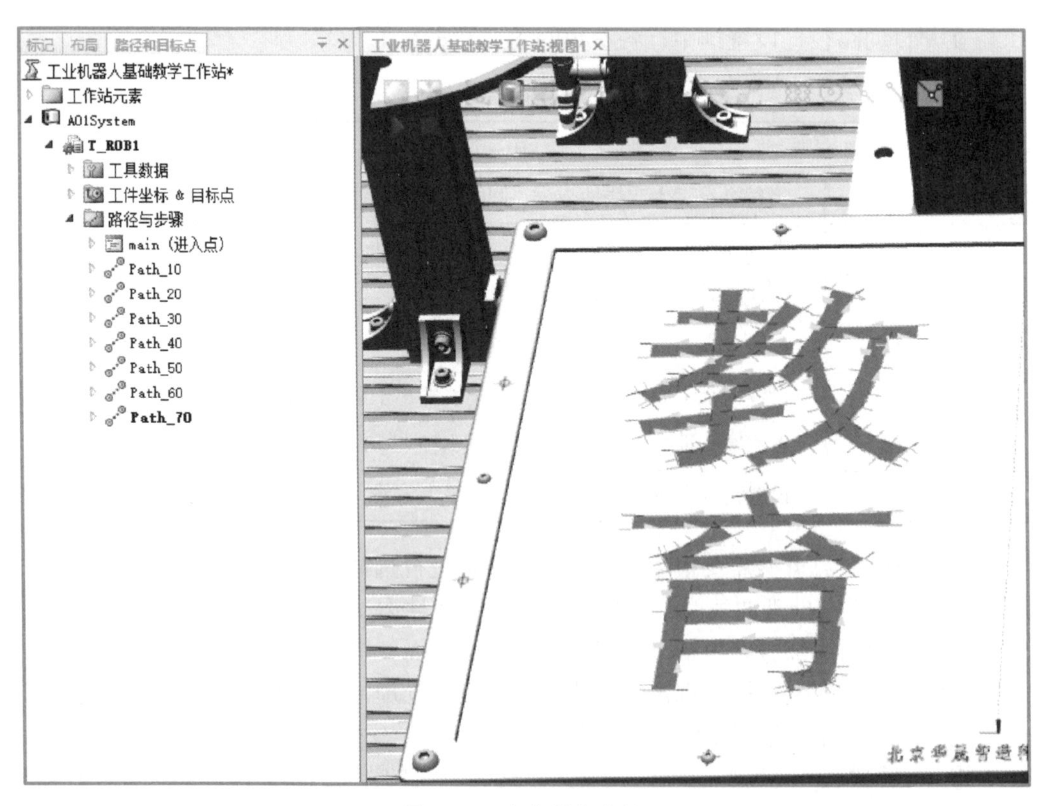

图 6-20　生成所有路径

（3）机器人目标点调整及轴配置参数

在前面的学习步骤中，已经根据文字边界生成机器人运动轨迹 Path_10、Path_20、Path_30、Path_40、Path_50 和 Path_60、Path_70，由于这里的轨迹曲线为在同一平面上，机器人工具的姿态此处不用调整，但如何修改目标点的姿态还需要掌握其方法。

机器人目标点调整具体操作步骤如下。

① 在“基本”功能选项卡中单击“路径和目标点”选项卡，依次展开“T_ROB1”→“工件坐标 & 目标点”→“Workobject_2”→“Workobject_2_of”，即可看到自动生成的各个目标点，如图 6-21（a）所示。

② 在调整目标点姿态过程中，为了便于查看工具在此姿态下的效果，可以将此处目标点的工具显示出来，右击“Target_10”，选择“查看目标处工具”，勾选“BiTCP”，工具姿态即显示在当前点，如图 6-21（b）所示。

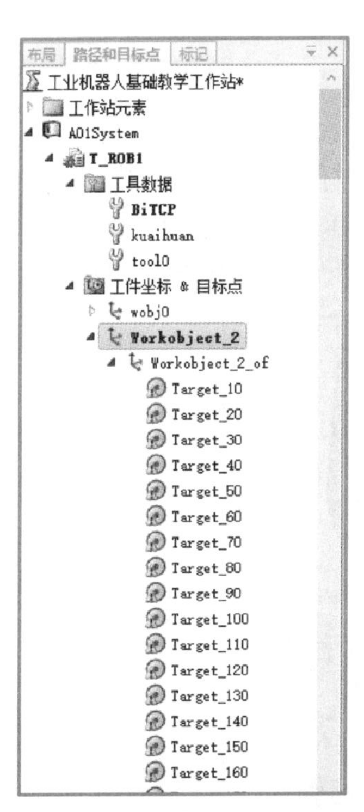

(a) 查看目标点

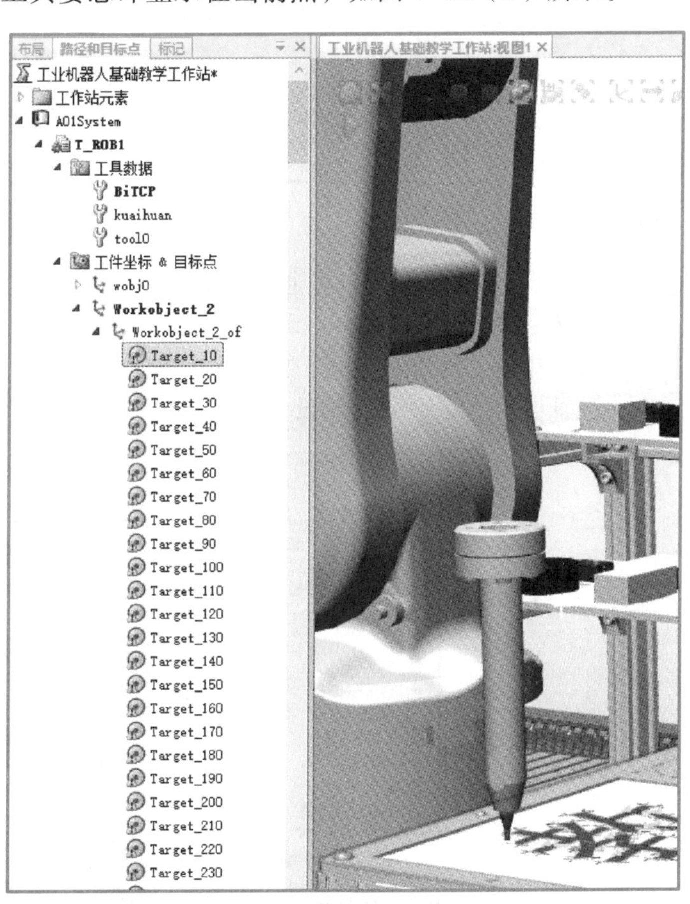

(b) 查看工具姿态

图 6-21 查看目标点及工具姿态

③ 在上述目标点处，若想更改此处的姿态，可右击目标点，选择“修改目标”菜单下的“旋转”选项，如图 6-22 所示，进行工具姿态的设置，这里就不具体介绍了。

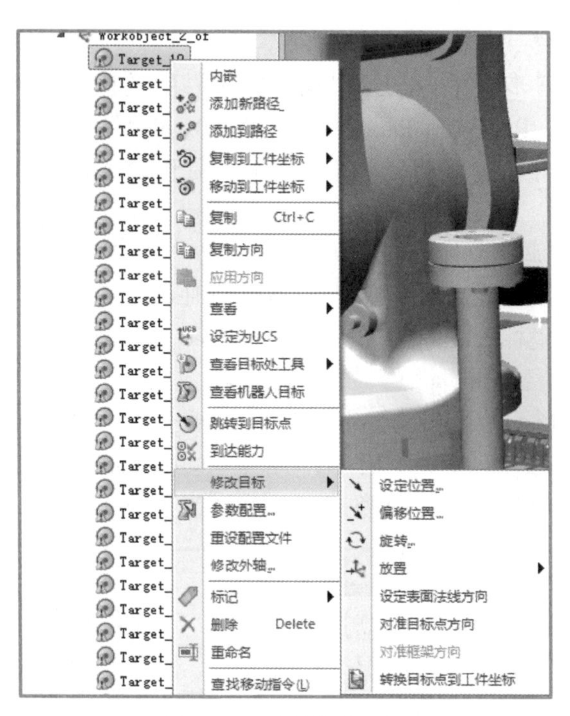

图 6–22　选择修改目标

④ 若要批量修改，可通过“Ctrl+Shift”及左键，选中剩余的所有目标点，然后统一进行调整。第一点设置完成后，全选剩余的目标点，再右击选择“修改目标”中的“对准目标点”方向，单击“参考”框，选择第一点“Target_10”，对准轴设为“X”，锁定轴设为“Z”，并单击“应用”按钮，如图 6–23 所示。

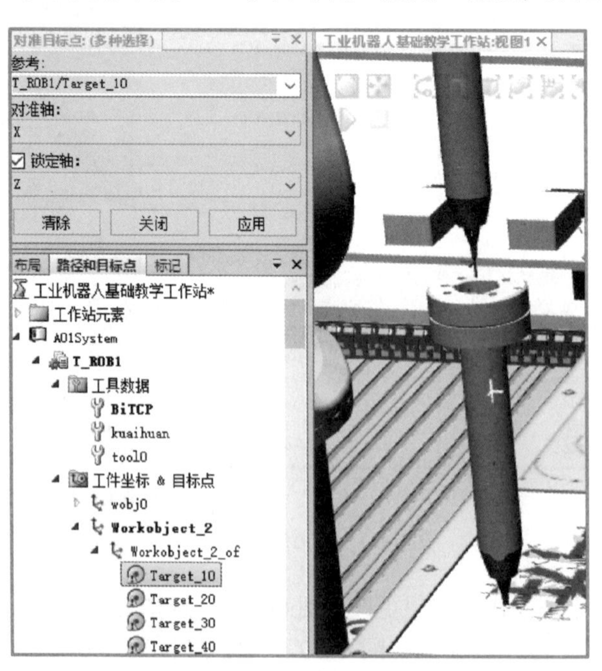

图 6–23　批量设置姿态

机器人到达目标点后，可能存在多种关节轴组合情况，即多种轴配置参数。需要为自动生成的目标点调整轴配置参数，过程如下。

① 右击目标点“Target_10”，选择“参数配置”菜单，若机器人能够到达当前目标点，则在轴配置列表中可以查看到该目标点的轴配置参数，选择相应的“配置参数”，关节值即在该属性框中显示，如图 6–24（a）所示。

“之前”：是指目标点原先配置对应的各关节轴度数。

“当前”：是指当前勾选轴配置所对应的各关节轴度数。

② 展开路径，右击“Path_10”，选择“配置参数”中的“自动配置”，则机器人可以为各个目标点自动配置轴配置参数，如图 6–24（b）所示。按照此步骤，将所有路径“自动配置”完成。

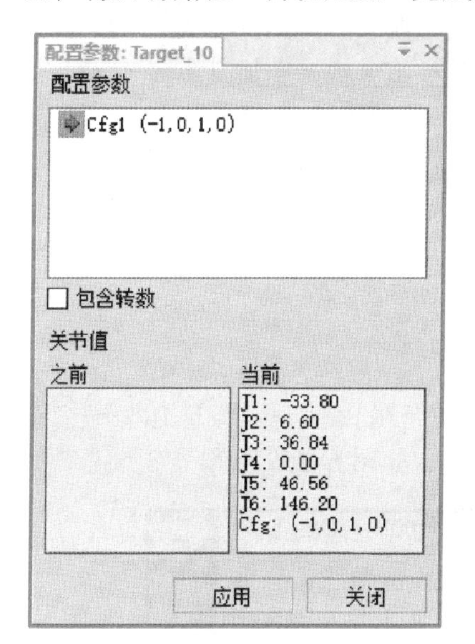

(a) 配置参数

(b) 自动配置

图 6–24　配置参数并进行自动配置

③ 然后右击“Path_10”，单击“沿着路径运动”，可以让机器人按照运动指令运行，以观察机器人的运动。

（4）完善写字程序及仿真运行

轨迹完成后，需要将程序完善，添加程序的安全点 HOME 点和轨迹起始点与轨迹结束点。具体步骤如下。

① 轨迹起始点“Start”相对轨迹第一点“Target_10”只在 Z 轴正方向偏移一定距离即可。右击“Target_10”，选择“复制”，再右击工件坐标系“Workobject_2”，选择粘贴，则完成点的复制过程，将复制的点重命名为“Start”，如图 6–25（a）所示。

② 右击“Start”目标点，选择“修改目标”中的“偏移位置”，系统弹出位置设置框，参考坐标系选择“本地”，偏移值设为在 $-Z$ 轴方向 100 mm，设置完成后，单击“应用”按钮，如图 6–25（b）所示。

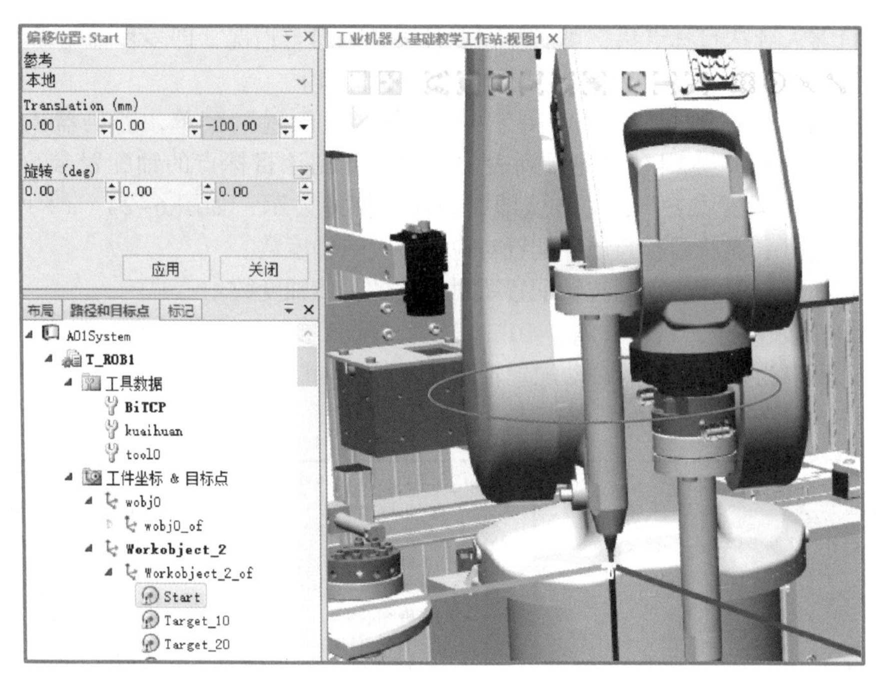

(a) 轨迹起始点Start　　(b)设置位置

图 6-25　重命名并设置位置

③ 再右击“Start”目标点，依次选择“添加路径”→“Path_10”→“第一”，则该目标点添加到路径“Path_10”的首行，如图 6-26 所示。

图 6-26　目标点添加到路径

④ 接着添加轨迹结束点“Finish”。参考上述步骤，复制“Target_5340”点，将其重命名为“Finish”，并在 $-Z$ 轴方向偏移 100 mm，将其添加到路径“Path_70”的最后一行。

⑤ 然后添加机器人的安全点“HOME”，这里将机器人的机械原点作为安全点。首先在“布局”选项卡下，右击机器人“IRB120_3_58_01”，选择“回到机械原点”选项，则机器人回到机械远点位置处，如图 6-27

所示。

⑥ 单击“基本”选项卡下的“示教目标点”，则生成一个示教点“Target_5350”，将此点重命名为“HOME”，并将其分别添加到路径“Path_10”的第一行和路径“Path_70”的最后一行，如图 6–28 所示。

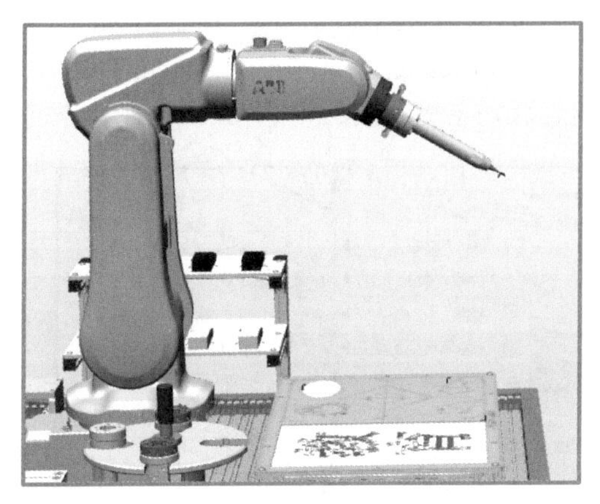

图 6–27 回到机械原点

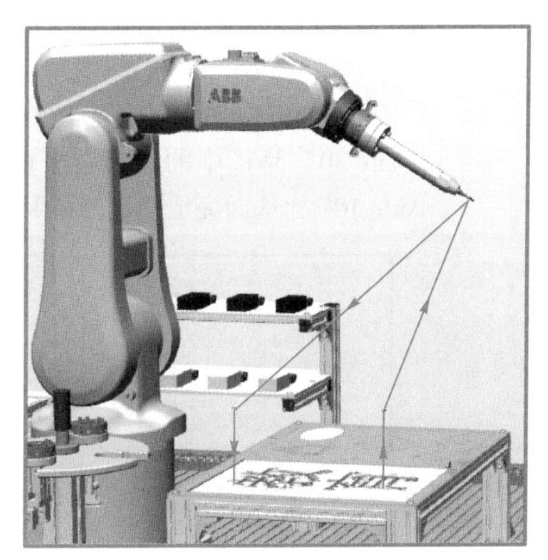

图 6–28 添加到路径

⑦ 路径添加完成后，单击“Path_10”路径，右击“MoveL HOME”，选择“编辑指令”选项，弹出指令编辑设置框，如图 6–29（a）所示。修改 HOME 点的运动类型、速度、转弯半径等参数，设置完成后单击“应用”按钮。按照此方法，同样修改轨迹起始点“Start”和轨迹结束点“Finish”的相关参数。

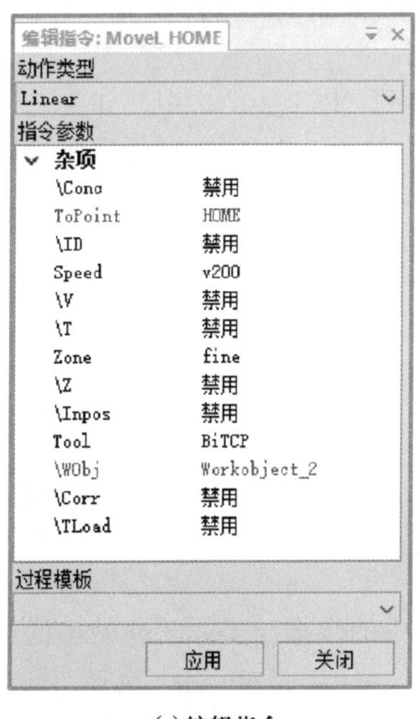

(a) 编辑指令

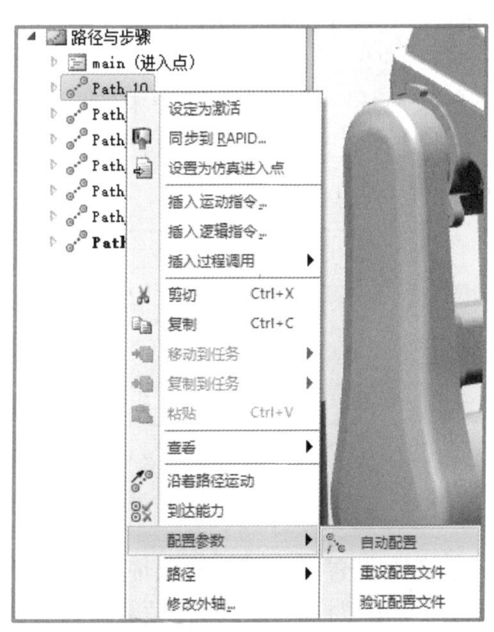

(b) 自动配置

图 6–29 编辑指令与自动配置

⑧ 修改完成后，分别右击“Path_10”和“Path_70”，选择“参数配置”下的“自动配置”，重新进行一次轴配置自动调整，如图 6–29（b）所示。

⑨ 为方便后续的仿真应用，这里将所有路径合并成一条路径。点开“Path_20”路径，用 Shift 与左键全选所有点，右击选择“剪切”选项，再选中路径“Path_10”，右击选择“粘贴”选项，则“Path_20”的点被移到“Path_10”中，如图 6–30（a）所示。

⑩ 也可以使用其他方法将其他路径中的点移到“Path_10”中。比如全选“Path_30”路径中的点，右击依次选择“移动到路径”→“A01 System/T_ROB/Path_10”，从而完成轨迹点的移动，如图 6–30（b）所示。

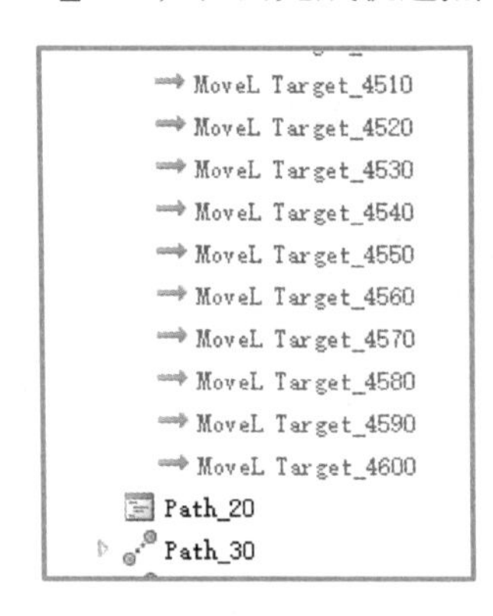

(a) 方法一

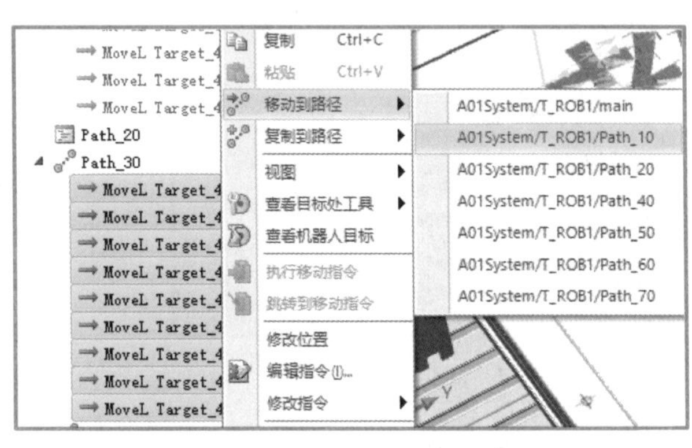

(b) 方法二

图 6–30 移动路径

注意：在将所有路径合并到一起之前，需要在每条路径之间增加一个“抬笔”的点，以免字笔画之间相连。增加“抬笔”点的过程可参照步骤⑤ ~ ⑧，这里不再详细讲解。

⑪ 按照任一方法，将路径中的点全部移到“Path_10”，中，并全选空路径，右击选择“删除”按钮，将空路径删除，如图 6–31（a）所示，删除后如图 6–31（b）所示。

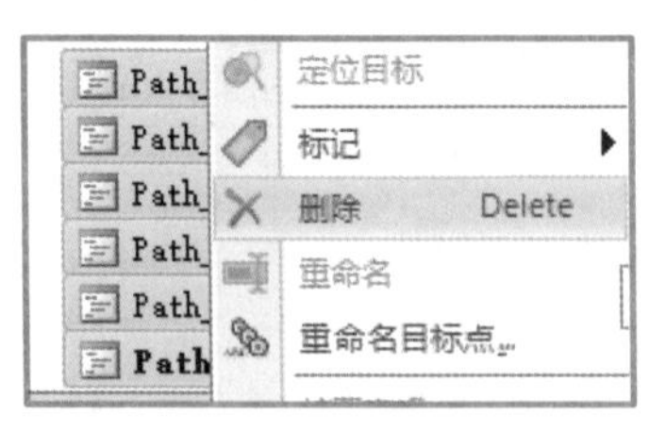

(a) 删除空路径　　(b) 删除后

图 6–31 删除路径

⑫ 所有设置完成后，为保证虚拟控制器中的数据与实际工作站中的保持一致，需将虚拟控制器与工作站数据进行同步，右击“Path_10”选择“同步到 RAPIA…”，系统弹出“同步到 RAPID”设置框中，全部勾选同步内容，设置完成后，单击“确定”按钮，如图 6–32 所示。

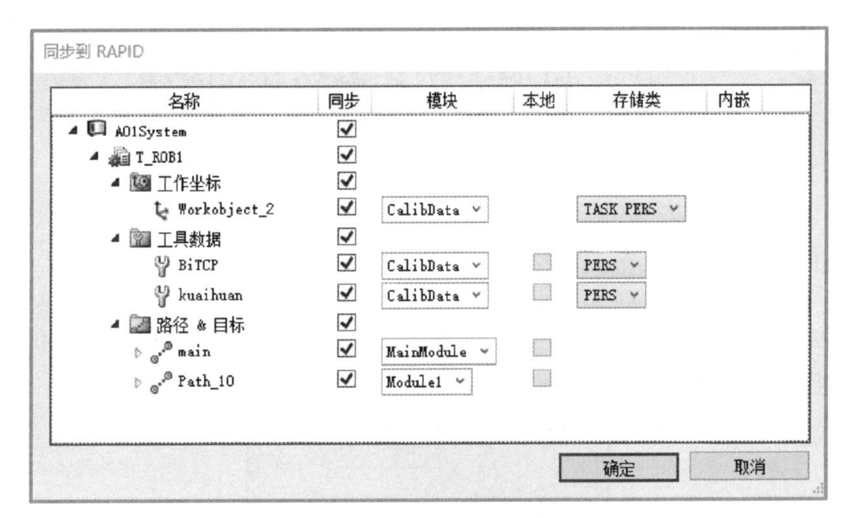

图 6-32　同步到 RAPID

⑬ 同步完成后，单击“仿真”选项卡下的“仿真设定”按钮，勾选“A01 System”和“T_ROB1”，并将进入点设置为“Path_10”，如图 6-33 所示。

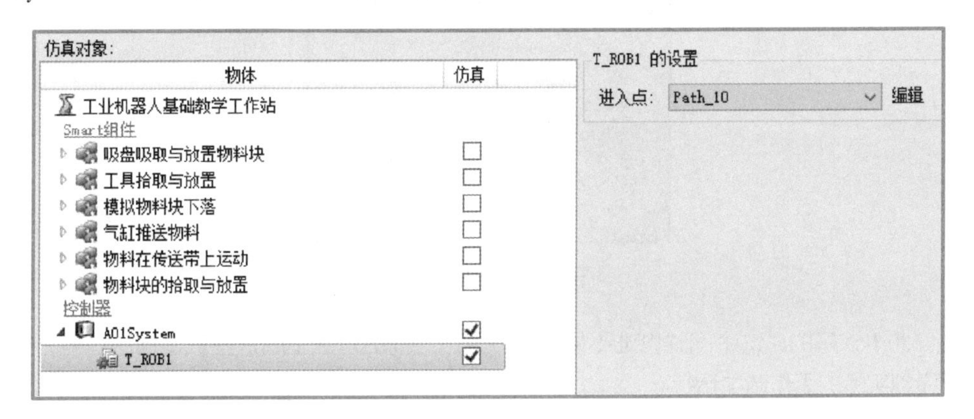

图 6-33　进行仿真设定

⑭ 仿真设定完成后，单击“播放”按钮，查看机器人运行轨迹。

任务回顾

【知识点总结】

1. 获取写字轨迹的方法；
2. 生成轨迹的方法；
3. 机器人目标点的调整与轴配置方法。

【思考与练习】

1. 自动生成路径后，为什么要修改目标点？
2. 为了便于查看工具在此姿态下的效果，单击________可以将此处目标点的工具显示出来。

任务 2　机器人工作台轨迹的编程

任务描述

课件

机器人工作台轨迹的编程

微课

创建机器人椭圆形轨迹程序

兰博：小 R，你看！轨迹台上还有轨迹（见图 6-34）呢，这些轨迹与实际轨迹台上的尺寸相同，如何进行仿真后将程序导出到实际工作台上运行呢？

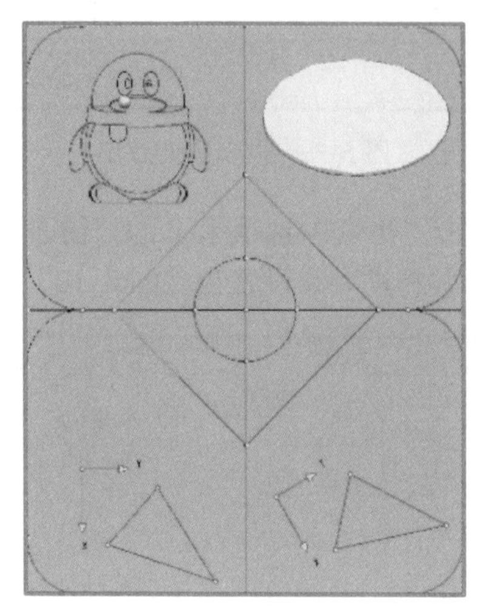

图 6-34　轨迹台轨迹

小 R：好的，这个问题也难不倒我哦，运用之前的方法生成这些轨迹程序后再导出程序到实际的工作站中运行。

任务实施

本次实训任务是要机器人用“笔形工具”完成工作台上“椭圆形”轨迹曲线的离线编程轨迹。

1. 创建机器人工作台椭圆形曲线

椭圆形曲线的创建可以在 RobotStudio 软件中完成，具体操作步骤如下。

① 选择“建模”选项卡下的“曲线”菜单，选择其下拉菜单“椭圆”，如图 6-35 所示。

② 弹出“创建椭圆”的设置窗口，“中心点”设置在椭圆圆心，“长轴端点”设置在椭圆长轴端点上，“次半径”设置为 30 mm，单击“创建”按钮，完成椭圆曲线的创建，并重命名为“椭圆曲线”，如图 6-36 所示。

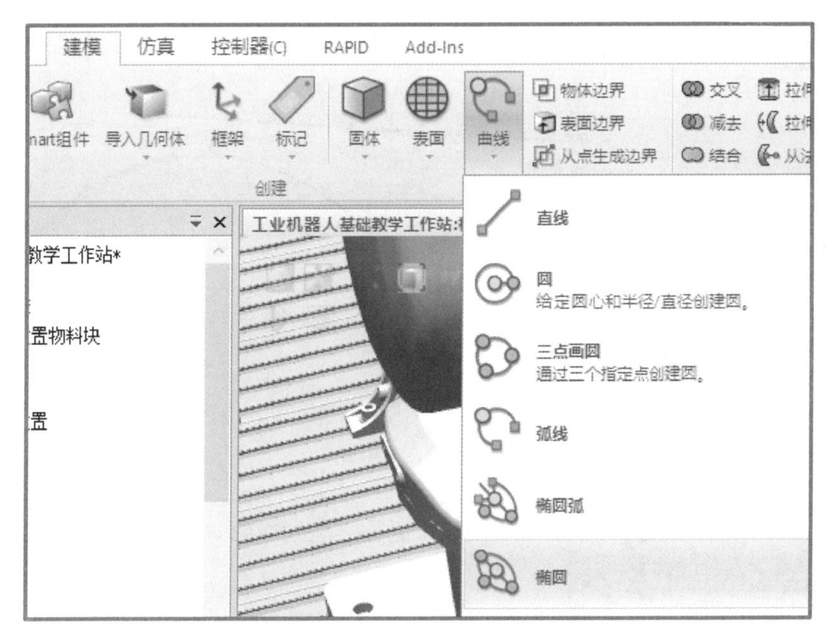

图 6-35　选择椭圆曲线绘制

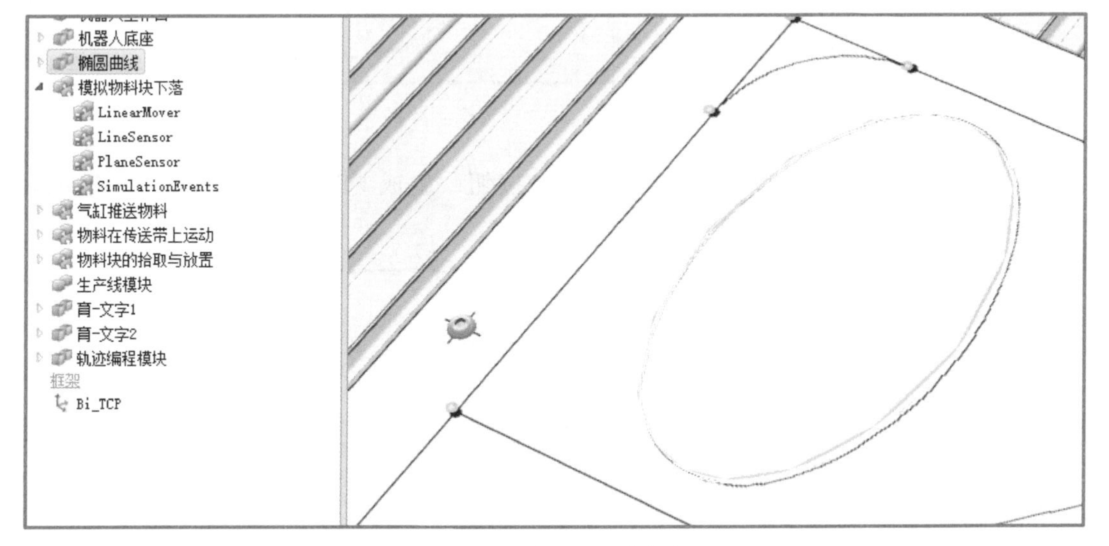

图 6-36　完成椭圆的绘制

2. 生成椭圆形轨迹路径

① 开启“选择曲线”捕捉，拾取前面生成的“椭圆曲线”，再单击“路径”菜单下的“自动路径”，弹出“自动路径”设置框，曲线自动添加到设置框中。参照面设置为椭圆所在的面，“近似值参数”选择“圆弧运动”，最小距离设为 2 mm，最大半径设为 1 000 mm，公差设置 1 mm，如图 6-37 所示。这里的指令结构与坐标系设置沿用上次的设置，故不再重新设置。

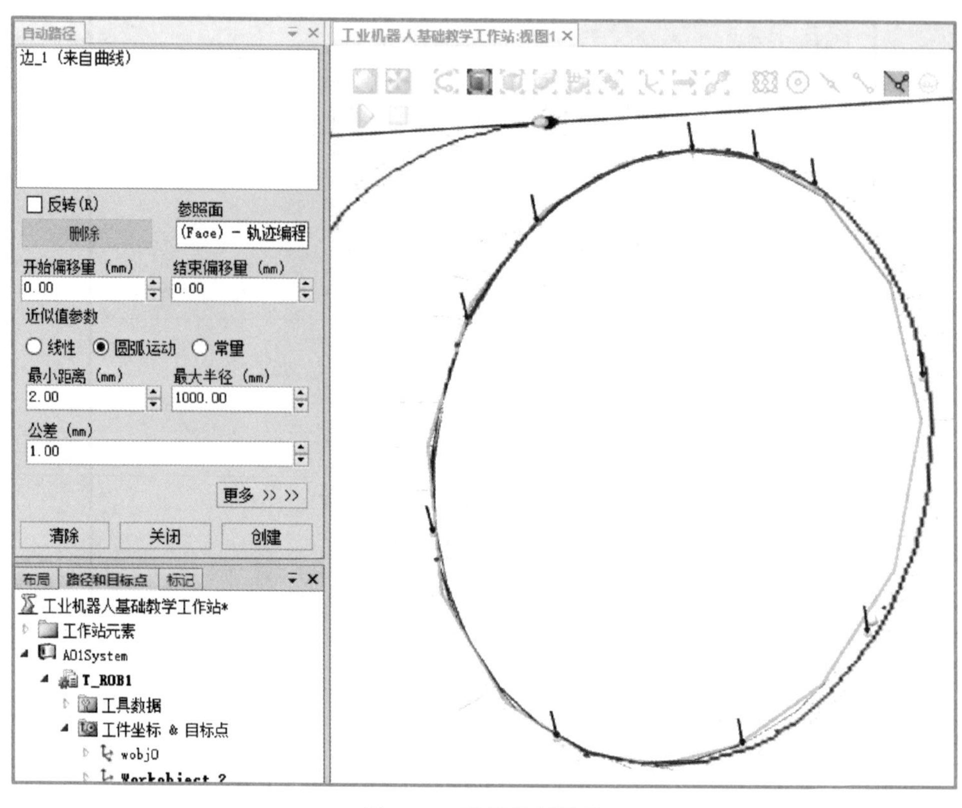

图 6-37　设置椭圆路径

② 设置完成后，单击“创建”按钮，生成“Path_20”路径，如图 6-38 所示。

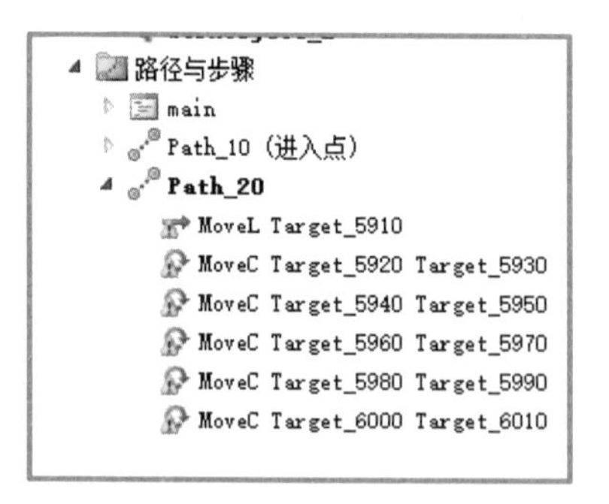

图 6-38　生成路径

3. 机器人目标点调整及轴配置参数

① 依次单击“工件坐标＆目标点”→“WorkObject_2_of”→“Target_5910”，右击选择“查看目标处工具”，勾选“BiTOOL”，显示当前点工具的姿态，查看工具姿态是否合适，这里不再需要更改，当前点姿态即可，如图 6-39（a）所示。

② 确定第一点姿态合适后，全选剩余所有点，右击依次选择“修改目标”→“对准目标点方向”，参考设置为第一点，对准轴为 X 轴，锁定轴为

Z 轴，如图 6-39（b）所示，设定完成后，单击“应用”按钮，所有点姿态调整完毕。

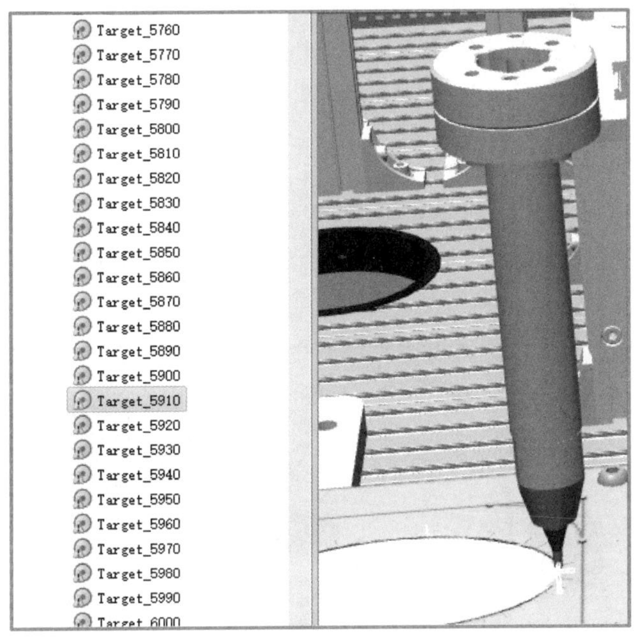

(a) 确定第一点姿态

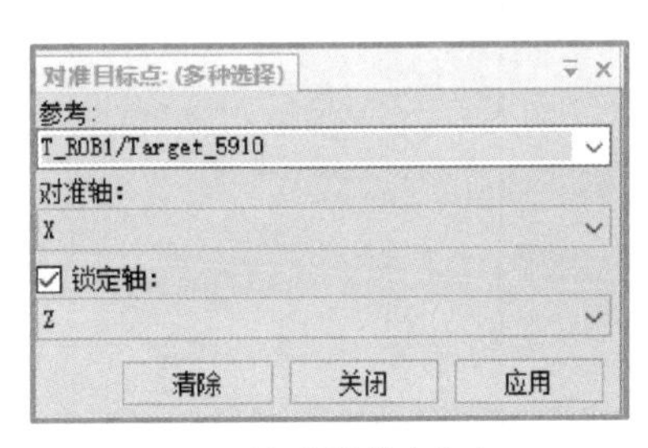

(b) 调整其余姿态

图 6-39　更改点姿态

③ 姿态设置完成后，还需设置机器人的轴配置参数。右击“Targrt_10”选择“参数配置”选项，选择相应的参数，如图 6-40（a）所示，设置完成后单击“应用”按钮即可。

④ 再右击路径“Path_20”，依次选择“配置参数”→“自动配置”，则机器人可以为各个目标点自动配置轴配置参数，如图 6-40（b）所示。

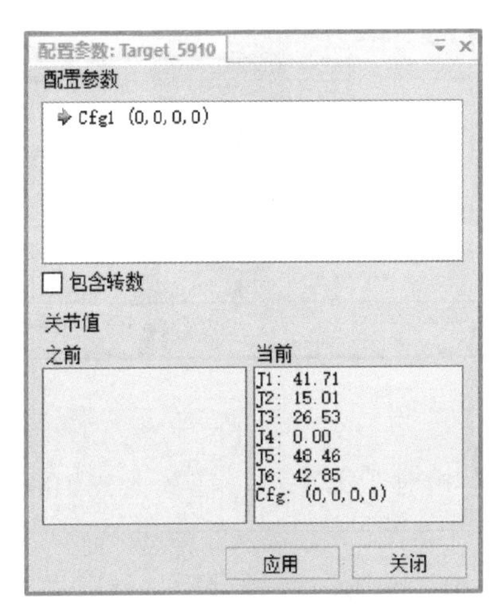

(a) 配置参数

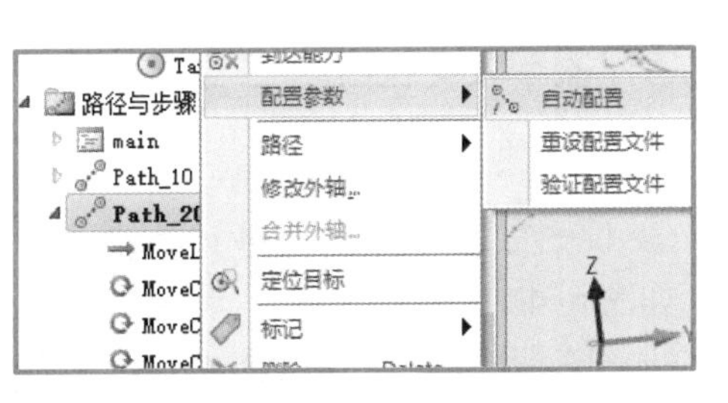

(b) 自动配置

图 6-40　配置参数与自动配置

⑤ 参数配置完成后，可右击“Path_20”→“沿着路径运动”。使机器人按照运动指令运行，并观察机器人的运动。

4. 完善轨迹程序及仿真运行

① 程序自动路径生成之后，为保证程序的正常运行，一般需要在轨迹起始点和轨迹终点的上方添加一安全点，以免发生碰撞，并规定 HOME 点作为整条轨迹的起始点。

② 由于此曲线为封闭结构，故起始点和终点可设置在同一点。复制“Target_5910”，并将其重命名为“St_END”，再右击“St_END”，依次选择“修改目标”→“偏移位置”，本地坐标系下在 $-Z$ 轴方向移动 100 mm，如图 6–41 所示。

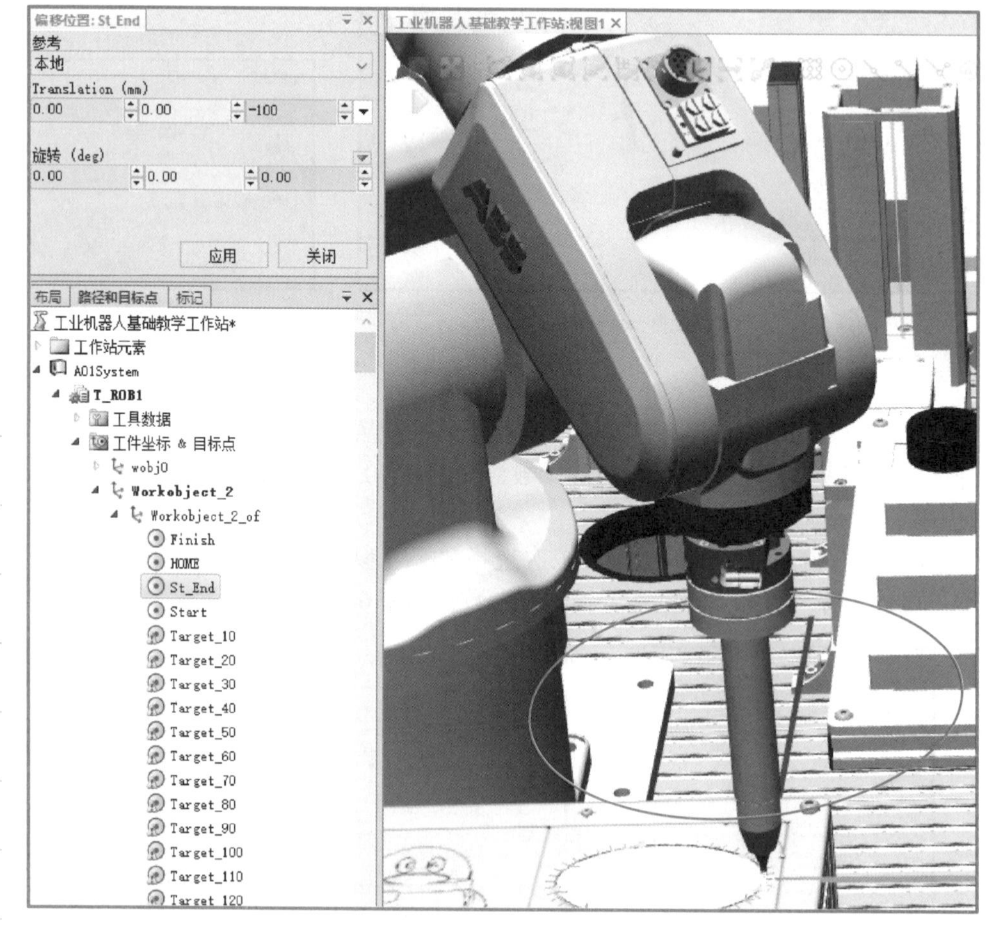

图 6–41　添加起始点

③ 设置完成后单击“应用”按钮，则此点相对于第一点，在其上方 100 mm 处，如图 6–42 所示。

④ 分别将“St_END”添加到路径“Path_20”的第一点和最后一点，并按照前面的学习内容，将轨迹起始点设置为机械原点，命名为“HOME”，加入到轨迹“Path_20”中，如图 6–43 所示。

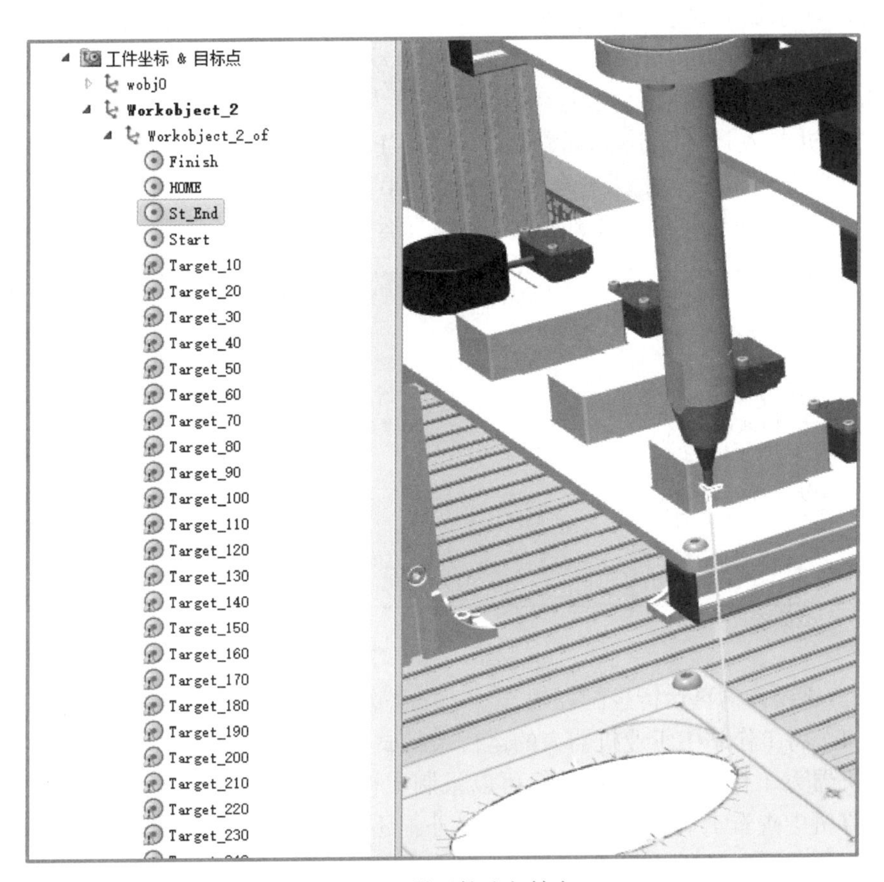

图 6-42　设置轨迹起始点

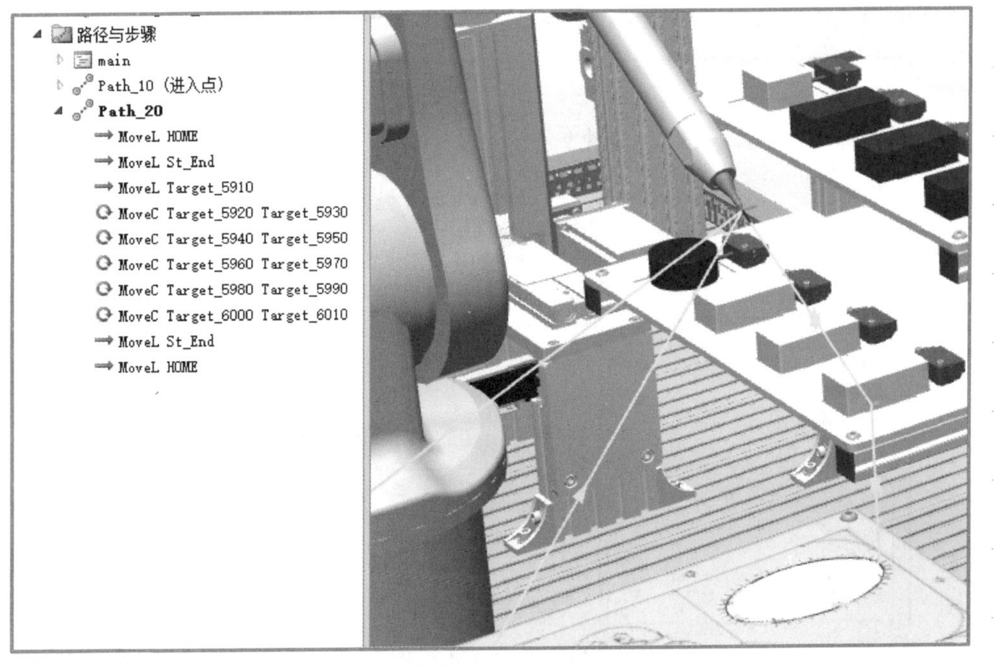

图 6-43　将点添加到轨迹路径中

⑤ 新添加的轨迹点可通过“编辑指令”的方式更改指令，指令没问题后，右击“Path_20”重新对轴配置参数进行“自动配置”。配置完成后，可通过右击“Path_20”，选择“沿着路径运动”查看机器人的运动轨迹。

⑥ 机器人运动轨迹无问题后，右击“Path_20”，选择“同步到 RAPID”。在“仿真设定”中，设置进入点为“Path_20”，如图 6-44 所示。关闭窗口后，单击“播放”按钮，可查看椭圆轨迹的仿真运行。

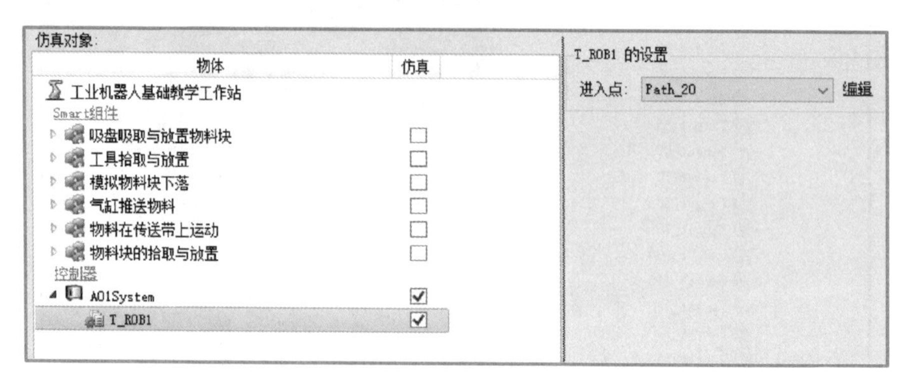

图 6-44　仿真设定

5. 机器人仿真运行录制视频

（1）将工作站中工业机器人的运行录制成视频

机器人工作站中的仿真运行可以录制成视频，以便在没有安装 RobotStudio 的计算机中查看工业机器人的运行。另外，还可以将工作站制作成 exe 可执行文件，以便进行更灵活的工作站查看。

① 首先单击“文件”选项卡下的“选项”菜单，选择“屏幕录像机”，对录像的参数进行设定，然后单击“确定”按钮，如图 6-45 所示。

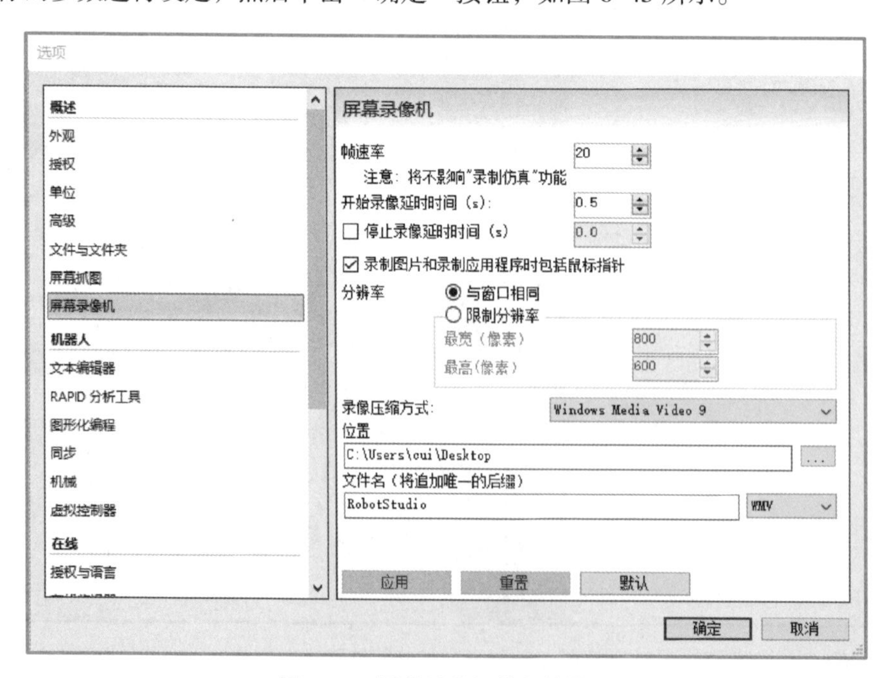

图 6-45　屏幕录像机的参数设置

② 在“仿真”选项卡下单击“仿真录像”，再单击“播放”按钮，则仿真运行即可被录成视频。

③ 在“仿真”功能选项卡下单击“查看录像”，可查看刚才录制的视频。完成视频的录制后，单击“保存”按钮，对工作站进行保存。

（2）将工作站制作成 exe 可执行文件

① 在“仿真”功能选项卡中，单击“播放”下的“录制视图”，视图录制完成后弹出“另存为”设置框，制定合适的保存位置，单击“保存”按钮，完成保存，如图 6–46 所示。

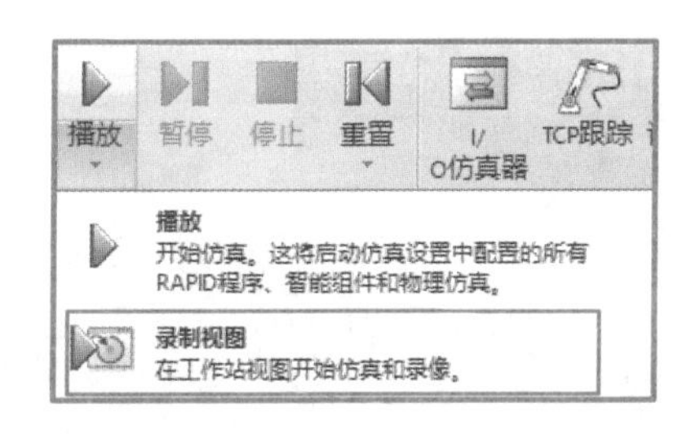

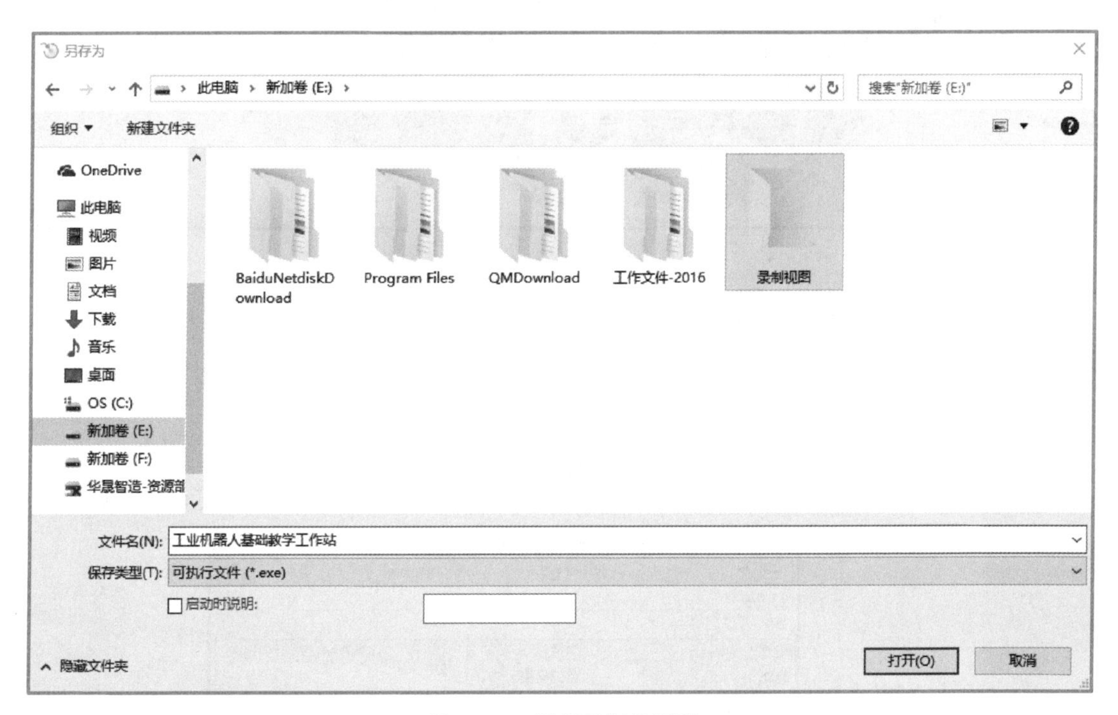

图 6–46　保存录制的视图

② 双击打开生成的 exe 文件，在此窗口中，可进行缩放、平移、转换视角等操作。与在 RobotStudio 软件中操作相同，单击“Play”按钮，可开始查看机器人的运行轨迹，如图 6–47 所示。

注意：为了提高与各种版本 RobotStudio 的兼容性，建议在 RobotStudio 中做任何保存时，保存的路径和名称最好使用英文。

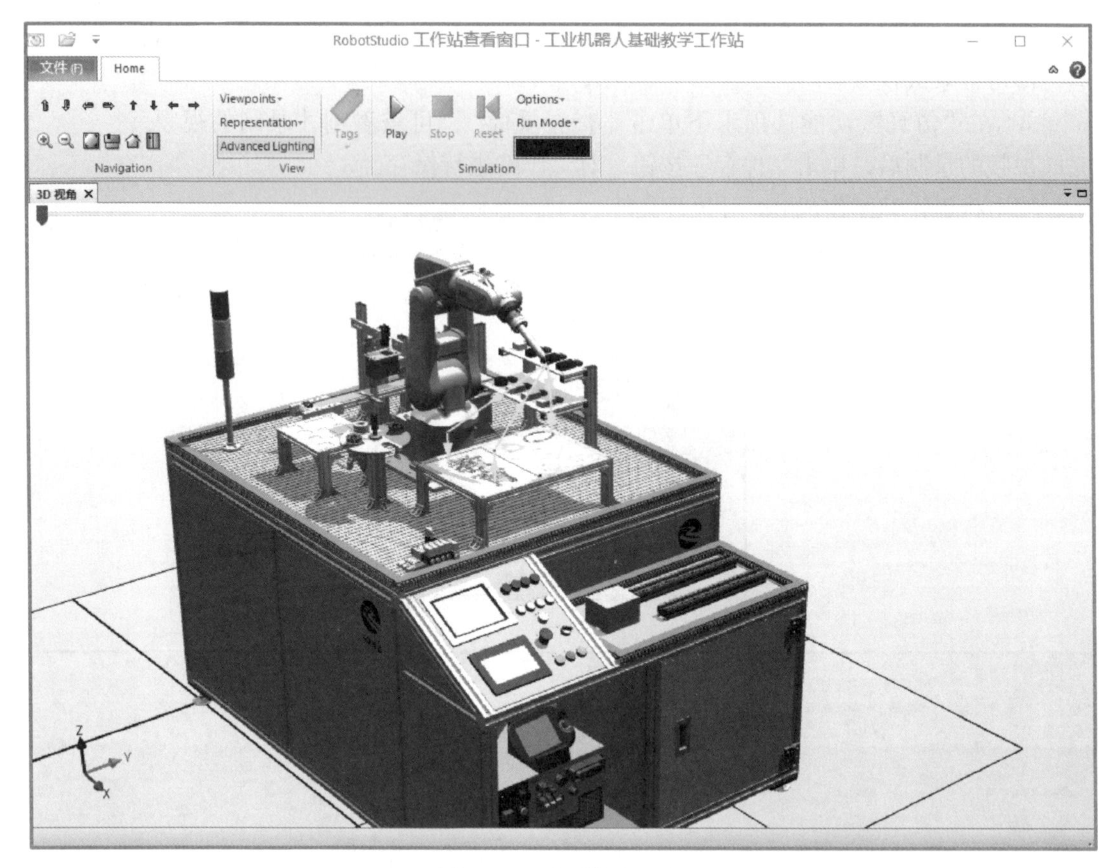

图 6–47　查看轨迹运行

6. 机器人的联机调试

离线编程的最终目的是将在离线编程中生成的离线编程轨迹程序导入到真实的机器人工作站中进行运动。

将离线编程程序导入到真实的工作站中步骤如下。

① 打开虚拟控制器，找到同步完成的 RAPID 程序模块，如图 6–48 所示。

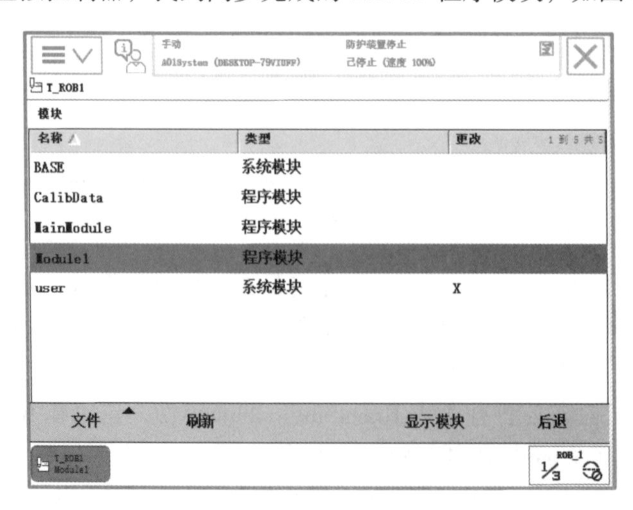

图 6–48　程序模块

② 插入 U 盘，选中相应的程序模块，单击“文件”下的“另存模块为”，通过“带有箭头的图标”按钮，找到插入的 U 盘，并将程序模块保存到 U 盘中，如图 6–49 所示。

③ 启动真实的工作站，确认工作站的工作状态良好，然后将 U 盘插到示教器的 USB 插口上，如图 6–50 所示。

图 6–49 程序模块保存到 U 盘

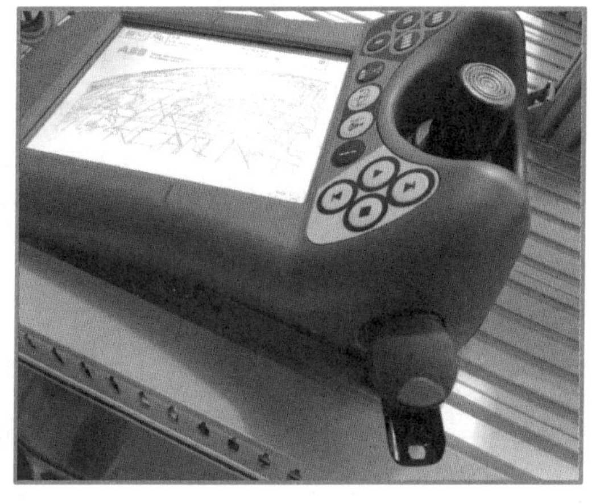

图 6–50 插入 U 盘

④ 进入程序编辑器，单击“显示模块”，然后单击“文件”下的“加载模块”，弹出确认窗口，选择“是”继续操作，如图 6–51 所示。

⑤ 单击“带有箭头图标”的按钮，找到 U 盘所在位置，单击确定按钮，进入 U 盘，找到之前保存的程序模块，并单击“确定”按钮，确认加载到机器人工作站中，如图 6–52 所示。

图 6–51 加载模块

图 6–52 选择要加载的模块

⑥ 然后再单击“显示模块”，这样导入的程序模块就会显示出来，并运行程序。

任务回顾

【知识点总结】

1. 仿真视频的录制；
2. 程序的导出运行。

【思考与练习】

1. 如何将录制的仿真视频存为 exe 文件？
2. 练习使用仿真软件通过以太网通信下载程序。

项目总结（见图 6–53）

项目评测

机器人工作站简单离线轨迹编程

- 分析能力
  - 自动生成路径技术特点的分析
  - 自动生成路径应用场景的分析
  - 离线编程路径设置的分析
- 规划能力
  - 如何利用模型进行编程过程的规划
  - 自动生成路径的轴配置规划
- 应用能力
  - 沿模型表面创建曲线
  - 捕捉曲线的应用
  - 修改路径参数以及可编辑的指令
  - 轴配置的应用
  - 修改目标点参数的能力

图 6–53　技能图谱

【项目习题】

1. 在 RobotStudio 软件中，为保证虚拟控制器中的数据与工作站一致，需将虚拟控制器与工作站数据进行________操作。

2. 在 RobotStudio 软件中，当工作站中修改数据后，则需进行________，当虚拟控制器中修改数据后，则需进行________。

3. 工业机器人的运行轨迹除了可录制成视频外，还可以制作成________，以便进行更灵活的工作站查看。

4. 在 RobotStudio 软件中创建工业机器人工作站一般包括（　　）。

A. 机器人本体　　B. 机器人系统　　C. 外围设备　　D. 车床

5. 在 RobotStudio 软件中基本功能选项卡的（　　）功能选项可以创建工件坐标。

A. 目标点　　B. 路径　　C. 其他　　D. 任务

6. 在 RobotStudio 软件中创建轨迹程序时，需注意哪些事项？

项目七 基于机器人－变位机系统的焊接作业编程

项目引入

兰博：小 R，在实际的生产中焊接机器人（见图 7-1）的应用是十分广泛的，并且很多都是附加变位机等外部轴的焊接系统。如果在离线仿真软件中来模拟实际的焊接工作站可以实现吗？编写机器人的焊接程序会不会有难度？

图 7-1　焊接机器人

小 R：对于焊接工作站的仿真其实是不难的，跟之前的工作站大同小异，只是在焊接程序上有些变动，需要添加焊接参数以及起弧灭弧的指令等。

兰博：你说的这些我怎么听不太懂呢？

小 R：别着急，在这个项目中我会先带你认识焊接工作站，并通过一个焊接的例子去进一步了解机器人焊接工作站并编写焊接程序。

兰博：那还等什么，快开始吧！

本项目的知识图谱如图 7-2 所示。

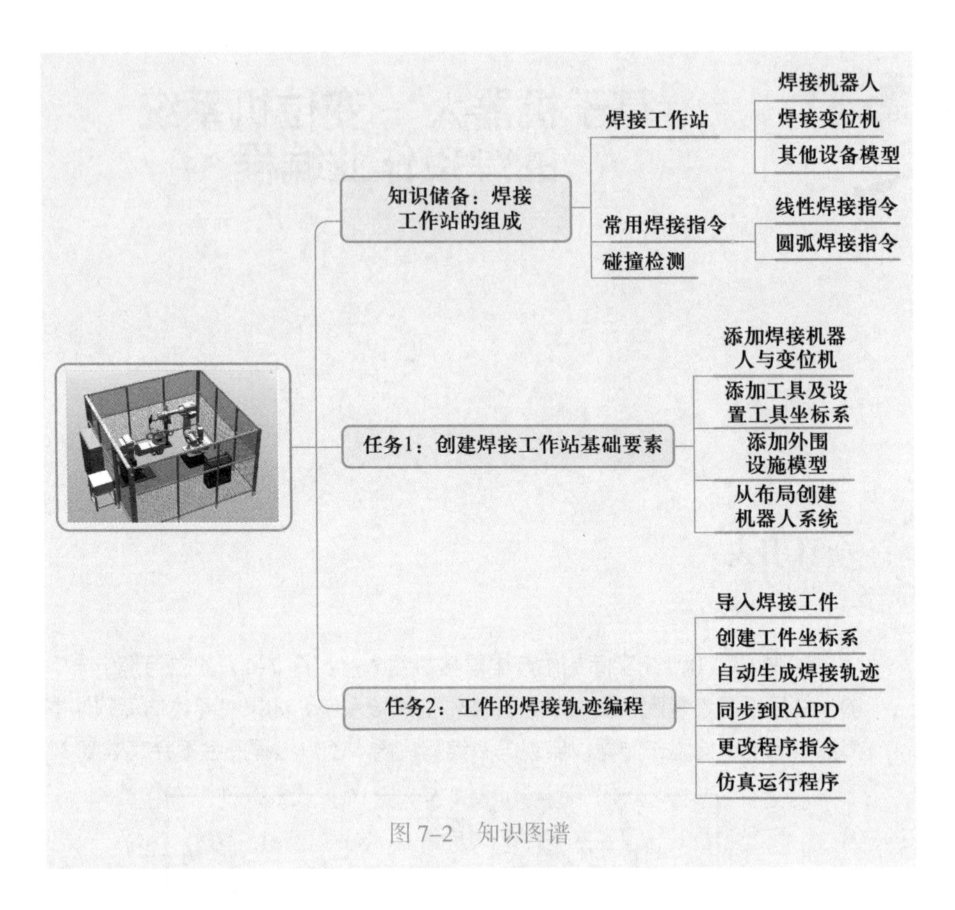

图 7-2　知识图谱

知识储备

课件

焊接工作站的组成

焊接是工业机器人应用最广泛的领域之一，在整个工业机器人的应用中占总量的 40% 以上。焊接机器人的占比之所以如此之大，是与焊接这个特殊的行业密不可分的。焊接被誉为工业“裁缝”，是工业生产中非常重要的加工手段，其质量的好坏直接对产品质量起决定性作用。

机器人焊接离线编程及仿真技术是利用计算机图形学的成果在计算机中建立起机器人及其工作环境的模型，通过对图形的控制和操作，在不使用实际机器人的情况下进行编程，进而产生机器人程序。机器人焊接离线编程及仿真是提高机器人焊接系统智能化的重要系统之一，是智能焊接机器人软件系统的重要组成部分。

1. 仿真焊接工作站认知

RobotStudio 仿真焊接工作站如图 7-3 所示，由焊接机器人、机器人控制柜、工作站控制柜、清枪站、焊接变位机和焊接设备等组成。其中，焊接设备由焊接电源（包括控制系统）、送丝机和焊枪组成。

仿真焊接工作站中的核心部分是焊接机器人与变位机，二者配合可实现复杂运动的仿真。其他的设备模型诸如清枪站、控制柜、安全围栏等可以为机器人的轨迹程序提供位置参考，或者用于碰撞检测。

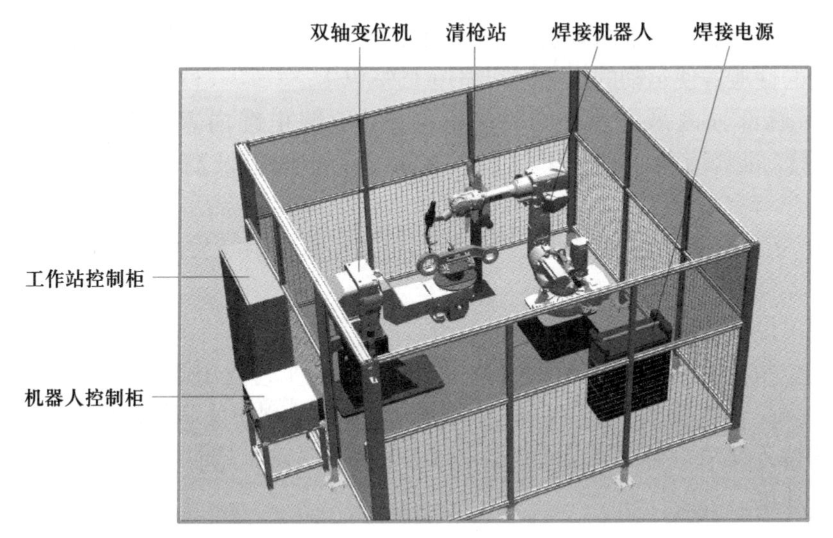

图 7-3 仿真焊接工作站

（1）焊接机器人

焊接工作站选用是 ABB IRB2600 系列机器人，如图 7-4 所示。IRB2600 是多功能机器人，主要应用领域为弧焊、物料搬运、上下料等目标应用，下面列出机器人的特点。

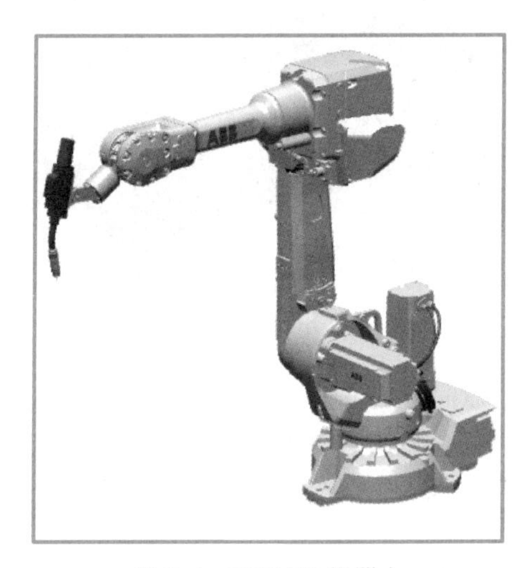

图 7-4 IRB2600 机器人

① 应用范围较广，IRB2600 常用机型见表 7-1。

表 7-1 IRB2600 常用机型

子型号	工作范围 /m	有效载荷 /kg	手臂荷重 /kg
IRB 2600-12/1.65	1.65	12	15
IRB 2600-20/1.65	1.65	20	10
IRB 2600-12/1.85	1.85	12	10

② 拥有高强度的手臂与先进的伺服技术，能有效提高各轴的动作速度以及加减速的性能，使运动的作业时间缩短 15% 以上。

③ 腕部轴内采用独立的驱动机构设计，将电缆内置于手臂中，实现了机械手臂的紧凑化，有利于机器人在狭窄的空间以及高密度的环境下进行作业。

④ 腕部负重能力强，可支持传感器单元、双手爪以及多功能复合手爪等各种加工器件。

（2）焊接变位机

变位机是专用的焊接辅助设备，如图 7–5 所示，适用于回转工作的焊接变位，包含一个或者多个变位机轴。变位机在焊接过程中使工件发生平移、旋转、翻转等位置变动，与机器人同步运动或者非同步运动，从而得到理想的加工位置和焊接速度。

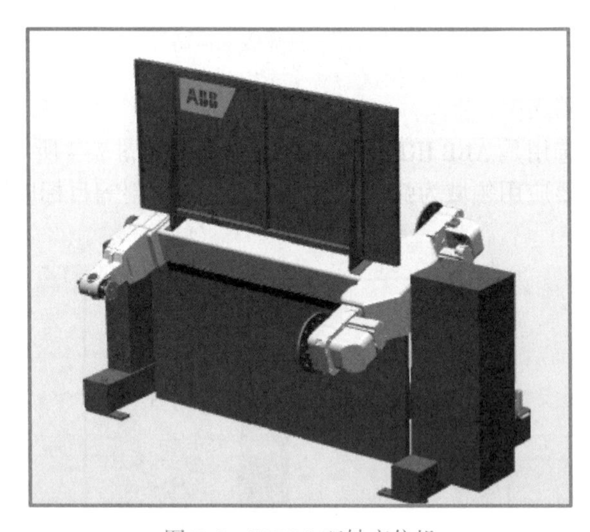

图 7–5　IRBPA 双轴变位机

图 7–6 所示为一个双回转变位机，它有两个旋转轴：第一轴使 L 形臂绕水平轴线旋转；第二轴使法兰盘绕其轴心旋转，第二轴的位置和轴向随着第一轴的转动而发生变化。在仿真工作站中，该变位机是 ABB 模型库中自带模型。

（3）其他设备模型

仿真工作站中的其他设备模型包括清枪站、控制柜、焊接电源等，如图 7–7 所示，并不是实现仿真的必要条件。这些组件模型主要作用是模拟真实现场各种设备的布置，在离线仿真工作站中为机器人提供位置的参考。同时在离线编程时，使用碰撞检测的功能约束机器人的运动轨迹，使其在一个安全的范围内运动。

2. 常用焊接指令

任何焊接程序都必须以 ArcLStart 或者 ArcCStart 开始，通常运用 ArcLStart 作为起始语句。任何焊接程序都必须以 ArcLEnd 或者 ArcCEnd 结束。焊接中间点采用 ArcL 或者 ArcC 语句，焊接过程中，不同的语句可以使用不同焊接参数。

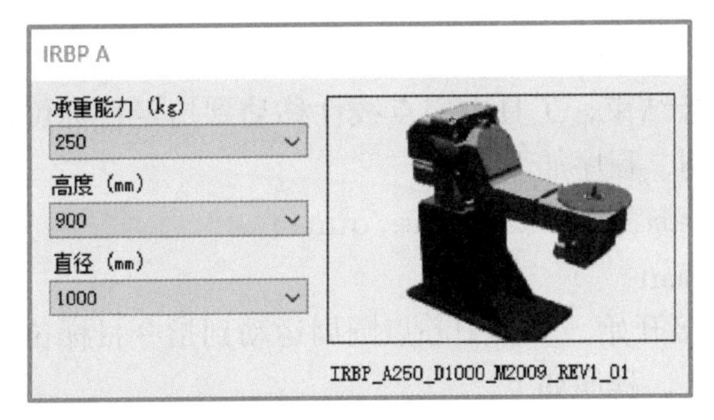

图 7-6　双轴变位机模组结构图

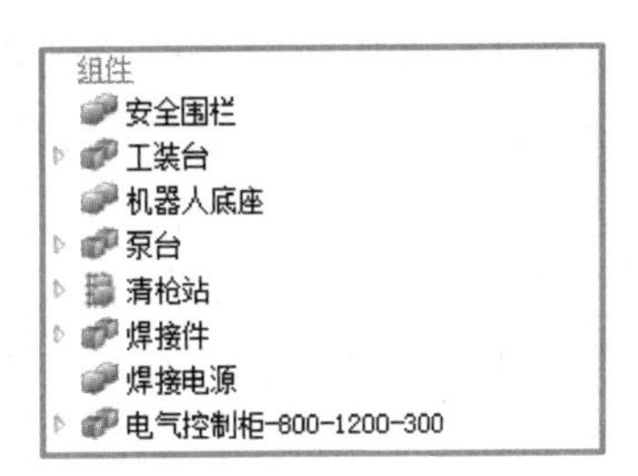

图 7-7　其他设备模型

（1）线性焊接开始指令 ArcLStart

ArcLStart 用于直线焊缝的焊接开始，工具中心点线性移动到制定目标位置，整个焊接过程通过参数监控和控制，程序如下。

`ArcLStart P1,v100,seam1,weld5,fine,gun1;`（机器人在 P1 点开始焊接，速度为 v100，起弧收弧参数采用数据 seam1，焊接参数采用数据 weld5，无拐弯半径，采用的焊接工具为 gun1）

如图 7-8 所示，机器人线性移动到 P1 点起弧，焊接开始。

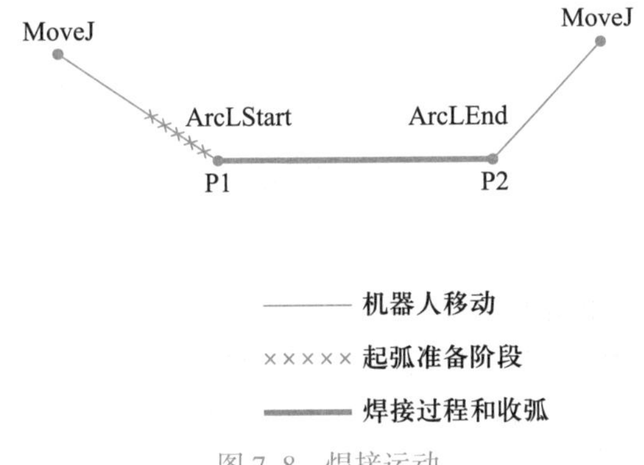

图 7-8　焊接运动

（2）线性焊接指令 ArcL

ArcL 用于直线焊缝的焊接，工具中心点线性移动到指定目标位置，焊接过程通过参数控制，程序如下。

```
ArcL *,v100,seam1,weld5\Weave:= Weave1,z10,gun1;
```

如图 7-9 所示，机器人线性焊接的部分应使用 ArcL 指令。

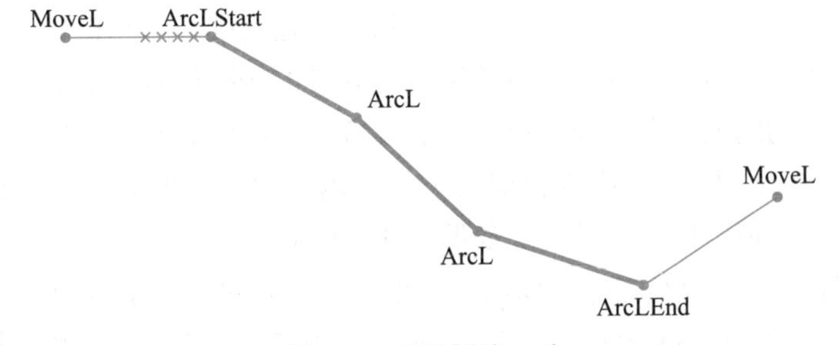

图 7-9　线性焊接运动

（3）线性焊接结束指令 ArcLEnd

ArcLEnd 用于直线焊缝的焊接结束，工具中心点线性移动到指定目标位置，整个焊接过程通过参数监控和控制，程序如下。

```
ArcLStart  P2,v100,seam1,weld5,fine,gun1;
```

（4）圆弧焊接开始指令 ArcCStart

ArcCStart 用于圆弧焊缝的焊接开始，工具中心点圆周运动到指令目标位置，整个焊接过程通过参数监控和控制，程序如下。

```
ArcCStart  P2,P3,seam1,weld5,fine,gun1;
```

执行以上指令，机器人圆弧运动到 P3 点，在 P3 点开始焊接，如图 7-10（a）所示。

（5）圆弧焊接指令 ArcC

ArcC 用于圆弧焊缝的焊接，工具中心点线性移动到指定目标位置，焊接过程通过参数控制，程序如下。

```
ArcC *, *, v100, seam1, weld\Weave: = Weave1, z10, gun1;
```

如图 7-10（b）所示，机器人圆弧焊接的部分应使用 ArcC 指令。

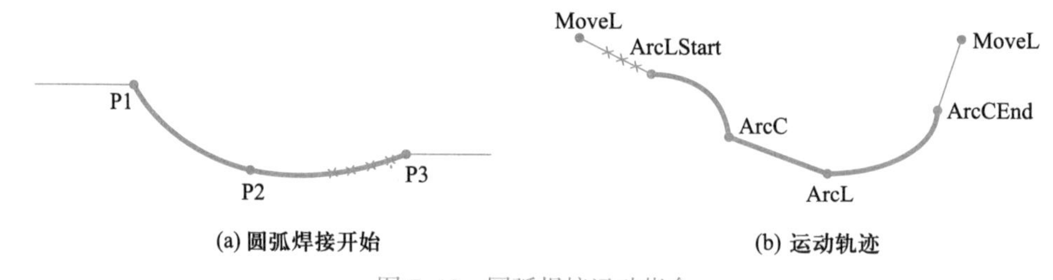

图 7-10　圆弧焊接运动指令

（6）圆弧焊接结束指令 ArcCEnd

ArcCEnd 用于圆弧焊缝的焊接结束，工具中心点圆周运动到指定目标位置，整个焊接过程通过参数监控和控制，程序如下。

```
ArcCEnd  P2,P3,v100,seam1,weld5,
fine,gun1;
```

如图 7-11 所示，机器人在 P3 点使用 ArcCEnd 指令结束焊接。

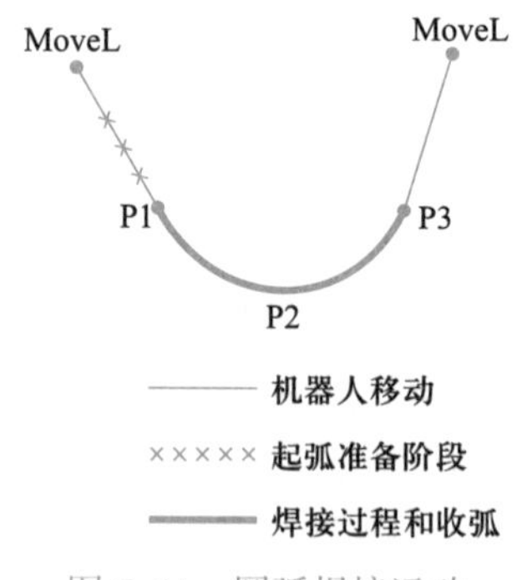

图 7-11　圆弧焊接运动

3. 碰撞检测

碰撞检测是在仿真工作站中选定检测目标对象后，RobotStudio 软件自动监测并显示程序执行时选定的对象与机器人是否发生了碰撞，利用仿真演示提前预知运行的结果。软件的碰撞检测的功能可以及时发现离线程序存在的问题，有效地避免由真实设备碰撞造成的严重损失。

在 RobotStudio 中可以检测和记录工作站内对象之间的碰撞，可以在仿真选项卡的“创建碰撞监控”中设置，如图 7-12 所示。

① 碰撞集包含两组对象，ObjectA 和 ObjectB，将对象放入其中以检测两组之间的碰撞。当 ObjectA 内任何对象与 ObjectB 内任何对象发生碰撞，此碰撞将显

示在图形视图里并记录在输出窗口内。可以在工作站内设置多个碰撞集，但每一碰撞集仅能包含两组对象。通常在工作站内为每个机器人创建一个碰撞集。对于每个碰撞集，机器人及其工具位于一组，而不想与之发生碰撞的所有对象位于另一组。如果机器人拥有多个工具或握住其他对象，可以将其添加到机器人的组中，也可以为这些设置创建特定碰撞集。每一个碰撞集可单独启用和停用，如图 7–13 所示。

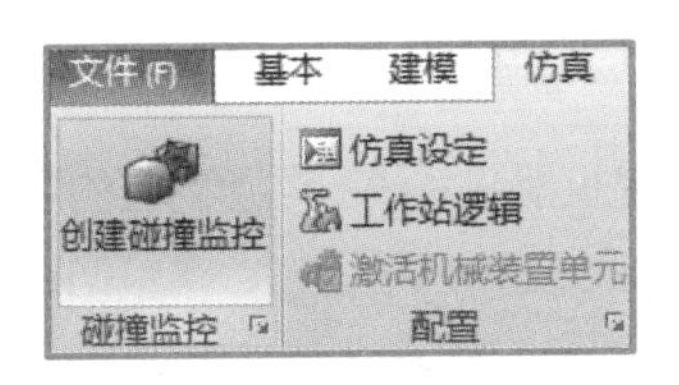

图 7–12　碰撞检测设置

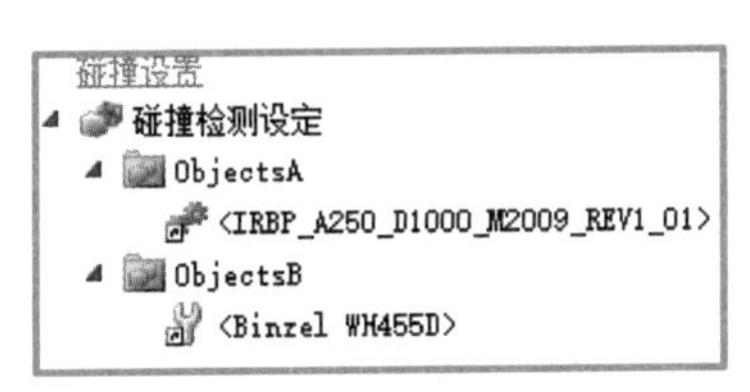

图 7–13　碰撞设置

② 鼠标右键单击“碰撞检测设定”→“修改碰撞监控”，如图 7–14 所示，可修改碰撞监控。

③ 在修改碰撞设置中，可以设置碰撞检测的启动与禁用，接近丢失的距离以及碰撞与接近丢失的显示颜色，如图 7–15 所示。

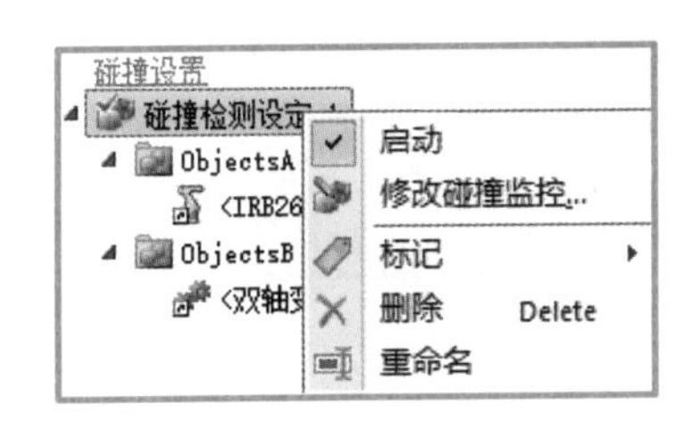

图 7–14　修改碰撞监控

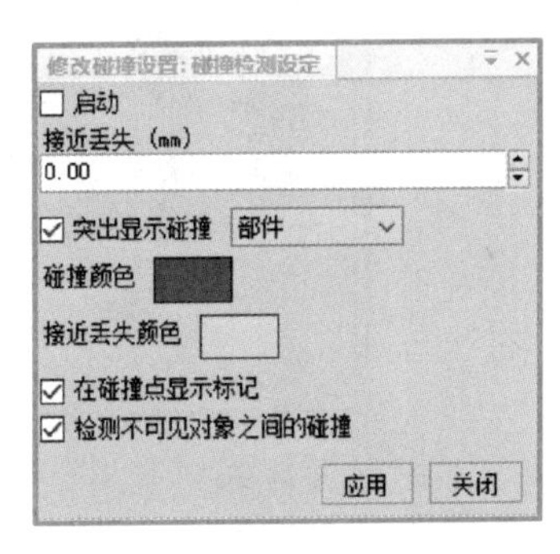

图 7–15　设置丢失显示颜色

勾选启动碰撞检测，设置接近丢失为 10 mm，手动机器人关节接近变位机法兰盘到达设置的接近丢失距离时会显示当前设置的颜色，如图 7–16 所示。

手动机器人关节，当工具与变位机法兰盘相撞时会呈现当前设置的碰撞颜色，并在碰撞处显示碰撞信息，如图 7–17 所示。

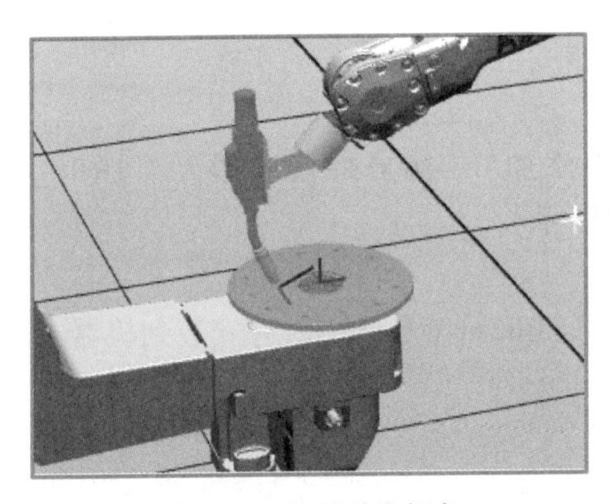
图 7–16　显示丢失颜色

图 7–17　显示碰撞颜色

任务 1 创建焊接工作站基础要素

任务描述

课件

创建焊接工作站基础要素

焊接工作站与之前的基础工作站不同，需要在创建机器人系统时添加对应的焊接包。构建基础工作站需要搭建机器人、末端执行器和外围的设施，包括围栏、清枪站、气瓶、控制柜等，如图 7-18 所示。

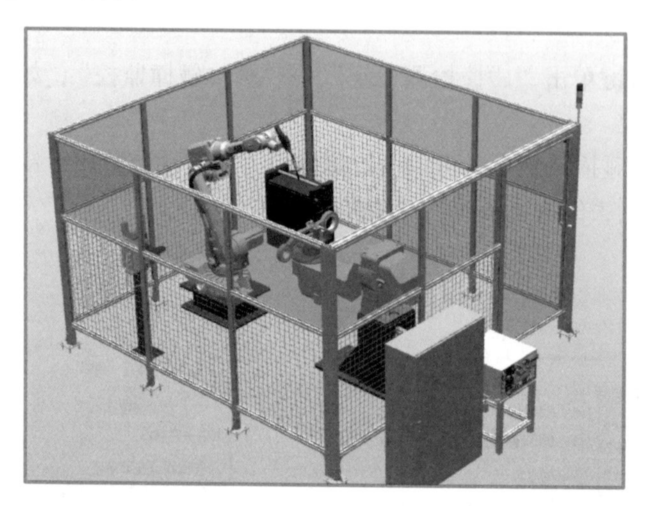

图 7-18 基础焊接工作站

接下来就是本项目的第一要务，如何创建一个包含变位机的工作站。

任务实施

在任务实施前，需要明确创建焊接仿真工作站的步骤。图 7-19 所示列出了创建焊接工作站基础要素的步骤，按照这个步骤可以进行任务的实施。

1. 添加焊接机器人与变位机

新建一个空工作站，在 ABB 模型库中添加 IRB2600 焊接机器人与 IRBP_A250 变位机，调整变位机的位置如图 7-20 所示。

2. 添加工具及设置工具坐标系

在导入模型库的设备选项卡下，添加焊枪 Binzel WH455D，并安装到机器人六轴法兰盘上，如图 7-21 所示。

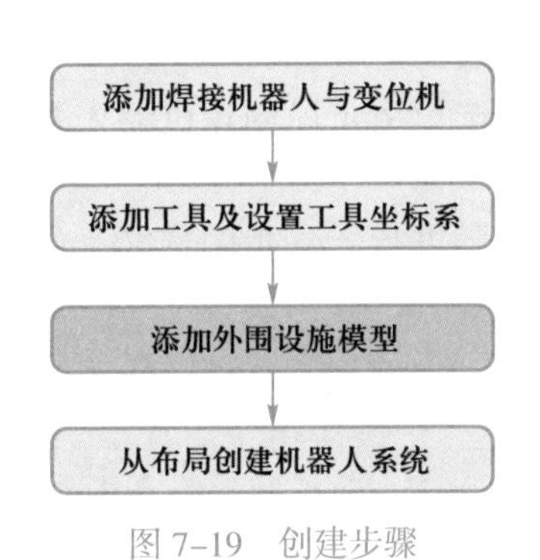

图 7-19　创建步骤

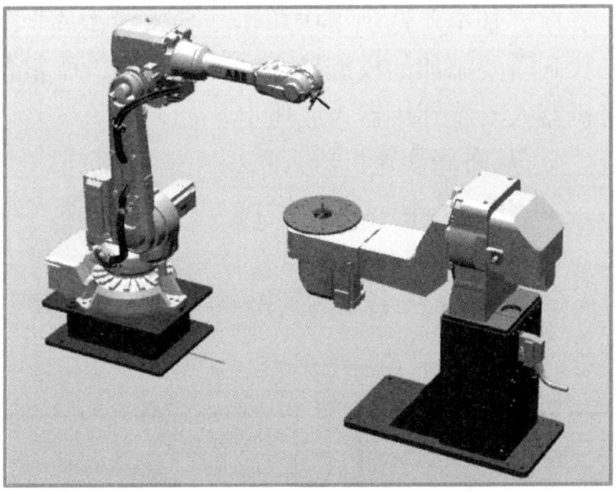

图 7-20　添加机器人与变位机

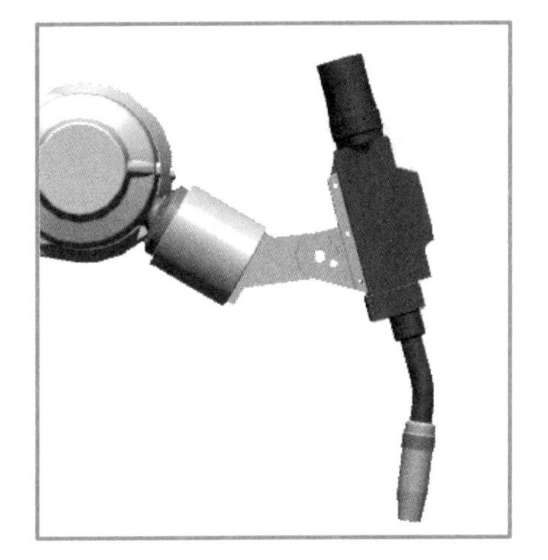

图 7-21　添加焊枪

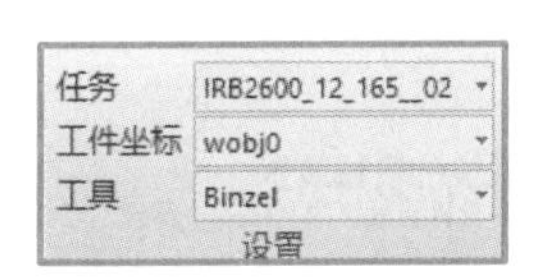

图 7-22　选择工具坐标系

在“基本”选项卡中设置选择当前的任务与工具坐标系，如图 7-22 所示。

3. 添加外围设施模型

添加外围设施模型如图 7-23 所示。

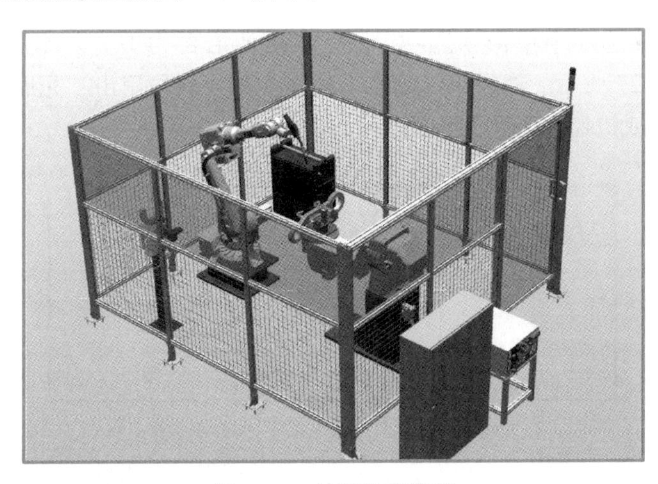

图 7-23　外围设施模型

在“基本”选项卡中单击“导入模型库”，选择“浏览库文件”后在文件夹中找到需要添加的模型导入到工作站中，调整各个模型的位置，调整机器人位置将机器人安装到机器人底座上。

4. 从布局创建机器人系统

① 在“基本”选项卡下，单击“机器人系统”，选择从布局创建机器人系统，如图 7–24所示。

② 更改系统名字为“ArcStation”，单击“下一个”进行下一步的选择，如图 7–25 所示。

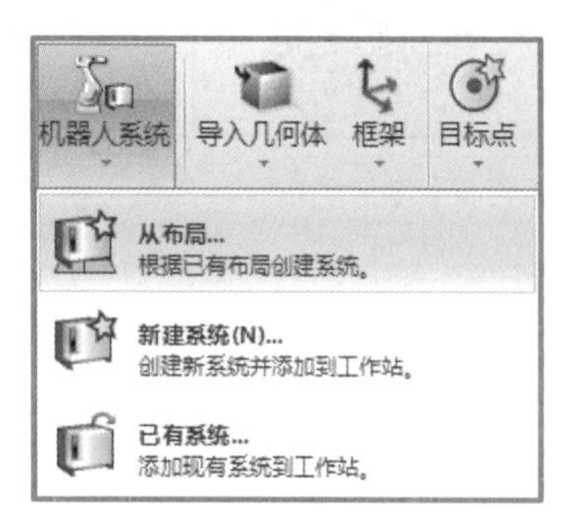

图 7–24 从布局创建机器人系统

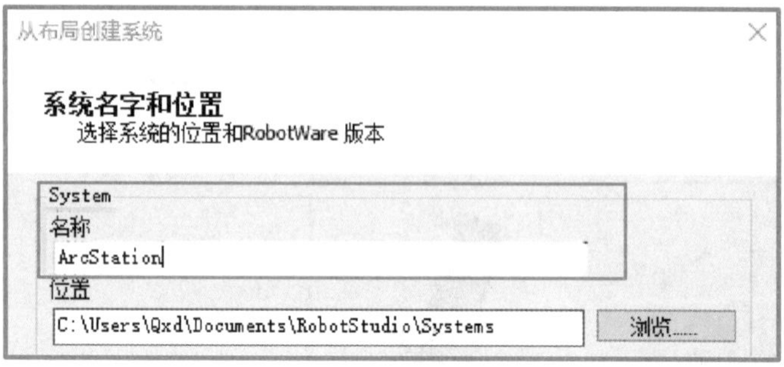

图 7–25 更改系统名称

③ 将机器人与变位机打钩一起添加到机器人系统中，如图 7–26 所示。

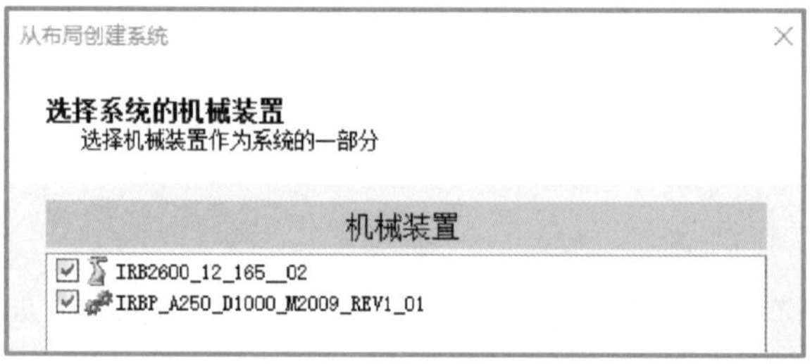

图 7–26 选择机械装置

④ 在系统选项中单击“选项”，更改默认语言为中文，添加焊接包 633-4Arc，如图 7–27 所示。然后单击确定，确认添加无误后单击“完成”，等待控制器启动后，完成机器人系统的创建。

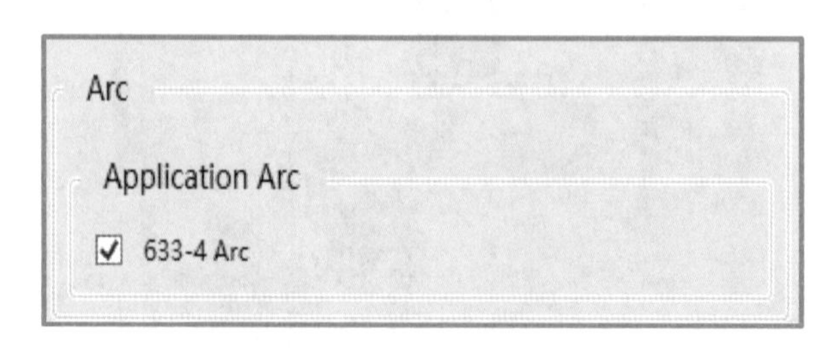

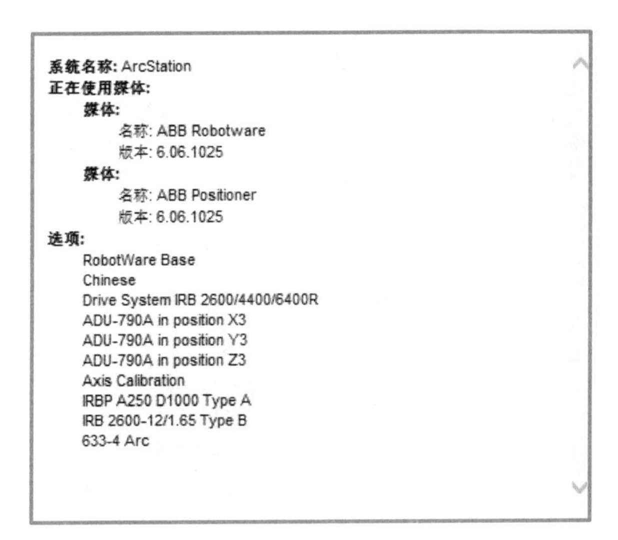

图 7-27　添加焊接包

任务回顾

【知识点总结】

1. 创建系统时添加焊接包的方法；
2. 外围设备模型的添加方法。

【思考与练习】

1. 当设置碰撞检测后，一旦发生碰撞，会有什么变化？
2. 外围设备模型在仿真环境中的意义是什么？

任务 2　工件的焊接轨迹编程

任务描述

课件　工件的焊接轨迹编程

小 R：兰博，你看现在焊接工作站（见图 7-28）已经准备就绪，机器人系统也创建完成，下面让我们进行工件的焊接轨迹编程吧。

兰博：可不可以使用自动生成路径的方法生成所需的轨迹呢？

小 R：完全没问题！

兰博：明白了。

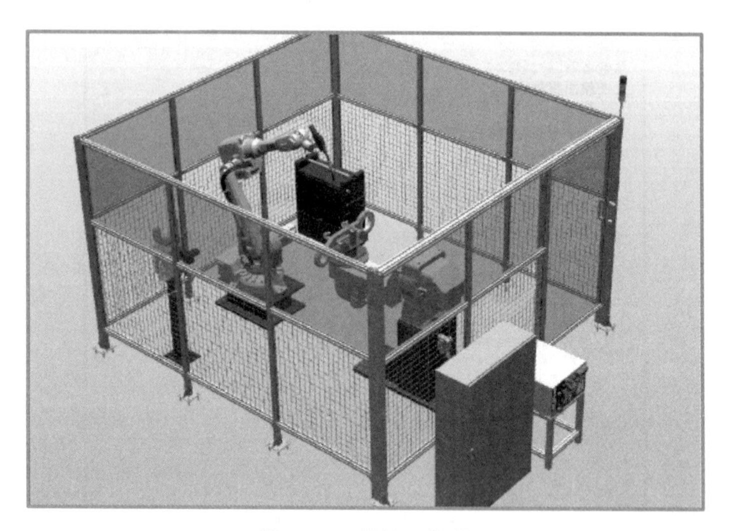

图 7-28　焊接工作站

知识学习

如图 7-29 所示工件，两个半圆与工件体结合部分是需要焊接的部分，利用机器人与变位机的运动完成焊接。如果单纯靠机器人工作，需要人力将工件翻转，进行第二面相同焊缝的焊接。引入双轴变位机是解决上述问题的有效手段。变位机的二轴作为焊接时工件的旋转轴，简化了机器人轨迹；一轴作为工件的翻转轴，使整个工件的焊接效率大幅度提高。

在进行示教关键的目标点时，需要将机器人与变位机所处的位置一并记录，这时需要在仿真选项卡下激活当前的机械装置，如图 7-30 所示。

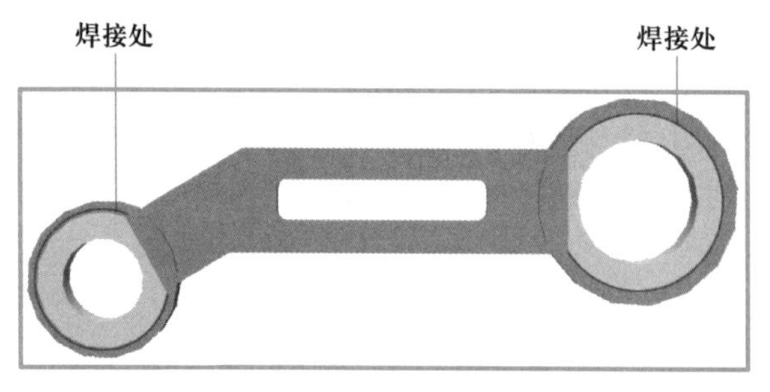

图 7-29　焊接件

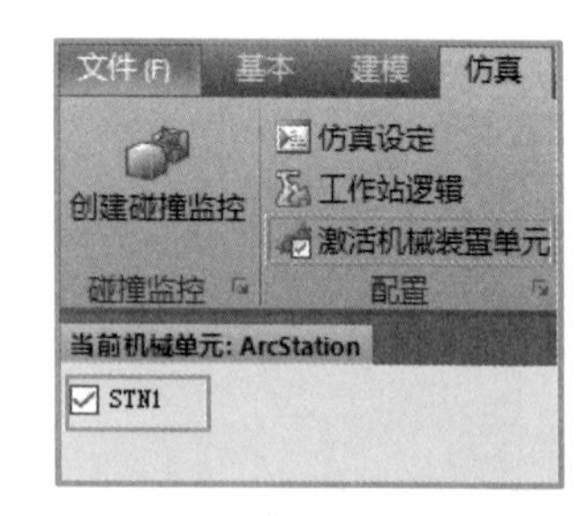

图 7-30　激活机械装置

当同步到 RAPID 指令中运行程序时需要在程序前添加 ActUnit 指令，激活任务中机械单元，与之对应的是 DeactUnit 停用机械单元指令。

任务实施

① 在导入模型库中导入焊接工件模型与工装的模型至工作站中，并将其添加到变位机的回转法兰上，如图 7-31 所示。

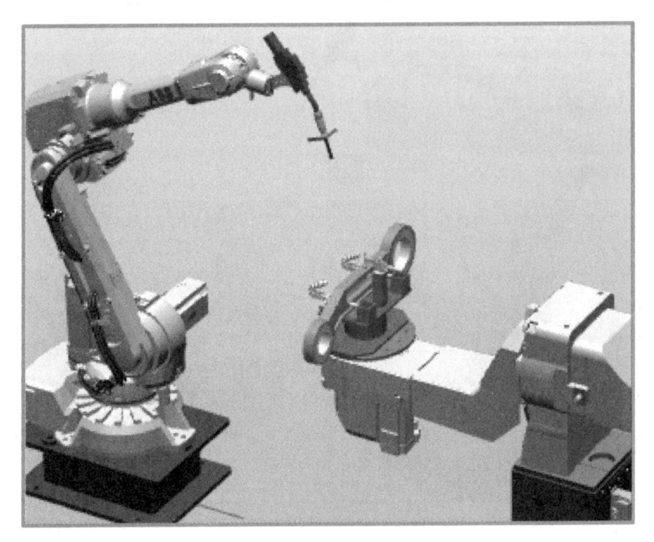

图 7-31　导入焊接件

② 创建工件坐标系。在工件表面利用取点创建框架的方法创建一个工件坐标系，如图 7-32 所示。

图 7-32　创建工件坐标系

③ 创建机器人与变位机的动作关键点。示教前必须在仿真选项卡中激活机械装置单元，如图 7-33 所示。

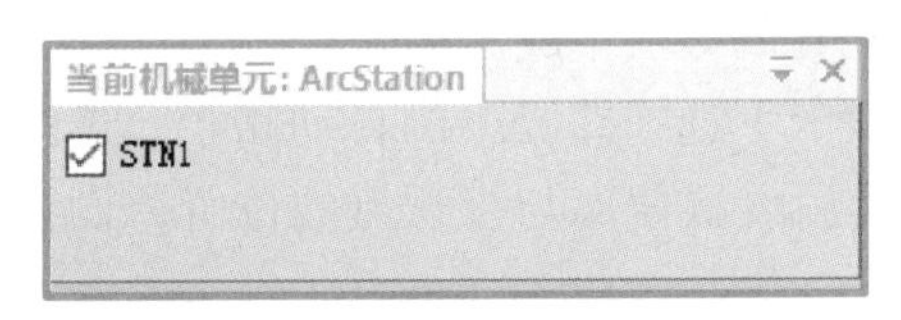

图 7-33　激活机械装置单元

a. 创建机器人与变位机的原点。调整机器人与变位机到合适位置后，单击基本选项卡中的"示教目标点"，创建目标点后重命名为"home"如图 7-34 所示。

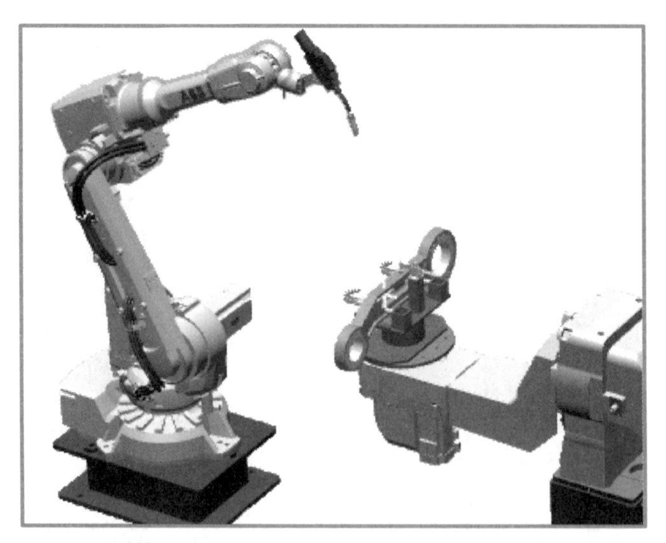

图 7-34　创建“home”点

b. 创建变位机翻转后的关键点。通过“机械装置手动关节”调整变位机的关节位置，然后示教目标点，重命名为“fanzhuan”如图 7-35 所示。

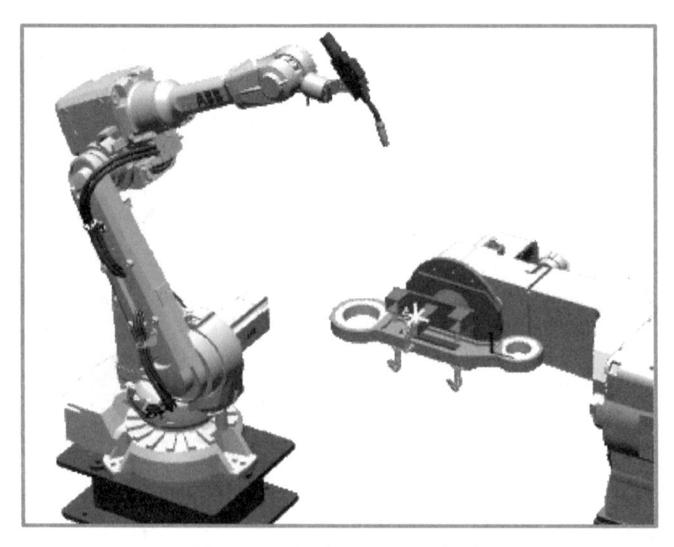

图 7-35　创建“fanzhuan”点

④ 运用自动生成路径的方法生成焊接的轨迹。

a. 在“基本”选项卡下选择路径中的自动路径，选择参照面后，将需要焊接的边线依次选择，然后设置偏离与接近点的位置，设置完成后单击创建，如图 7-36 所示。

b. 修改目标点，将创建的目标点方向全部对准工具坐标系的方向，如图 7-37 所示。

c. 用同样的方法创建另外三部分的焊接路径，如图 7-38 所示。

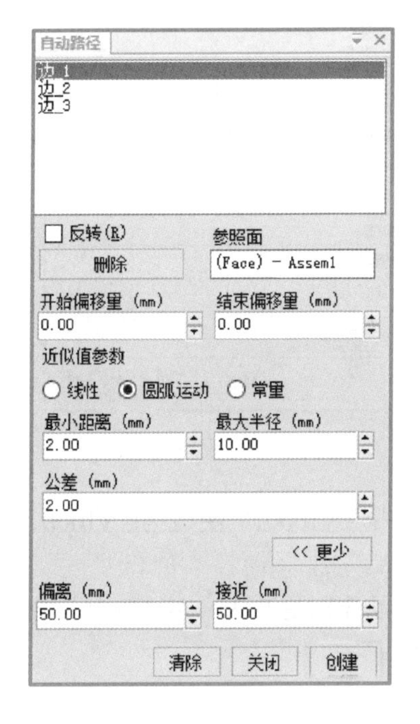

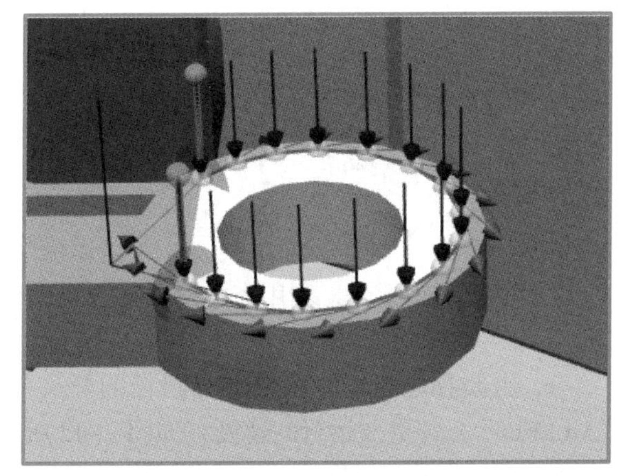

图 7-36　自动路径

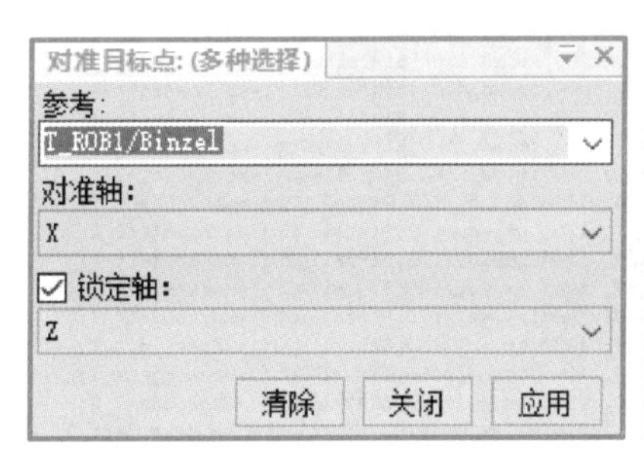

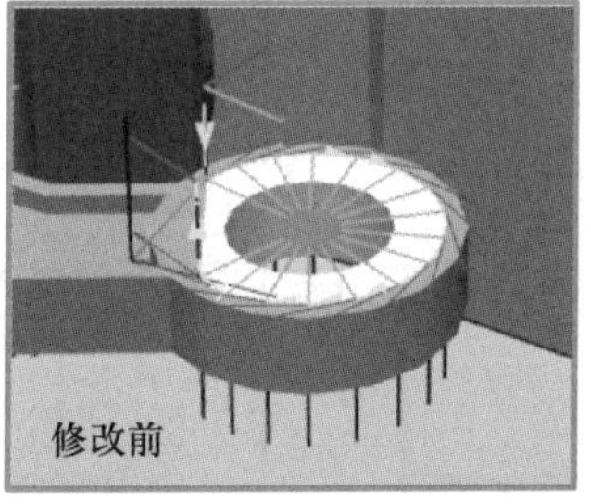

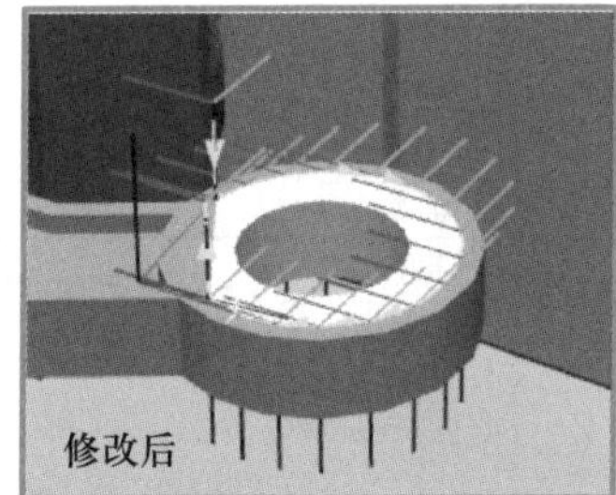

图 7-37　修改目标点

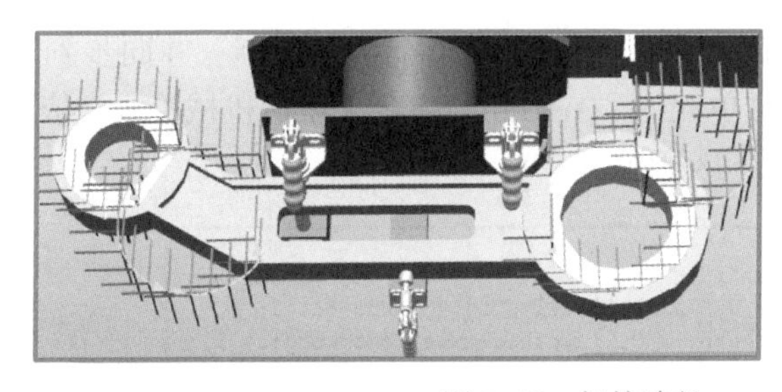

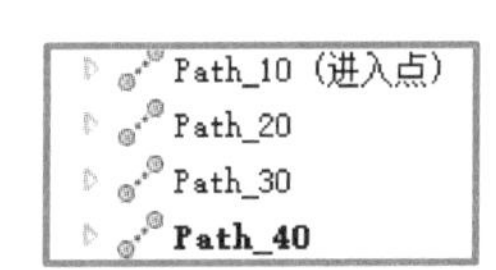

图 7-38　焊接路径

⑤ 将生成的路径同步到 RAPID 中，在 RAPID 选项卡下选择同步中的“同步到 RAPID”，如图 7-39 所示。

⑥ 更改程序指令。

a. 更改程序指令，利用查找替换的方式，将指令“MoveL”更改为“ArcL”如图 7-40 所示。

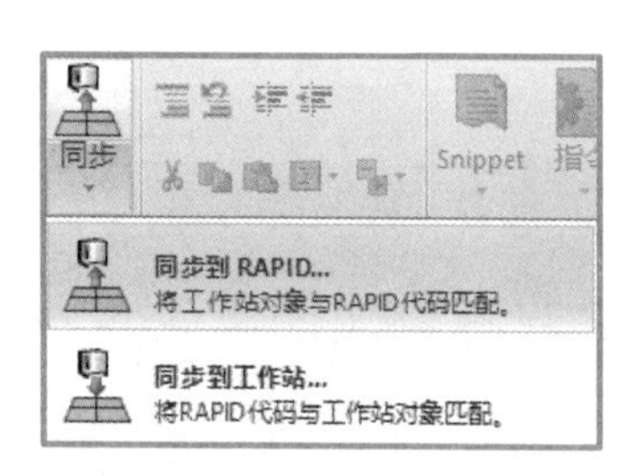

图 7-39　同步到 RAPID

图 7-40　更改焊接指令

b. 更改程序指令，利用查找替换的方式，将指令“v1000,”更改为“v1000, sm，wd,”如图 7-41 所示。

c. 更改程序指令，将四部分路径的开头与结尾分别更改为“ArcLStart”与“ArcLEnd”，并更改运行的速度，如图 7-42 所示。

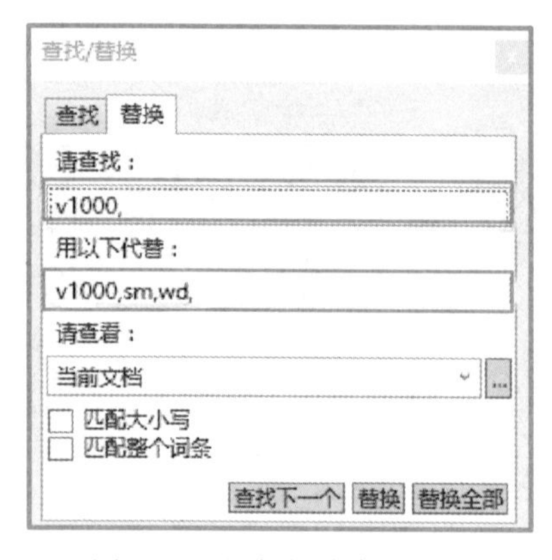

图 7-41　添加焊接参数指令

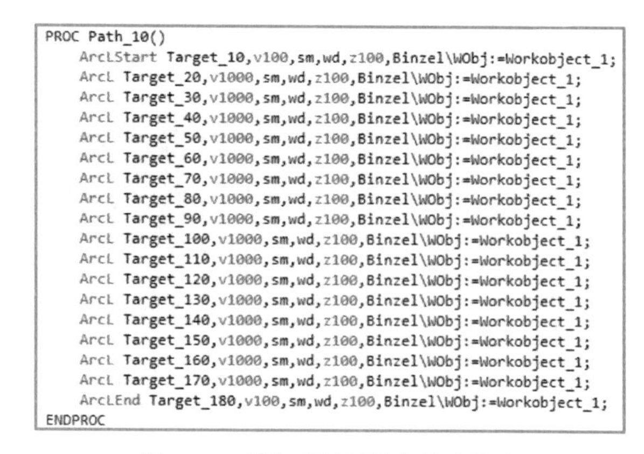

```
PROC Path_10()
    ArcLStart Target_10,v100,sm,wd,z100,Binzel\WObj:=Workobject_1;
    ArcL Target_20,v1000,sm,wd,z100,Binzel\WObj:=Workobject_1;
    ArcL Target_30,v1000,sm,wd,z100,Binzel\WObj:=Workobject_1;
    ArcL Target_40,v1000,sm,wd,z100,Binzel\WObj:=Workobject_1;
    ArcL Target_50,v1000,sm,wd,z100,Binzel\WObj:=Workobject_1;
    ArcL Target_60,v1000,sm,wd,z100,Binzel\WObj:=Workobject_1;
    ArcL Target_70,v1000,sm,wd,z100,Binzel\WObj:=Workobject_1;
    ArcL Target_80,v1000,sm,wd,z100,Binzel\WObj:=Workobject_1;
    ArcL Target_90,v1000,sm,wd,z100,Binzel\WObj:=Workobject_1;
    ArcL Target_100,v1000,sm,wd,z100,Binzel\WObj:=Workobject_1;
    ArcL Target_110,v1000,sm,wd,z100,Binzel\WObj:=Workobject_1;
    ArcL Target_120,v1000,sm,wd,z100,Binzel\WObj:=Workobject_1;
    ArcL Target_130,v1000,sm,wd,z100,Binzel\WObj:=Workobject_1;
    ArcL Target_140,v1000,sm,wd,z100,Binzel\WObj:=Workobject_1;
    ArcL Target_150,v1000,sm,wd,z100,Binzel\WObj:=Workobject_1;
    ArcL Target_160,v1000,sm,wd,z100,Binzel\WObj:=Workobject_1;
    ArcL Target_170,v1000,sm,wd,z100,Binzel\WObj:=Workobject_1;
    ArcLEnd Target_180,v100,sm,wd,z100,Binzel\WObj:=Workobject_1;
ENDPROC
```

图 7-42　添加焊接开始与结束指令

⑦ 打开 RAPID 代码，新建一个主程序，命名为“MAIN”并同步到工作站中。在主程序中加入控制机械单元的“ActUnit”指令来激活机械单元，依次调用生成的四个焊接轨迹，如图 7-43 所示。

```
PROC MAIN()
    ActUnit STN1;
    MoveL home,v300,z10,Binzel\WObj:=Workobject_1;
    MoveL fanzhuan,v300,z10,Binzel\WObj:=Workobject_1;
    Path_10;
    MoveL fanzhuan,v300,z10,Binzel\WObj:=Workobject_1;
    Path_20;
    MoveL fanzhuan,v300,z10,Binzel\WObj:=Workobject_1;
    MoveL fanzhuan1,v300,z10,Binzel\WObj:=Workobject_1;
    Path_30;
    MoveL fanzhuan1,v300,z10,Binzel\WObj:=Workobject_1;
    Path_40;
    MoveL home,v300,z10,Binzel\WObj:=Workobject_1;
ENDPROC
```

图 7-43　添加启用机械单元指令

⑧ 仿真运行程序，设置仿真运行的进入点为“MAIN”，如图 7-44 所示，单击仿真选项卡的播放按钮，进行仿真运行程序。

焊接仿真运行程序

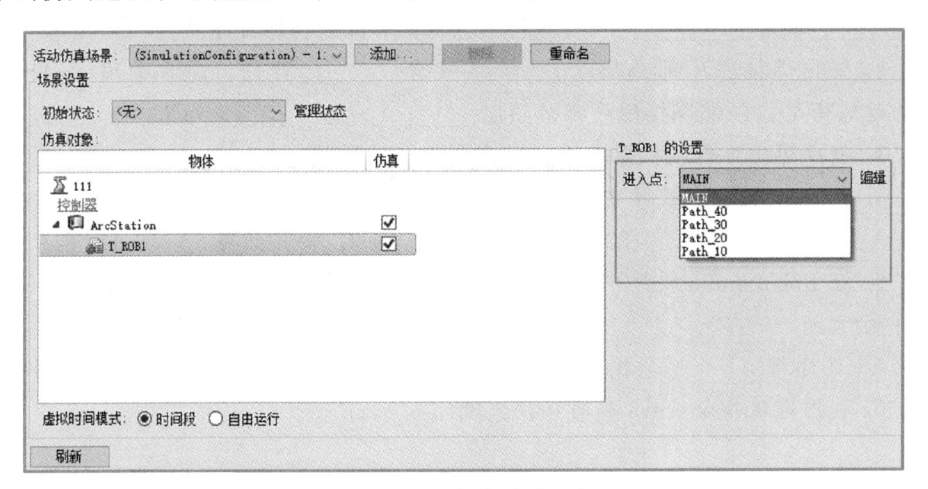

图 7-44 选择仿真进入点

微课 复杂轨迹编程

任务回顾

【知识点总结】

1. 焊接指令的用法；
2. 修改目标点的方法。

【思考与练习】

1. 当自动生成轨迹后，修改目标点的作用是什么？
2. “ActUnit”指令的作用是什么？

项目总结（见图 7-45）

单元评测 基于机器人－变位机系统的焊接作业编程

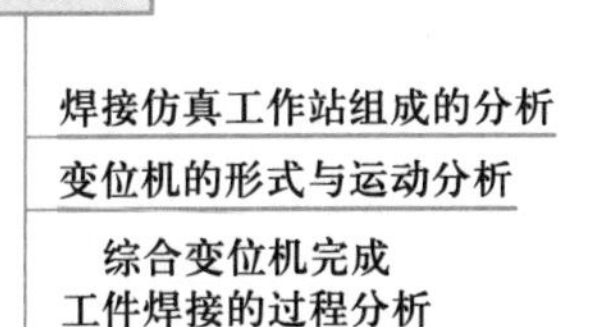

图 7-45 技能图谱

【项目习题】

1. 变位机在焊接过程中使工件发生平移、旋转、翻转等位置变动，与机器人________或者________，从而得到理想的加工位置和焊接速度。

2. 任何焊接程序都必须以________或者________开始，通常运用 ArcLStart 作为起始语句，任何焊接程序都必须以________或者________结束。

3. 创建焊接工作站机器人系统时需要添加的焊接包是________。

4. 在 RobotStudio 软件中创建工业机器人工作站一般包括（　　）。

A. 机器人本体　　B. 机器人系统　　C. 外围设备　　D. 车床

5. 在 RobotStudio 软件中“基本”功能选项卡的（　　）功能选项可以创建工件坐标。

A. 目标点　　B. 路径　　C. 其他　　D. 任务

6. 利用焊接指令 ArcC 编写焊接轨迹。

[1] 朱洪雷，代慧. 工业机器人离线编程（ABB）[M]. 北京：高等教育出版社，2018.

[2] 宋云艳，周佩秋. 工业机器人离线编程与仿真 [M]. 北京：机械工业出版社，2017.

[3] 叶晖，何智勇，杨薇. 工业机器人工程应用虚拟仿真教程 [M]. 北京：机械工业出版社，2014.